高等职业教育大数据技术专业系列教材
高等职业教育新形态立体化教材

大数据技术基础及应用

（微课版）

主　编　曹雪梅　张春晓　郭丽丽

副主编　刘铭皓　张润泽　张　梁

西安电子科技大学出版社

内 容 简 介

本书以大数据技术的应用为导向，以"实践总结理论，理论指导实践"为总原则，通过大量的应用实例来讲解大数据相关知识。本书共 6 章，内容包括大数据理论基础、大数据相关软件基础、大数据采集组件、大数据存储组件、大数据计算与处理组件和大数据综合实验案例。附录为重点英文单词及其解析与说明。

本书秉承理论够用、实用为主的原则，注重对读者实践能力的培养，具有较强的实践性与系统性。书中每章都设有实验案例，且每个案例都是从实际应用项目中总结提炼出来的，以期让读者建立起完整、系统的工程观念。

本书能满足分层教学人才培养的需求，适用于职教本科与专科双层次的高技能专门人才培养。书中适用于专科层次教学的内容不标注星号，适用于专科层次以上教学的内容用星号标注。本书既可作为电子技术、现代通信技术、物联网技术与应用等相关专业的大数据课程教材，也可作为大数据初学者的自学教材。

图书在版编目(CIP)数据

大数据技术基础及应用：微课版 / 曹雪梅，张春晓，郭丽丽主编. --西安：西安电子科技大学出版社，2024.11

ISBN 978-7-5606-7289-2

Ⅰ. ①大… Ⅱ. ①曹… ②张… ③郭… Ⅲ. ①数据处理 Ⅳ. ①TP274

中国国家版本馆 CIP 数据核字(2024)第 103442 号

策　　划　明政珠
责任编辑　黄薇谚　孟秋黎
出版发行　西安电子科技大学出版社(西安市太白南路 2 号)
电　　话　(029)88202421　88201467　　　邮　　编　710071
网　　址　www.xduph.com　　　　　电子邮箱　xdupfxb001@163.com
经　　销　新华书店
印刷单位　咸阳华盛印务有限责任公司
版　　次　2024 年 11 月第 1 版　2024 年 11 月第 1 次印刷
开　　本　787 毫米×1092 毫米　1/16　印张 14
字　　数　327 千字
定　　价　49.00 元
ISBN 978-7-5606-7289-2 / TP
XDUP　7591001-1

如有印装问题可调换

前　言

大数据知识体系庞杂，实验环境搭建复杂，还要学习有关分布式编程的知识，这些都是大数据初学者较难跨越的"门槛"。有效降低大数据学习的门槛，提高学习效率，是本书编写的主要目的。

本书为入门级大数据技术教材，旨在为读者搭建通向"大数据知识空间"的桥梁。本书遵循由浅入深、循序渐进的学习规律，充分考虑大数据技术学习的特点，紧密结合应用案例，系统地介绍了基于 Hadoop 的大数据相关组件，为读者在大数据领域深耕细作奠定基础、指明方向。

本书具有如下特色：

(1) 校企双元开发。本书由深圳信息职业技术学院联合行业知名企业深圳讯方技术股份有限公司共同编写，充分反映产业发展的最新进展，对接科技发展趋势和市场需求。

(2) 实践总结理论，理论指导实践。书中通过大量的案例分析引导学生掌握大数据技术的相关原理与技术，符合高等职业技术学院培养应用型高技能专业人才的需求。

(3) 满足分层教学人才培养需求，适合职教本科与专科双层次的高技能专门人才培养。书中适用于专科层次教学的内容不标注星号，适用于专科层次以上教学的内容将用星号标注。在具体开展教学时，各院校可以根据自身的实际情况和特点对教学内容进行适当调整。

(4) 配套丰富的数字化教学资源。书中以二维码的方式提供了教学视频、动画、多媒体课件、习题库、试题库等多种教学资源，可登录西安电子科技大学出版社官方网站(http://www.xduph.com)免费下载。

本书分为大数据基础篇、大数据关键技术篇、大数据实践篇三个部分，共设有 6 章，具体内容如下。

第 1 章简要介绍大数据的相关理论基础，包括大数据概述、大数据的应用及在中国的发展、大数据基本架构。

第 2 章介绍大数据相关软件基础，包括 Linux 基础、Python 基础、开源大数据 Hadoop 搭建实验以及华为 FusionInsight HD 搭建实验。

第 3 章介绍大数据采集组件，包括 Flume 轻量日志采集工具、Kafka 消息订阅系统，最后用 3 个大数据采集案例实验来帮助读者巩固大数据采集组件的相关理论知识。

第 4 章介绍大数据存储组件，包括 HDFS 分布式文件系统、HBase 分布式数据库、Hive 数据仓库技术，最后用大数据存储案例实验来引导学生掌握大数据存储组件的相关原理与技术。

第 5 章介绍大数据计算和处理组件，包括 MapReduce 离线计算引擎、Spark 基于内存的计算引擎和 Streaming 分布式流计算引擎，最后通过大数据计算与处理案例实验来帮助读者深入了解每个组件的执行原理、组件运行方式等。

第 6 章为大数据综合实验案例。本章需要综合运用前面几章所学知识来进行两个集群综合实验操作，期望通过实验让读者建立起完整、系统的大数据工程观念。

附录对书中用到的重点英文单词、专有名词作了解析与说明。

本书由深圳信息职业技术学院曹雪梅、张春晓、郭丽丽担任主编，深圳市讯方技术股份有限公司刘铭皓、张润泽和张梁担任副主编。具体分工为：曹雪梅负责确定本书的整体构思，设计和组织结构与内容，并编写第 1、2 章；郭丽丽负责第 3、4 章的编写，她深入研究了相关文献资料，并结合实际案例进行了详细的分析和阐述；张春晓负责第 5、6 章的编写，他在编写过程中充分考虑了读者的需求和兴趣点，力求使内容既具有学术价值又易于理解；刘铭皓、张润泽和张梁三位企业工程师为本书提供了大量实验案例，使本书能适应科技发展趋势和市场需求。曹雪梅负责全书的统稿及修改工作，确保了内容的准确性和完整性。

由于编者水平有限，书中难免存在不足之处，恳请广大读者批评指正，以便在今后的修订工作中进一步改进。

编　者
2024 年 2 月

目　　录

第一篇　大数据基础篇

第二篇 大数据关键技术篇

第三篇　大数据实践篇

第一篇　大数据基础篇

第 1 章

大数据理论基础

本章主要介绍大数据的相关知识点和技术。其中，相关知识点分为两部分：一部分是对大数据基础知识的介绍，包括大数据的定义、大数据的"4V"特性和大数据的处理流程；另一部分是对大数据基本架构 Hadoop 以及华为 FusionInsight 架构的介绍。

【学习目标】

【知识目标】

(1) 掌握大数据的基本概念。

(2) 掌握大数据的"4V"特性。

(3) 掌握大数据的处理流程。

【技能目标】

(1) 掌握大数据的"4V"特性。

(2) 掌握大数据的处理流程。

(3) 了解大数据基本架构。

【素养目标】

(1) 培养学生严谨的工作作风与工匠精神。

(2) 帮助学生树立积极探究问题和解决问题的正确价值观。

【思维导图】

```
                                                  ┌── HDFS分布式文件系统
                                                  ├── HBase分布式数据库
                                                  ├── MapReduce分布式离线计算引擎
                                                  ├── Spark基于内存的分布式计算引擎
                              ┌─────────────┐     ├── Streaming实时流处理计算技术
                              │ 大数据基本架构 │─────├── Kafka消息订阅系统
                              │ Hadoop 概述  │     ├── Yarn分布式资源协调组件
                              └─────────────┘     ├── Hive分布式数据仓库
                                                  ├── Flume轻量日志采集工具
┌──────────┐   ┌──────────────┐                   └── ZooKeeper集群分布式协调服务
│大数据理论基础│──│大数据基本架构及 │
└──────────┘   │相关基础概念    │
              └──────────────┘                   ┌── FusionInsight HD
                              ┌──────────────┐   ├── FusionInsight Farmer
                              │ 华为大数据      │   ├── FusionInsight Manager
                              │ FusionInsight 架构│──├── FusionInsight Miner
                              │ 概述          │   └── FusionInsight LibrA
                              └──────────────┘
```

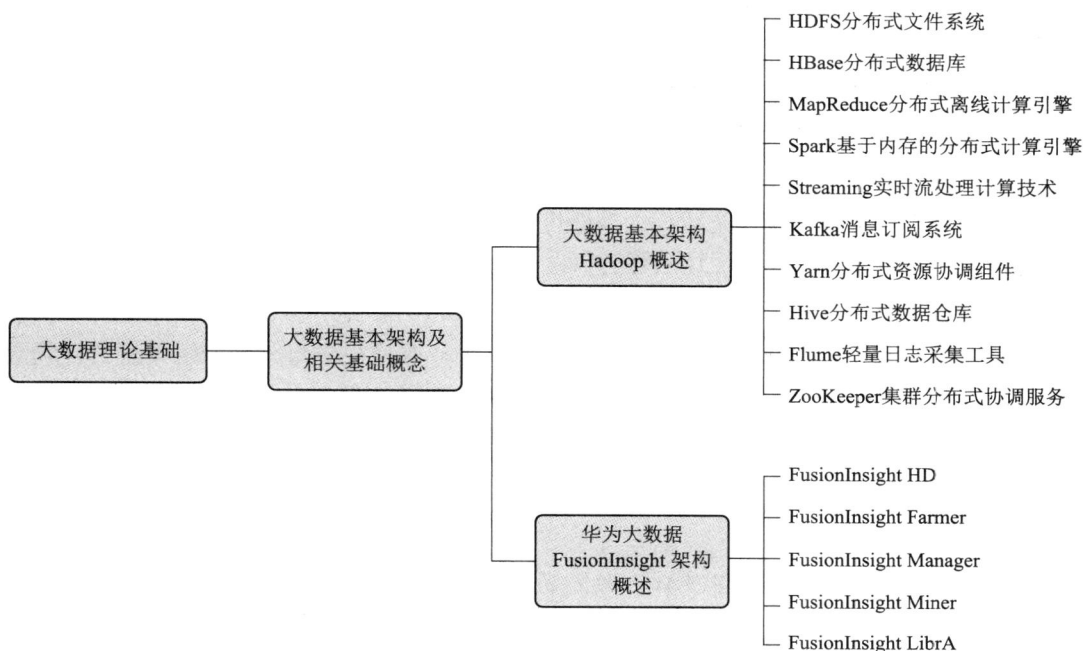

1.1 大 数 据 概 述

      随着社交网络的逐渐成熟,移动宽带速度迅速提升,云计算、物联网应用更加丰富,更多的传感设备、移动终端接入到网络,由此产生的数据及数据增长的速度将比历史上的任何时期都要多、都要快,"大数据"已经成为人们日常生活和工作中频繁出现的词汇。作为继云计算、物联网之后信息技术领域的又一重大创新变革,大数据对企业决策和个人生活都产生了深远的影响,未来的十年将是"大数据"引领的智慧科技的时代。

1.1.1 大数据简介

      业界普遍认为大数据是指无法在一定时间范围内用常规软件工具进行捕捉、管理和处理的数据集合,是需要新处理模式才能具有更强的决策力、洞察发现力和流程优化能力的海量、高增长率和多样化的信息资产。目前业界普遍认可大数据技术具有"4V"特性,即 Volume(巨量化)、Variety(多样化)、Velocity(处理速度快)和 Value(价值高)。

大数据的定义

1. Volume

大数据的第一个核心特点是需要保证有足够多的数据。巨量数据在分析时所需要的时间是超过常规所能容忍的限度的。

2. Variety

大数据的第二个核心特点是数据类型繁多。从结构化数据到非结构化数据，大数据可以说基本囊括了当前所有类型的数据。

3. Velocity

大数据的第三个核心特点是数据处理速度快。虽然大数据的数量巨大，类型繁多，但是仍需保证快速地完成计算和反馈的任务。

4. Value

大数据的第四个核心特点是价值密度较低。例如，监控视频每天会产生大量的视频数据，但是只有在出现事故或者其他情况下的部分视频数据才有意义。所以，大数据本身的高价值性是需要从海量数据中寻找到有价值的这部分数据来定义的。

> **想一想**
>
> 　　大数据到底是什么？除了"4V"设定的条件，大数据引擎还有什么特点或者必备的要求？

1.1.2　大数据处理流程

大数据处理流程包括数据获取、数据存储、数据分析和数据挖掘。

大数据处理流程

1. 数据获取

如果需要对数据进行操作，首先要有一个稳定的数据源提供数据，所以数据的来源与获取就成为了最初大数据的相关需求。数据获取主要负责从数据源进行数据的采集工作，即将外部数据采集到本地。数据获取主要由 Flume 轻量日志采集工具和 Kafka 消息订阅系统实现。Flume 主要对小规模的日志数据进行采集，Kafka 是对大规模的且对数据时间顺序要求比较高的数据和应用进行数据采集。

2. 数据存储

数据存储主要负责数据的存储管理和维护。数据被拉取到大数据本地后，需要进行存储维护，此时系统会根据数据种类的不同将数据的存储类型分为文件存储和数据库存储。文件存储由 HDFS 分布式文件系统进行维护，数据库存储由 HBase 分布式数据库以及 Hive 分布式数据仓库技术维护。

3. 数据分析

存储并维护好数据之后，就进入到数据的应用阶段。海量数据的应用操作主要体现在数据分析上，分析主要在数据统计(count、select)层面上，即发现和寻找数据的规律。

4. 数据挖掘

数据挖掘是大数据中的深度分析操作。通过对数据进行算法挖掘操作，用户可以构建一个分析模型，并直接得到判断的规律，且将其封装在一个模型中，最终使用该模型进行数据的预测。

1.1.3　大数据的发展历程

　　1946 年，世界上第一台计算机 ENIAC 面世，计算机的本质是为了代替人力进行数据计算，数据也就此第一次出现在历史中。1951 至 1956 年，为了保证数据可以以电子化的形式存储，磁带和卡片作为第一代存储介质面世。因受限于当时的技术，数据被存储之后仍以人力管理的模式为主。1956 至 1961 年，磁盘被发明，对于数据的管理也正式进入到了文件管理时代。早期的数据与应用是紧密捆绑在文件中，不分彼此的。

　　1960 年，随着 IT 系统规模和复杂度的增大，数据与应用分离的需求开始产生，数据库技术开始萌芽并且蓬勃发展。1990 年后，数据库技术逐步统一到以关系型数据库为主导的模式。

　　2001 年后，互联网迅速发展，数据量成倍激增，量变引发了质变，市场开始对数据关系提出了越来越多的要求。2003 年，Google 发布的论文中第一次介绍了分布式计算。当时的分布式计算主要是为了实现对搜索引擎的功能助力，提升搜索性能，即为 Hadoop 的最早起源——Nutch。Nutch 的设计目标是构建一个大型的全网搜索引擎，包括网页抓取、索引、查询等功能，但随着抓取网页数量的增加，搜索遇到了严重的可扩展性问题，即如何解决数十亿网页的存储和索引问题。

　　2003 年、2004 年，Google 发表的三篇论文为该问题提供了可行的解决方案。分布式文件系统(GFS)可用于处理海量网页的存储；分布式计算框架 MapReduce 可用于处理海量网页的索引计算问题；分布式结构化数据存储系统 Big table 可用来处理海量结构化数据。Doug Cutting(开源网络搜索项目 Nutch 的创始人)根据这三篇论文成功地实现了开源项目 HDFS 和 MapReduce，并将其从 Nutch 中拆分出来，形成了独立的项目 Hadoop。2008 年 1 月，Hadoop 成为 Apache 顶级项目(同年，Cloudera 公司也成立)，并迎来了它的快速发展时期。

1.2　大数据的应用及在中国的发展

　　中国大数据产业发展受宏观政策环境、技术进步与升级、数字应用普及渗透等众多利好因素的影响，市场需求和相关技术进步成为大数据产业持续高速增长的主要动力。

　　随着"互联网+"理念的不断深入以及数字技术的不断成熟，大数据的应用和服务持续深化。与此同时，市场对大数据基础设施的需求也在持续升高。5G 和物联网的发展促使业界对高效、绿色的数据中心和云计算基础设施的需求越来越高。大数据基础层的持续增长也促进了传统产业的转型升级，激发经济增长活力，助力新型智慧城市和数字经济建设。

1.2.1　大数据的应用领域及局限性

　　大数据目前已被广泛应用于社会各行业中，给人们的工作与生活带来了极大的便利。大数据的应用领域具体总结如下。

(1) 电商领域。淘宝、京东等电商平台利用大数据技术收集与分析用户的信息,并为用户推送感兴趣的产品,这样不仅可以方便用户选择产品,也能刺激用户的消费行为。

(2) 政府领域。通过大数据,政府部门可以快速得到和预测社会的发展动向和需求变化,从而更加科学、精准、合理地为市民提供相应的公共服务以及资源配置,促进"智慧城市"的实现。

(3) 医疗领域。大数据可对临床数据进行对比、分析和预测以及远程为病人进行就诊等,以辅助医生进行临床决策,规范诊疗路径,提高工作效率。

(4) 传媒领域。新媒体通过追踪用户的浏览习惯,对用户信息进行收集、分析和分类筛选,实现对用户需求的精准定位,不断向用户推送感兴趣的内容。

(5) 安防领域。利用大数据技术可以实现对视频和图像的模糊查询、快速检索、精准定位,从而进一步挖掘视频监控数据背后有价值的信息,并及时反馈信息以辅助用户进行决策判断。

(6) 金融领域。通过大数据技术,银行可以根据用户的年龄、资产规模、理财偏好等,对用户进行精准定位,分析用户潜在的金融服务需求。

(7) 电信领域。电信行业本身就拥有庞大的数据,通过大数据技术可以快速地进行网络管理、客户关系管理、企业运营管理等。

(8) 教育领域。利用大数据技术可对用户的学习能力进行分析,为用户设计个性化的课程,精准了解用户的学习习惯、知识点掌握程度等。

(9) 交通领域。运用大数据技术可以预测未来一段时间内的交通情况,为改善交通状况提供方案,有助于交管部门提高对道路交通的把控能力,缓解或提前预防交通拥堵,为用户提供更加人性化的服务。

但是,大数据能为用户提供大量便捷的同时,也存在一定的局限性:

(1) 大数据无法自己产生数据,所有的数据都是从周围的环境中获取的,大数据产生的分析和预测结果只能是一个辅助结论,仅作为参考使用。

(2) 大数据并非是一次建模永远受益的,大数据数据挖掘的目的是一直在改变的,所以建模也必须根据需求的变化而实时变化,这就要求在大数据的应用中必须要有专业人员随时对模型进行分析。

(3) 大数据不适合对小型随机文件或者说是 OLTP(联机事务处理)型业务进行分析,如果大数据分析的是大量的小文件,那么就会占用大量的内存空间,最终导致大数据平台无法发挥它的作用。

1.2.2　大数据在中国的发展

在全球信息化快速发展的大背景下,大数据已成为国家重要的基础性战略资源,正引领新一轮科技创新,推动经济转型发展。紧密围绕数据资源开展的基础设施建设、数据集聚整合、数据分析处理、数据开放共享和数据安全,铸就了大数据产业发展的核心要素。

这些要素所构筑的"内层齿轮"的转动直接带动了"外层齿轮"——大数据融合应用的蓬勃发展,衍生出政府大数据、互联网大数据、健康医疗大数据、金融大数据、电信大数据和工业大数据等热点场景,持续驱动经济增长和转型升级。

近年来,国家大力倡导"新型智慧城市"建设,其内容涵盖无处不在的惠民服务、透明高效的在线政务、精细精准的城市治理以及安全可控的运行体系等，这些都与大数据的技术和产品紧密相关。

国家信息中心发布的相关报告明确指出，我国大量城市已经从新型智慧城市建设的准备期向起步期和成长期过渡，处于起步期和成长期的城市从两年前的占比 57.7%增长到80%，而处于准备期的城市占比则从 42.3%下降到 11.6%。目前，许多城市已经开展了大量工作并取得良好成效，工作重心从整体规划向全面落地过渡，新技术应用驱动新发展和新变革，数据关键要素作用初步显现，多规融合应用逐渐普及，惠民服务从"能用"到"好用"不断升级。

与此同时，加快数字中国建设已经成为我国重要的国家战略，诸如福建、广东和江苏等地均积极开展数字经济布局。作为数字经济和新型智慧城市建设的核心要素，大数据将为其提供数据分析平台和工具，助力各个细分应用环节的"智慧化"落地。

2019 年以来，随着大数据技术和应用的持续爆发以及 5G 和物联网等相关技术的成熟，市场需求和相关技术进步成为大数据产业持续高速增长的主要动力。

1.2.3　大数据对我国未来发展的影响

大数据经过多年的发展，逐渐走向产业化、规模化。国内骨干企业已经具备了自主开发建设和运维超大规模大数据平台的能力，一批大数据以及智慧城市方面的独角兽企业快速崛起，大数据领域的专利申请数量逐年增加。

我国大数据创新市场竞争主体多样，创新主体包括企业、院校/研究所、个人和政府机构等类型，其中，企业和科研院所是大数据创新的主力军。当下，机器学习、数据采集、数据存储、分布式等已成为大数据专利技术领域的热门词汇，以数据分析服务技术为主要代表的大数据技术可以应用在各领域，并呈现全面发展的态势。

随着产学研用地协同攻关，围绕数据分析的关键算法和共性基础技术研发，以及大规模数据仓库、非关系型数据库、数据存储、数据清洗、数据分析挖掘、数据可视化、信息安全与大数据条件下隐私保护等核心技术研发创新，将逐渐形成以应用需求为牵引的跨学科、跨领域交叉融合的创新方向。

从社会领域来说，未来大数据将会与 5G 以及 AI 技术更深入地结合，并应用在智慧城市和个人生活中。在金融领域中，智能风控、智能监督、智能理赔将会逐渐完善，可以保证资金投入的正常回报或及时止损。

从大数据细分领域未来机会点与业务预测方面来看，随着大数据技术与人工智能、物联网、5G 等新一代信息技术的深度融合，大数据在政务处理、应急管理、交通运输、健康医疗、社会保障等领域发挥着越来越重要的作用。

1.3　大数据基本架构

作为目前中国大数据企业 50 强的头部公司，华为技术有限公司在大数据领域深耕多年，为大数据技术与应用作出了卓越的贡献。本节将以华为公司 Hadoop 大数据的产品作为标准，介绍 Hadoop 的框架与相关的基础概念。

1.3.1　大数据基本架构 Hadoop 概述

Hadoop 生态系统

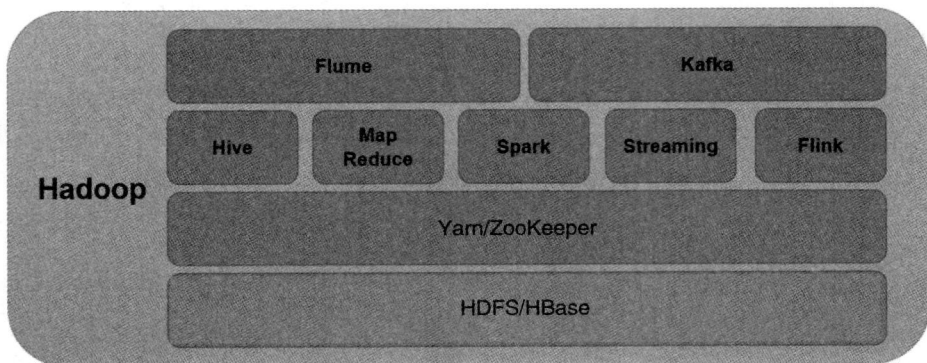

Hadoop 框架中的核心组件共有 11 个。11 个组件从功能上可以划分为数据获取、数据存储、数据分析与计算三个部分。Hadoop 框架结构图如图 1-1 所示。

图 1-1　Hadoop 框架结构图

(1) HDFS 分布式文件系统，主要用于存储和维护文件。

(2) HBase 分布式数据库，主要用于存储数据库表格类型数据。

(3) MapReduce 离线计算引擎，主要负责对海量数据进行离线长时间计算。

(4) Spark 基于内存的分布式计算引擎，用于对海量数据进行快速低延迟的计算。

(5) Streaming 分布式流计算引擎，主要负责进行实时性低延迟计算。

(6) Kafka 消息订阅系统，负责从大数据系统外部引入海量数据。

(7) Yarn 资源协商调度器，用于资源管理和作业调度。Yarn 的设计目标是提供更灵活、通用的资源管理框架，以适应 Hadoop 之外的应用和工作负载。

(8) Hive 数据仓库技术，主要用于存储历史性的数据，进行基于数据仓库的数据分析或进行历史性数据的归档和查询。

(9) Flink 流处理和批处理计算引擎，其兼备了实时计算和离线计算两种引擎的功能，是目前最常用的大数据计算平台之一。

(10) Flume 轻量日志采集工具，在采集日志数据或者数量级较小的数据时使用。

(11) ZooKeeper 集群分布式协调服务，主要用于在集群出现数据丢失、节点损坏、数据不一致等情况时，对集群的一致性和安全性进行保护与协调。

这些组件从数据的收集到整合、存储，再到最后的数据分析，参与了所有的相关工作，之后还会有其他组件参与工作，共同进行协同计算。

1.3.2　华为大数据 FusionInsight 架构概述

华为大数据软件系统 FusionInsight 由 4 个子产品和 1 个华为大数据操作运维系统(FusionInsight Manager)构成。其中，4 个子产

华为大数据 FusionInsight 架构概述

品分别为华为大数据平台(FusionInsight HD)、华为数据仓库平台(FusionInsight LibrA)、华为数据挖掘平台(FusionInsight Miner)、华为大数据二次开发平台(FusionInsight Farmer)。FusionInsight 产品族框架结构如图 1-2 所示。

図 1-2　FusionInsight 产品族框架结构

(1) FusionInsight HD 为企业级的大数据处理环境，是一个分布式数据处理系统，对外提供大容量的数据存储、分析查询和实时流式数据处理分析能力。它是基于 Hadoop 开源框架的二次开发优化产品。

(2) FusionInsight LibrA 是企业级的大规模并行处理关系型数据库(现已独立为华为GaussDB)。FusionInsight LibrA 采用 MPP(Massively Parallel Processing)架构，支持行存储和列存储，提供 PB(Petabyte，2^{50} 字节)级别数据量的处理能力。

(3) FusionInsight Miner 为企业级的数据分析平台，基于华为 FusionInsight HD 的分布式存储和并行计算技术，提供从海量数据中挖掘出价值信息的能力。

(4) FusionInsight Farmer 是企业级的大数据应用容器，为企业业务提供统一开发、运行和管理的平台。

(5) FusionInsight Manager 是企业级大数据的操作运维系统，提供可靠、安全、容错、易用的集群管理能力，支持大规模集群的安装部署、监控、告警、用户管理、权限管理、审计、服务管理、健康检查、问题定位、升级和补丁等功能。

目前的 FusionInsight 分为以上几大平台，简单来说，Miner 负责数据分析，搭建在HD 之上。HD 是底层平台，集成了 Hadoop 生态圈的各大组件，提供了存储和分布式计算的功能。LibrA 提供的是并行分布式关系型数据库，做到了数据仓库的功能。Farmer统一开发、运行和管理企业业务。Manager 提供的是对各大组件的管理功能，并且集成在各个组件之中。

【本章小结】

本章主要介绍了大数据中的一些重要概念，相当于大数据入门知识总结，后续在HDFS、HBase、Hive 等相关组件的学习中都会涉及本章知识。认真学习并且切实掌握本章知识，才能在后续的学习中更有效率。

本章的重点内容如下。

(1) 大数据的基本概念。大数据是一种无法用常规方式进行操作的数据集合，是具有高价值、多样化、巨量化的信息资产。

(2) 大数据的"4V"是指巨量化、多样化、处理速度快、价值高。

(3) 大数据处理流程包括数据获取、数据存储、数据分析和数据挖掘。

◼◯【知 识 巩 固】

(1) 说出三个不同角度下的大数据定义。

(2) 试述大数据的"4V"特性。

(3) 试述大数据的处理流程。

(4) 说明 Hadoop 系统中的核心组件与作用。

第 2 章

大数据相关软件基础

本章主要从各软件的辅助技能和安装操作两个方面介绍大数据相关软件。本章主要介绍了 Linux、Python 的基本操作和开发方法以及 Hadoop 的安装方法。

【学习目标】

【知识目标】

(1) 学习 Linux 的基本操作方法。

(2) 学习 Python 程序设计的基本方法和思路。

(3) 学习开源 Hadoop 和华为 FusionInsight HD 的搭建。

【技能目标】

(1) 掌握在 Linux 环境中进行软件开发和系统管理的方法。

(2) 掌握利用 Python 进行软件开发、数据分析等的方法。

(3) 掌握大数据分布式存储和计算的平台搭建方法。

【素养目标】

(1) 培养学生严谨的工作作风与敬业的工匠精神。

(2) 树立探究问题和解决问题的正确价值观。

【思维导图】

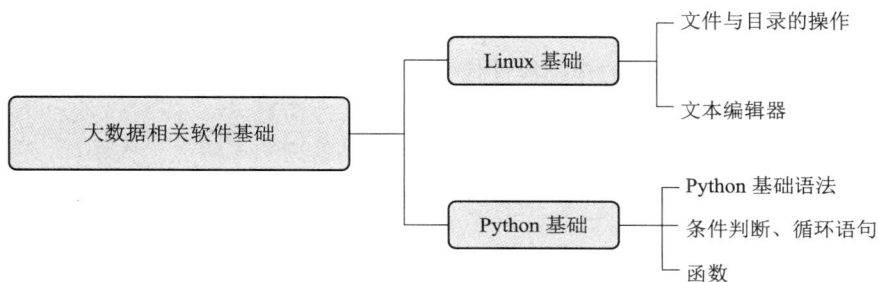

2.1 Linux 基 础

因为 Linux 操作系统在服务器上的应用具有规范性,所以学习 Linux 的基本命令和操作方法很有必要。经验丰富的运维人员能够通过合理地设置命令与参数,精准地满足工作需求,迅速得到自己想要的结果,并且还可以尽可能地降低系统资源消耗。

2.1.1 文件与目录的操作

Linux 操作系统中"文档"的概念与一般广泛的理解有所不同,人们通常认为文档指的是"文件"的一种类型,它与图片、表格、视频是并列关系。但在 Linux 操作系统中,"文档"是文件和目录(类似于文件夹)的总称,包括文本、图片、表格、视频在内的文件和目录都属于文档的一种。另外,一些资料中会将除文件和目录外的快捷方式也归于文档的一种。严

文件与目录操作

格来说,快捷方式不算是一种独立的文档类型,因为快捷方式本质上是文件的快捷方式或目录的快捷方式。

1. 文档管理的常用命令

下面通过一组命令来学习 Linux 操作系统的文档管理。

1) ls

作用:列出文档信息。

语法格式:ls [选项] /文档路径

输出结果中以不同颜色区分不同的文档类型。

- 白色:文本文件;
- 绿色:可执行文件;
- 红色:压缩包、iso 光盘镜像文件;
- 蓝色:目录;
- 蓝绿色:快捷方式。

常用选项:

- -l:以长格式显示文档的详细属性信息。
- -d:一般与 -l 一起用,查看目录本身的详细属性信息。
- -h:必须与 -l 一起用,查看属性信息时以人类易读的单位显示大小。
- -A:显示文件名以"."开头的隐藏文档。

示例:

```
[root@localhost ~]# ls
[root@localhost ~]# ls /root
[root@localhost ~]# ls -l /
[root@localhost ~]# ls -ld /etc
```

```
[root@localhost ~]# ls -lh /
[root@localhost ~]# ls -A /root
```

因为后续学习过程中很多命令都会涉及路径，所以这里特别说明 Linux 中的路径与 Windows 的不同。在 Windows 中，一个文件的路径是从分区的盘符开始的，例如存放在 C 盘下 test 文件夹中的 1.txt 文件，其路径为 C:\test\1.txt，路径之间使用反斜杠(\)作为分隔符。而 Linux 中的路径与分区没有关联，所有的路径都是从根目录(用/表示)开始的，例如 /root/1.txt 代表根目录下 root 子目录中的 1.txt 文件，路径之间使用斜杠(/)作为分隔符。不过两个不同的系统在目录结构上也有类似的地方——都是树状结构。Windows 是多主干(不同的分区盘符)的树状结构；Linux 是单主干(只有一个根目录)的树状结构，所有其他目录都属于根目录的分支。

这里还要注意厘清几个容易混淆的概念。

(1) root：管理员用户的用户名。

(2) /：根目录，是所有其他目录的起点。

(3) /root：根目录下的子目录 root 目录，是管理员的家目录。

2) cd

作用：切换工作目录。

cd 命令常用语法格式见表 2-1。

表 2-1　cd 常用语法格式

命　　令	作　　用
cd /目录路径	切换到目标路径
cd ..	切换到上一级目录(..代表父目录，.代表当前目录)
cd -	切换到上一次所在的目录
cd ~或 cd	切换到当前用户的家目录

示例：

```
[root@localhost ~]# cd /etc/sysconfig/network-scripts/
[root@localhost network-scripts]# pwd
[root@localhost network-scripts]# cd ..
[root@localhost sysconfig]# pwd
[root@localhost sysconfig]# cd /home/student/
[root@localhost student]# cd -
[root@localhost sysconfig]# cd -
[root@localhost student]# cd
```

3) cp

作用：复制文档到目标路径。

语法格式：cp　[选项]　/源文档路径　/目标文档路径

常用选项：

-r：递归复制，除了复制目录本身还复制目录里的内容，复制目录时必须要有。

示例：

```
[root@localhost ~]# cp /etc/passwd /tmp/
[root@localhost ~]# cp -r /etc//mnt/
```

【cp 命令使用技巧】

(1) 在重复复制时询问是否覆盖。

解决方法：在命令前加\

```
[root@localhost ~]# \cp -r /etc/ /mnt/
```

(2) cp 命令支持两个以上的参数。

```
[root@localhost ~]# cp  /etc/passwd  /etc/shadow  /mnt/
```

把最后一个参数作为目标路径，以上命令是把文档复制到目标路径/mnt。

(3) 与.连用代表复制到当前路径下。

```
[root@localhost ~]# cp /etc/passwd .
```

(4) 重命名。

```
[root@localhost ~]# cp /etc/passwd  /mnt/userinfo
```

- 情况 1：/mnt 里没有名为 userinfo 的文档。

以上命令含义：把/etc/passwd 复制到/mnt/并重命名为 userinfo。

- 情况 2：/mnt 里有一个名为 userinfo 的文件。

以上命令含义：把/etc/passwd 复制到/mnt/并重命名为 userinfo，会询问是否覆盖。

- 情况 3：/mnt 里有一个名为 userinfo 的目录。

以上命令含义：把/etc/passwd 复制到/mnt/userinfo。

---

4) mv

作用：移动文档(相当于 Windows 中的剪切)。

语法格式：mv /源文档路径 /目标文档路径

常用用法：重命名，目标路径不变的移动就是重命名。

示例：

```
[root@localhost ~]# mv /mnt/shadow /tmp/
[root@localhost ~]# ls /root/
[root@localhost ~]# mv /root/passwd/root/userlist
[root@localhost ~]# ls /root/
```

注意：练习 mv 命令的时候，为了防止误操作导致系统崩溃，练习的对象建议使用前面练习 cp 命令时被复制出来的文档。

5) rm

作用：删除文档。

语法格式：rm [选项] /被删除文档路径

常用选项：

　　-r：递归删除，除了删除目录本身，还删除目录里的内容，删除目录时必须要有。

　　-f：强制删除，不提示(一般删除目录时需要使用)。

示例：

```
[root@localhost ~]# rm    /root/Desktop/userlist
rm: remove regular file '/root/Desktop/userlist'? 【y，回车】
[root@localhost ~]# ls /root/Desktop/
```

6) cat

作用：查看文本文件或文本内容。

语法格式：cat   [选项]   文本[文件]

常用选项：

　　-n：显示文本行号。

示例：

```
[root@localhost ~]# cat -n /etc/passwd
```

7) touch

作用：创建空白文本文件。

语法格式：touch   /路径/文件名

示例：

```
[root@localhost ~]# touch    ./1.txt
[root@localhost ~]# cat    ./1.txt
```

8) mkdir

作用：创建空白目录。

语法格式：mkdir [选项]   /路径/目录名称

常用选项：

　　-p 递归创建，除了创建目录本身，还创建目录的子目录，以及其子目录的子目录，以此类推，适用于创建多级的目录。

示例：

```
[root@localhost ~]# mkdir /test
[root@localhost ~]# mkdir   /aaa/bbb/ccc              #直接创建多级目录会报错
[root@localhost ~]# mkdir   -p/aaa/bbb/ccc            #加-p 选项就可以创建了
```

9) find

作用：递归查找文档，根据指定的搜索路径按目录树状结构逐层查找符合条件的文档。

语法格式：find   搜索路径   条件选项 1   参数 1   [-a 或-o 条件选项 2   参数 2…]

逻辑选项：

　　-a：逻辑和，and 的简写，代表-a 选项前后的条件同时成立才匹配，一般可以省略，默认代表多个条件选项之间使用-a 相连，即需要所有条件同时成立才匹配。

　　-o：逻辑或，or 的简写，代表-o 选项前后的条件只要成立一个就匹配。

条件选项及其参数：

(1) -type   <f 或 d 或 l>：按文档类型查找，f 表示文件；d 表示目录；l 表示快捷方式。

示例:

```
[root@localhost ~]# find   /etc/   -type   f
```

(2) -name　<文档名>: 按文档名称查找, 支持通配符; 也可以使用-iname 忽略大小写。

示例:

```
[root@localhost ~]# find   /etc/   -name   p*d
```

(3) -size　<+或-SIZE{K,M,G,T}>: "+"代表大于, "-"代表小于; 如"+1G"指查找大于 1G 的文档。

示例:

```
[root@localhost ~]# find   /etc/   -size   -1024KB   |   wc   -l
[root@localhost ~]# find   /etc/   -size   +1MB
```

注: 当使用小于"-"时会向下取整, 如 -1MB 不包含大小为 0~1 MB 之间的文档, 因为 1 MB 向下取整为 0, 所以 -1MB 只包含空文件; 若需要筛选出 0~1 MB 之间的文档, 则需要换算单位使用 -1024 KB。

(4) -user: <所有者用户名>　按文档归属关系中的所有者查询。

示例:

```
[root@localhost ~]# find   /   -user   student
```

注: 所有者是文档归属关系的一种, 具体概念在介绍用户和权限时再详细解释。

(5) -group <所属组组名>: 按文档归属关系中的所属组查询。

示例:

```
[root@localhost ~]# find   /   -group   student
```

注: 所属组是文档归属关系的一种, 具体概念在介绍用户和权限时再详细解释。

(6) -mtime　<[+或-] 天数>: 按文档修改时间进行查找, 如 +4, 指查找 4 天之前的文件。文档查找示意图如图 2-1 所示。

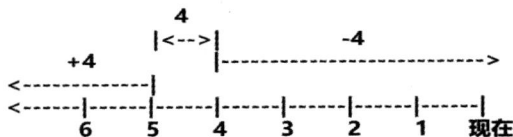

```
                              4
                          |<-->|                -4
              +4          |    |--------------------------->
        <--------------|   |    
        <------|------|----|-----|------|------|------|
               6      5    4     3      2      1     现在
```

图 2-1　文档查找示意图

注: 该选项的时间概念与广泛认知的概念有所不同, 具体体现在+4 所指的时间不包含第四天, 具体可以参考图 2-1 中的时间轴示例。

示例:

```
[root@localhost ~]# find   /etc/   -maxdepth   1   -mtime +2
[root@localhost ~]# find   /etc/   -mtime   -2
```

(7) -maxdepth　<层数>: 限制递归查找的层数。

示例:

```
[root@localhost ~]# find   /etc/   -maxdepth   1   -type   f
[root@localhost ~]# find   /etc/   -maxdepth   1   -type   f   |   wc   -l
[root@localhost ~]# find   /etc/   -type   f   |   wc   -l
```

(8) -exec <执行命令>: 对前面的搜索结果执行一条命令进行二次处理。

注：类似管道的作用，但是管道不支持 cp 的多参数命令。

示例：

```
[root@localhost ~]# find /etc/ -maxdepth 1 -type f -exec cp {} /mnt/ \;
```

注：其中{}代表前面搜索出来的每一个结果，\;告诉 find 命令，-exec 选项执行的二次处理命令结束。

2. 基本权限类别

管理员在管理操作 Linux 操作系统的过程中，可以针对系统中的每一个文档进行权限管理。首先需要认识系统中三大基本权限的类别，分别是读、写、执行。

读，英文全称是 read，简称为 r，代表一个用户是否具备查看文档的权限。如果针对的是文件，那就是指用户对这个文件是否具备权限执行 cat、head、tail 等读取文件内容的命令；如果针对的是目录，则是指用户对这个目录是否具备权限执行 ls 命令。

写，英文全称是 write，简称为 w，代表用户对于文档是否具备修改的权限。如果针对文件，那就是指用户对这个文件是否具备权限执行 vim、重定向这样的操作；如果针对的是目录，则是指用户对这个目录是否具备执行 rm、mv、cp、mkdir、touch 这种会更改目录的命令。

执行，英文全称是 execution，简称为 x。这个权限类型比较特殊，如果针对的是文件，使用范围一般是 shell 脚本，添加执行权限后，代表拥有权限的用户可以执行这个脚本。此时该文件不再是一个普通的文本文件，而是可以在 shell 环境中运行的程序；如果针对的是目录，则是指拥有权限的用户可以通过 cd 命令切换到该目录。

注意：如果一个用户想要对某个文档执行一个操作，前提是对这个文档存放的父目录也需要具有权限才能进行操作，否则即使对子文档有权限也是无意义的。这就像是，张三购买回来了一台游戏机，借给了李四，没想到李四有借无还，同时因为李四把游戏机放在了家里，由于张三对李四的房子(父目录)没有访问权限，所以即使对游戏机(子文档)有权限，也没有意义。

1) 权限的使用对象

文档的权限是有使用对象的。权限的使用对象主要分为三类，分别是文档的所有者、文档的所属组成员、其他用户。

(1) 文档的所有者，简称为 u，是文档的主人，默认是文档的创建者，在文档归属关系中属于文档的所有者。就像张三购买了一套房子，那么他就是该房子的所有者，房产证上写的是张三的名字。与此类比，在系统中，一个用户创建了一个文档，那他就是文档的所有者，通过命令可以查看到这个文档的所有者是这个用户的用户名。

(2) 文档的所属组，简称为 g，文档所属组的成员一般对文档也有一定的操作权限。在默认情况下，文档的所属组是所有者的基本组。就像是张三买回来的这套房子，除了他自己对房子有权限，他的家人也对这套房子也有居住的权限。也就是说，系统中除了创建者对文档有权限，他的基本组成员也对这个文档有一定的操作权限。

(3) 其他用户，简称为 o。如果一个用户，既不是所有者，也不是所属组的成员，那么对这个文档来说，这个用户就是其他用户。

在权限管理中，需要针对文档的归属关系，即所有者、所属组和其他用户这三者分别进行权限设置。

2) 设置基本权限

设置基本权限的前提是要先判断权限，也就是判断某个用户对某个文档的权限。而判断权限如果按照一般人的既定惯性思维是很容易判断失误的，参照以下的思路进行判断可以大幅度降低犯错概率。

(1) 确定用户对于目标文档的身份可遵循匹配即停止的原则。

按所有者、所属组、其他用户的优先级顺序进行匹配，一旦匹配上就停止匹配。例如，某文档的所有者是 student 用户，所属组是 student 的基本组。在这种情况下，student 用户既是所有者，也是所属组 student 组的成员，但是遵循匹配即停止的原则，按优先级匹配，先判断 student 用户是不是所有者，如果是所有者，那么就立刻停止匹配，不再判断它是否为所属组成员，确定身份为所有者。如果经过判断，某用户既不是所有者，也不是所属组成员，那就可以确定身份为其他用户。在实际判断时，需要结合"ls -l 文档"命令查看文档详细属性和"id 用户名"命令中的 groups 字段来查看用户加入的组来判断。

(2) 经过上面的身份判断之后，查看该身份的权限可直接从"ls -l 文档"命令中读取权限即可，其中该命令输出结果的第 2～4 位是所有者的权限，第 5～7 位是所属组成员的权限，第 8～10 位是其他用户的权限。

示例：(以下命令执行输出结果仅为示例，并非命令实际输出结果)

> 执行命令：ls -l /var/mail/student
> 输出结果：-rw-rwx---. 1 student mail 0 Mar　3 22:15 /var/mail/student
> 执行命令：id test01
> 输出结果(部分)：groups=10089(test01),1000(student)

通过以上命令可以判断，test01 不是 student 用户，所以不是目标文档/var/mail/student 的所有者；test01 用户也不是 mail 组的成员，所以 test01 用户也不是/var/mail/student 的所属组，那么，可以确认 test01 用户的身份是其他用户。确认身份后回头查看 ls 命令输出结果，第 8～10 位是其他用户的权限，所以 test01 用户对这个文档的权限是"---"，也就是读、写、执行权限均无。

设置基本权限最简单的方法是"421 权限设置法"，这种方法读、写、执行三种权限分别用 4、2、1 表示，然后通过数值相加的和来依次设置所有者、所属组、其他用户的权限。例如，754 代表设置所有者为 7=4+2+1，拥有读、写、执行的权限；设置所属组成员为 5=4+1，拥有读、执行的权限；设置其他用户为 4，拥有只读的权限。

设置权限的命令为 chmod。

语法格式：chmod　[选项]　421 权限数值　/文档路径

作用：修改文件、目录的权限。

常用选项：

　　-R　递归设置权限，设置目录权限时，除了目录本身，还给子文档设置相同权限。

示例：

> 需求 1：给文档/example 的所有者设置读写执行权限，所属组设置读执行权限，其他用户无权限。
> 分析：u=rwx=4+2+1=7；g=4+1=5；o=0

命令：chmod　750　/example

需求 2：重新给文档/example 设置权限，所有者设置读写权限，其他用户添加读权限

分析：因为需求中没有要求设置所属组成员的权限，所以要通过 ls -l 计算所属组的原来权限数值(读、执行为 5)

命令：chmod　654　/example

chmod 修改的权限结果可以通过 ls 命令查看。此外，通过"ls -l"的输出结果可以看出很多文档的重要属性信息，以下是针对这条命令输出结果每一位的解读。

第 1 位：文档类型，-代表这个文档是一个文件，d 代表这是一个目录，l 代表快捷方式。

第 2～10 位：权限，共 9 位，依次每 3 位是所有者、所属组、其他用户的权限。

第 11 位：代表目录的子文档个数或文件的硬链接(一种特殊的快捷方式)个数。

第 12 位：所有者。

第 13 位：所属组。

第 14 位：文档的大小(默认单位为字节)。

第 15 位：修改时间、日期。

第 16 位：文档路径。

示例：

[root@localhost ~]# ls -l /mnt/abc.txt

[root@localhost ~]# ls -ld /mnt/

[root@localhost ~]# ls -l /dev/rtc

3. 设置文档归属关系

除了可以修改文档的权限，还可以设置文档的归属关系，更改文档的所有者和所属组。在生产环境下，一般由管理员用户 root 为普通用户创建文档，然后再将归属关系更改为普通用户和设置文档的基本权限，使得该用户对这些文档有操作权限。

chown 命令如下。

语法格式：

chown　[选项]　所有者:所属组　/文档路径

作用：同时设置所有者和所属组。

chown　[选项]　所有者　/文档路径

作用：只设置所有者。

chown　[选项]　：所属组　/文档路径

作用：只设置所属组。

常用选项：

　　-R　　　　向下递归设置归属关系，给目录设置归属关系时，除了设置目录本身，还给子文档设置相同的归属关系。

示例：

[root@localhost ~]# cp /etc /mnt/pzdir1

[root@localhost ~]# chown student:testgroup /mnt/pzdir1

[root@localhost ~]# ls -ld /mnt/pzdir1

```
[root@localhost ~]# chown root /mnt/pzdir1
[root@localhost ~]# ls -ld /mnt/pzdir1
[root@localhost ~]# chown :student /mnt/pzdir1
[root@localhost ~]# ls -ld /mnt/pzdir1
[root@localhost ~]# chown -R student:student /mnt/pzdir1
[root@localhost ~]# ls -l /mnt/pzdir1
```

2.1.2　文本编辑器

文本编辑器主要用于编写和查看文本文件，而 vim 编辑器是目前主流的文本编辑器，适用于 Linux/UNIX 系统。下面就以 vim 编辑器为例，详细讲解文本编辑器的用法。

文本编辑器

1. vim 编辑器及基本操作

在企业服务器中安装的操作系统一般是没有安装图形界面的。因为没有图形界面意味着不支持鼠标的操作，所以 Linux 中通用的文本编辑器是完全依赖于键盘就可以操作的 vim 编辑器。vim 编辑器将文本编辑分为三种模式，分别是命令模式、插入模式和末行模式，见图 2-2 所示。

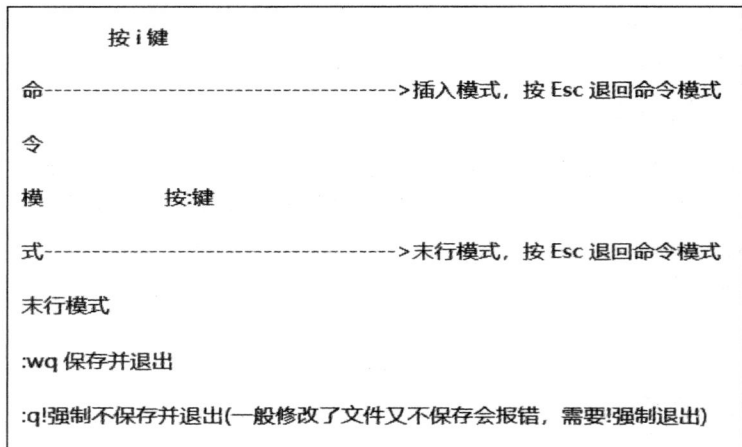

图 2-2　编辑器命令模式

vim 编辑器的基本操作如下。

1) 打开 vim 编辑器

通过 vim 编辑器打开一个文本文件(语法格式：vim 　/文本文件路径)，如果指定的文件是已存在的，系统则打开并编辑文件，如果指定的是一个不存在的文件，系统会创建文件并编辑。打开文件后默认进入命令模式，在此模式下，用户无法直接进行文本内容编辑，但可以通过一些快捷键来完成文本的复制、粘贴、删除等操作。

2) 编辑文本内容

用户如果想编辑文本内容，可以按"i"键进入插入模式，按下"i"键的瞬间，左下角会显示"--INSERT--"，代表已经进入插入模式。这个模式下的编辑操作除了不支持鼠标操作，其他操作基本与 Windows 中的记事本操作一致，可以通过上、下、左、右键移动光标编辑文本内容。

3) 保存文本内容

当完成编辑后，若想要保存编辑的内容，需要切换到末行模式，这里要特别注意，插入模式无法直接进入末行模式，需要先按"Esc"键回到命令模式，再从命令模式按"："键(按住"Shift"＋"；"键)才能进入末行模式。在末行模式下输入"wq"再按回车键保存并退出，当然也可以输入"q!"再按回车键则为不保存退出。

2. vim 高级使用技巧

只要掌握了以上操作，就能通过 vim 编辑器完成一些简单的文本编辑工作了。但是如果需要有更多进阶的使用，则需要进一步掌握以下高级使用技巧。

1) 命令模式

当打开一个文件时，系统默认进入编辑器的命令模式；若在末行模式或插入模式下按下"Esc"键，则进入命令模式。

(1) 移动光标。使用键盘中的上、下、左、右方向键移动光标。如要移到文件的开头位置，则按"Home"键；如要移到文件的结尾位置，则按"End"键。

(2) 行间跳转。跳转到全文的第一行，使用"gg"命令；跳转到全文的最后一行，使用"G"命令；跳转到指定行，则在"G"前加上行数；如跳转到第 10 行，使用"10G"命令。

(3) 复制、粘贴。从光标所在行算起，复制 1 行使用"yy"命令，复制 3 行使用"3yy"命令；如果是粘贴到光标所在行之后可使用"p"命令；如果是粘贴到光标所在行之前可使用"P"命令。

(4) 剪切。从光标所在行算起，剪切 1 行使用"dd"命令；剪切 3 行使用"3dd"命令，依此类推。

(5) 删除。剪切后不粘贴即为删除。

(6) 查找关键词。搜索使用"/关键词"命令；关键词之间切换使用"n"查找下一个关键词，使用"N"查找上一个关键词。

(7) 撤销操作。撤销最近的一次操作使用"u"命令；取消前一次撤销操作使用"Ctrl+r"快捷方式。

若在命令模式下，需要进入插入模式，可采用以下几种不同的快捷键。

- "C(大写)"键：从光标所在字符开始删除该行剩余内容，并进入插入模式；
- "i"键：跳到光标所在字符前进入插入模式；
- "a"键：跳到光标所在字符后进入插入模式；
- "o"键：跳到光标所在行的下一行新开一行，并进入插入模式。

2) 末行模式

在命令模式下，按下"："键可以进入末行模式。

(1) 保存/退出文件操作。保存当前文件使用"w"命令；放弃编辑并退出使用"q!"命令；保存并退出使用"wq"命令。读入其他文件的内容使用"r /文件路径"命令。

(2) 字符串替换。替换当前光标所在行第一个 old 为 new，使用"s/old/new"命令；替换当前光标所在行所有的 old 为 new，使用"s/old/new/g"命令；替换第 n～m 行所有的 old 为 new，使用"n,m   s/old/new/g"命令。替换全文所有的 old 为 new，使用"% s/old/new/g"命令。

(3) 开关参数的控制。显示行号使用"set nu"命令；关闭显示行号使用"set nonu"命令；启用自动缩进使用"set ai"命令；关闭自动缩进使用"set noai"命令。

在 Hadoop 的使用中，Linux 的基本命令和操作方法是安装和调测中必不可缺的技能要求。

2.2 Python 基 础

在数据分析处理方面，Python 有较完备的生态环境。对于大数据分析涉及的分布式计算、数据可视化、数据库操作等，Python 都有成熟的模块完成其功能。对于 Hadoop、MapReduce 和 Spark，也可以直接使用 Python 完成计算逻辑，这对数据科学家和数据工程师都是十分便利的。

2.2.1 Python 基础语法

Python 是由荷兰数学和计算机科学研究学会的吉多·范罗苏姆 (Guido van Rossum)于 1989 年设计的。Python 是一种代表简单主义思想的语言。Python 不需要记忆太多的命令，其语法简单，易于使用，有 C 语言基础的人学起来非常容易上手。阅读一个良好的 Python 程序就感觉像是在读英文文章一样，它使你能够专注于解决问题而不是去搞明白语言本身。

Python 基础语法

1．标识符

在开发过程中，我们需要定义一些符号和名称，比如变量名、函数名或者类名等，它们都属于标识符。定义名称时不能随便乱取，要取有意义的名称，做到见名知意。

标识符的规则如下：

(1) 在 Python 里，标识符是由大小写英文字母、数字、下画线、中文组成的。

(2) 第一个字符必须是英文字母或者下画线，不能以数字开头。

(3) Python 标识符须严格区分大小写字母。

(4) 虽然中文可以当标识符，但不建议使用，因为这容易导致在编程过程中出现一些未知的错误。

2．关键字

关键字是一些具有特殊功能的标识符，一般是系统内部已经定义好的，所以不允许开发者定义与关键字名字相同的标识符。Python 内置一些关键字，可以通过导入 import keyword 命令查看当前系统中的关键字。图 2-3 为利用 import keyword 命令查看到的关键字。

```
>>> import keyword
>>> keyword.kwlist
['False', 'None', 'True', '__peg_parser__', 'and', 'as', 'assert', 'async', 'awa
it', 'break', 'class', 'continue', 'def', 'del', 'elif', 'else', 'except', 'fina
lly', 'for', 'from', 'global', 'if', 'import', 'in', 'is', 'lambda', 'nonlocal',
'not', 'or', 'pass', 'raise', 'return', 'try', 'while', 'with', 'yield']
>>>
```

图 2-3　Python 关键字截图

3. 行和缩进

Python 追求编写的代码简单而优美，一行只写一句代码。Python 最具特色的就是使用缩进来表示代码块，不需要使用大括号{}。一个缩进的距离是 4 个空格，空格数是可以改变的，但是同一代码块的语句必须包含相同的缩进空格数。图 2-4 为缩进代码演示图。

```
if True:
    print("我前面占了一个缩进哦")
    print("我跟上面语句是同一个代码块，所以缩进相同")
```

图 2-4　缩进代码演示

4. 注释

注释是指用熟悉的自然语言，在程序中对某些代码进行标注说明，它能够大大增强程序的可读性。

Python 有两种注释方式，分别是单行注释和多行注释。

1) 单行注释

单行注释以"#"开头，右边的所有东西可当作说明，而不是真正被计算机执行的程序，起到解释说明作用，如图 2-5 所示。

```
#我是注释，可以写一些功能之类的哦
print("Hello Python")
```

图 2-5　单行注释说明

2) 多行注释

多行注释可以用多个#组成，还可以用英文输入法状态下的'''或 """的一种当开头和结尾，中间写上需要注释说明的内容即可，如图 2-6 所示。

```
File  Edit  Format  Run  Options  Window  Help
'''
我是多行注释，可以写很多很多的功能说明。
给你们写首诗吧，
春眠不觉晓，处处闻啼鸟。
夜来风雨声，花落知多少。
'''
```

图 2-6　多行注释说明

5. 变量以及数据类型

Python 中需要存储一个会变化的数据，这个存储的媒介就是变量。变量的数值是可以发生改变的；常量也是用来存储数据的，但它的值不能发生改变。为了更充分地利用内存空间以及更有效率地管理内存，变量分为了不同类型的数据。

在 Python 中，定义一个变量可以不声明数据类型，因为只要定义了一个变量而且是有数据的，那么它的数据类型就被系统自动辨别了。

Python 数据类型主要分为六大类，包括 Numbers(数字)、String(字符串)、List(列表)、Tuple(元组)、Set(集合)和 Dictionary(字典)，如图 2-7 所示。

1) Numbers(数字)

Python 支持整型、浮点型、布尔型、复数型四种不同的数值类型，其中整型又称为整数，可以取负数，但不能带小数点；浮点型由整数部分与小数部分组成；布尔型是只有两个值的整型 0 和 1(False 和 True)；复数型由实数部分和虚数部分构成，可以用 a+bj 表示，其中 a 是实数部分，b 是虚数部分，且后面必须带 J 或 j(a、b 都是浮点型)。

2) String(字符串)

字符串的声明有三种方式，包括单引号、双引号和三引号(三个单引号或三个双引号)。

3) List(列表)

列表是一种可修改的集合类型，其元素可以是数字、String 等基本类型，也可以是列表、元组、字典等集合对象，甚至可以是自定义的类型。

4) Tuple(元组)

元组类型和列表一样，也是一种序列，与列表不同的是，元组是不可修改的。

5) Set(集合)

集合是一个无序的不重复元素序列。可以使用大括号{}或者 Set()函数创建集合，但要注意的是，创建一个空集合必须用 Set()而不是{}，因为{}是用来创建一个空字典的。

6) Dictionary(字典)

字典是另一种可变容器模型，且可存储任意类型对象。字典的每个键值 Key=>Value 对用冒号(:)分隔，每个键值对之间用逗号(,)分隔，整个字典包含在花括号{}中。

6. 输入函数 input()

在 Python 里，用户自定义输入函数是 input()函数，但在使用该函数时最好在它左边赋一个变量名。切记用 input()函数输入的值是字符串，若想转换为其他数据类型，需要使用强制转换函数，如图 2-7 所示。

```
>>> age = input("请问你今年芳龄多少呀？")#输入的是字符串
请问你今年芳龄多少呀？18
>>> age
'18'
>>> int(age)#强制转换为整数型int
18
>>>
```

图 2-7　input()函数举例

7. 输出函数 print()

输出函数也叫打印函数，用来打印已经写好的字符或者字符串，如图 2-8 所示。

```
>>> print("Hello World")
Hello World
>>> |
```

图 2-8　print()函数举例

8. Python 运算符

Python 运算符一共有以下几种。

(1) 算术运算符，其描述和示例如表 2-2 所示。

表 2-2　算 术 运 算 符

运算符	描　　述	示　　例
+	加，即两个对象相加	a+b 输出结果为30
-	减，即得到负数或是一个数减去另一个数	a-b 输出结果为-10
*	乘，即两个数相乘或是返回一个被重复若干次的字符串	a*b 输出结果为200
/	除，即 x 除以 y	b/a 输出结果为 2
%	取模，即返回除法的余数	b％a 输出结果为 0
**	幂，即返回 x 的 y 次幂	a**b 为 10 的 20 次方，输出结果为 100000000000000000000
//	取整除，即返回商的整数部分(向下取整)	9//12，输出为 4　-9//12，输出为-5

(2) 比较运算符，其描述和示例如表 2-3 所示。

表 2-3　比 较 运 算 符

运算符	描　　述	示　　例
==	等于，即比较对象是否相等	(a=b)返回 False
!=	不等于，即比较两个对象是否不相等	(a!=b)返回 True
<>	不等于，即比较两个对象是否不相等。Python3 已废弃	(a<>b)返回 True, 这个运算符类似!=
>	大于，即返回 x 是否大于 y	(a>b)返回 False
<	小于，即返回 x 是否小于 y，所有比较运算符返回 1 表示真，返回 0 表示假。这分别与特殊的变量 True 和 Flase 等价	(a<b)返回 True
>=	大于等于，即返回 x 是否大于等于 y	(a>=b)返回 False
<=	小于等于，即返回 x 是否小于等于 y	(a<=b)返回 True

(3) 赋值运算符，其描述和示例如表 2-4 所示。

表 2-4　赋 值 运 算 符

运算符	描　述	示　例
=	简单的赋值运算符	c=a+b 将 a+b 的运算结果赋值为 c
+=	加法赋值运算符	c+=a 等效于 c=c+a
-=	减法赋值运算符	c-=a 等效于 c=c-a
*=	乘法赋值运算符	c*=a 等效于 c=c*a
/=	除法赋值运算符	c/=a 等效于 c=c/a
%=	取模赋值运算符	c%=a 等效于 c=c%a
**=	幂赋值运算符	c**=a 等效于 c=c**a
//=	取整除赋值运算符	c//=a 等效于 c=c // a

(4) 位运算符，其描述和示例如表 2-5 所示。

表 2-5　位 运 算 符

运算符	描　述	示　例
&	按位与运算符：参与运算的两个值，如果两个相应位都为 1，则该位的结果为 1，否则为 0	当 a=60，b=13，(a&b)输出结果 12，二进制解释为 00001100
|	按位或运算符：只要对应的两个二进位有一个为 1 时，结果位就为 1	当 a=60，b=13，(a|b)输出结果 61，二进制解释为 00111101
^	按位异或运算符：当两对应的二进位相异时，结果为 1	当 a=60，b=13，(a^b)输出结果 49，二进制解释为 00110001
~	按位取反运算符：对数据的每个二进制位取反，即把 1 变为 0，把 0 变为 1，~x 类似于~x-1	当 a=60，b=13，(a)输出结果 61，二进制解释为 11000011，为一个有符号二进制数的补码形式
<<	左移动运算符：运算数的各二进位全部左移若干位，由 "<<" 右边的数指定移动的位数，高位丢弃，低位补 0	当 a=60，b=13，a<<2 输出结果 240，二进制解释为 11110000
>>	右移动运算符：把 ">>" 左边的运算数的各二进位全部右移若干位，">>" 右边的数指定移动的位数	当 a=60，b=13，a>>2 输出结果 15，二进制解释为 00001111

(5) 逻辑运算符，其逻辑表达式和描述如表 2-6 所示。

表 2-6　逻 辑 运 算 符

运算符	逻辑表达式	描　述
and	x and y	逻辑"与"：如果 x 为 False，x and y 返回 False，否则它返回 y 的计算值
or	x or y	逻辑"或"：如果 x 是非 0，它返回 x 的值，否则它返回 y 的计算值
not	not x	逻辑"非"：如果 x 为 True，返回 False。如果 x 为 False，它返回 True

(6) 成员运算符的逻辑表达方式，如表 2-7 所示。

表 2-7　成 员 运 算 符

运算符	逻辑表达式
in	Value in collection
not in	Value not in collection

(7) 身份运算符，其描述和示例如表 2-8 所示。

表 2-8　身 份 运 算 符

运算符	描　　述	示　　例
is	is 是判断两个标识符是不是引用同一个对象	a = [1, 2, 3]，b=a,c=[1,2,3] print(a is b)会返回 Ture，因为 a 和 b 引用的是同一个对象 print(a is c)会返回 False，因为 a 和 c 引用的是不同的对象，尽管它们的值相同
is not	is not 是判断两个标识符是不是引用自不同对象	a = [1, 2, 3]，b=a,c=[1,2,3] print(a is not b)会返回 False，因为 a 和 b 引用的是同一个对象 print(a is not c)会返回 Ture，因为 a 和 c 引用的是不同的对象

(8) 运算符优先级，其描述如表 2-9 所示。

表 2-9　运算符优先级

运算符	描　　述
**	指数(最高优先级)
~ +-	按位翻转，一元加号和减号(最后两个的方法名为+@和-@)
* / % //	依次为乘、除、取模和取整除
+ -	加法减法
>> <<	依次为右移运算符，左移运算符
&	位 'AND'
^ |	位运算符
<= < > >=	比较运算符
<> == !=	等于运算符
= %= /= //= -= += *= **=	赋值运算符
is is not	身份运算符
in not in	成员运算符
not and or	逻辑运算符

9. 字符串格式化

格式化字符串的意思是使用 format 函数将指定的字符串转换为想要的输出格式，字符串 format()方法的基本使用格式如下：

<模板字符串+字符串槽{}>.format(<逗号分隔的参数>)

模板字符串是正常的字符串输出，逗号分隔的参数可以写入不同数据类型参数用逗号分隔。在模板字符串中，字符串槽内 "{}" 可以写入 format()参数对应的序号，一般默认从 0 位开始。图 2-9 为 format 字符串格式化操作。

```
>>> "{}方法是python{}版本新增的{}".format("format",2.6,"字符串格式化")
'format方法是python2.6版本新增的字符串格式化'
>>> "{2}方法是python{1}版本新增的{0}".format("format",2.6,"字符串格式化")
'字符串格式化方法是python2.6版本新增的format'
>>>
```

图 2-9　format 字符串格式化操作

format()方法中模板字符串的槽除了包括参数序号，还可以包括格式控制信息。此时，槽的内部样式如下：

{<参数序号>: <格式控制标记>}

其中，格式控制标记用来控制参数显示时的格式。格式控制标记包括<填充><对齐><宽度><'><精度><类型>6 个字段，这些字段都是可选的，也可以组合使用。图 2-10 说明了字符串槽中格式控制标记点字段。

:	<填充>	<对齐>	<宽度>	,	<.精度>	<类型>
引导符号	用于填充的单个字符	<左对齐 >右对齐 ^居中对齐	槽的设定输出宽度	数字的千位分隔符，适用于整数和浮点数	浮点数小数部分的精度或字符串的最大输出长度	整数类型:b,c,d,o,x,X;浮点数类型:e,E,f,%

```
>>> "{0:*>20}".format('python')#{0:20}宽度为20位字符,>是右对齐,多余位数用*填充
'**************python'
>>> "{0:+<30}".format('python')#{0:30}宽度为30位字符,>是左对齐,多余位数用+填充
'python++++++++++++++++++++++++'
>>> "{0:.2f}".format(3.1415926) #保留小数点后两位
'3.14'
>>> "{0:.0f}".format(3.1415926) #不带小数
'3'
>>> "{:,}".format(1000000) #以逗号分隔的数字格式
'1,000,000'
>>> "{:.2%}".format(0.25) #百分比格式
'25.00%'
>>> "{0:b},{0:c},{0:d},{0:o},{0:x}".format(425) #二进制、Unicode字符、十进制、八进制、十六机制
'110101001,Σ,425,651,1a9'
>>>
```

图 2-10　字符串槽中格式控制标记点字段

10. 数据类型转换

常用的数据类型转换如表 2-10 所示。

表 2-10　常用的数据类型转换函数

函　　数	说　　明
int(x [,base])	将 x 转换为一个整数
long(x [,base])	将 x 转换为一个长整数
float(x)	将 x 转换到一个浮点数
complex(real [,imag])	创建一个复数
str(x)	将对象 x 转换为字符串
repr(x)	将对象 x 转换为表达式字符串
eval(str)	用来计算在字符串中的有效 Python 表达式，并返回一个对象
tuple(s)	将序列 s 转换为一个元组
list(s)	将序列 s 转换为一个列表
chr(x)	将一个整数转换为一个字符
unichr(x)	将一个整数转换为 Unicode 字符
ord(x)	将一个字符转换为它的整数值
hex(x)	将一个整数转换为一个十六进制字符串
oct(x)	将一个整数转换为一个八进制字符串

2.2.2　条件判断、循环语句

Python 条件语句跟其他语言基本一致，都是通过一条或多条语句的执行结果(True 或者 False)来决定执行的代码块，而循环语句允许程序执行一个语句或语句组多次。接下来分别介绍 Python 的条件判断、循环语句。

Python 流程

1. 条件判断语句

1) if 条件判断语句

if 条件判断语句在 Python 中是用来进行判断的。图 2-11 为 if 条件执行语句示意图，其使用格式如下：

if 要判断的条件:
　　　　条件成立时，要做的事情

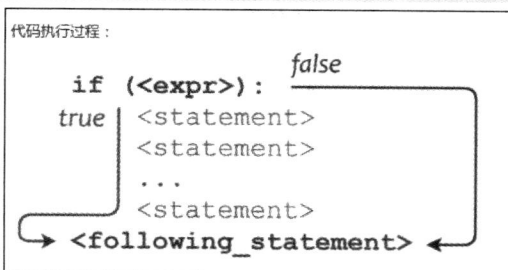

图 2-11　if 条件执行语句示意图

当"判断条件"成立时(非零)，则执行 if 语句块内的语句，执行的内容可以有多行，但要以缩进来区分同一范围，代码的缩进为一个"tab"键，或者 4 个空格。

2) if-else 条件判断语句

if 经常跟 else 一起使用，else 为可选语句，当 if 语句的判断条件不成立时，则执行 else 语句块内的语句，代码如下所示。

```
age 22
if age >18:
    print("你已成年")
else:
    print("你还未成年")
```

if 语句的判断条件可以用比较运算符和逻辑运算符来表示其关系。

3) elif 条件判断语句

当"判断条件"为多个值时，可以使用 elif 来进行同一件事情内的多个判断。注意，这里指的是一件事情内的多个判断，若多个事件可以使用多个 if 条件判断语句。代码如下。

```
num=60
if num == 60:
    print(哈哈，我刚好及格')
elif num>60:
    print('恭喜你及格啦，祝贺！')
elif num<60:
    print(很抱歉，您没有通过考试')
else
    print(您的分数有误')
```

===

```
哈哈，我刚好及格
>>>
```

4) if 嵌套条件判断语句

if 条件判断语句可以嵌套使用，格式如下：

```
if 条件 1:
        满足条件 1 做的事情
        ...(省略)...
        if 条件 2:
            满足条件 2 做的事情
            ...(省略)...
    else：
        不满足条件 2 做的事情
        ...(省略)...
```

```
else:
    不满足条件 1 做的事情
    ...(省略)...
```

在 if 嵌套最外层称为外层嵌套，内层称为内层嵌套，具体方式应根据实际开发情况使用。

if 嵌套实例：输入一个整数，判断是否能被 2 和 3 整除。代码如下所示。

```
num=int(input("输入一个数字："))
if num%2==0:
    if num%3==0:
        print("你输入的数字可以整除 2 和 3")
    else:
        print("你输入的数字可以整除 2，但不能整除 3")
else:
    if num%3==0:
        print("你输入的数字可以整除 3，但不能整除 2")
    else:
        print("你输入的数字不能整除 2 和 3")
```

请输入一个数字：6
你输入的数字可以整除 2 和 3
>>>

2. 循环语句

Python 的运行顺序一般是自上而下进行。为了让代码能够多次重复执行，编程语言提供了多种控制结构来支持复杂的执行路径，以便循环语句能够多次执行代码块。Python 的循环语句有 while 循环和 for 循环。图 2-12 为条件循环示意图。

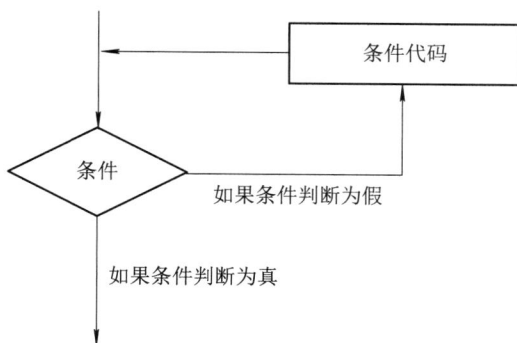

图 2-12　条件循环示意图

1）while 循环语句

while 语句在 Python 编程中用于循环执行程序，循环语句需要在符合相应的条件才可执行循环体内的代码块。当条件不符合时，执行代码段会跳出循环体。循环主要用来处理一些重复性的工作，利于提高代码利用率。while 循环语句的格式如下：

> while 判断条件：
>> 条件满足时，做的事情 1
>> 条件满足时，做的事情 2
>> 条件满足时，做的事情 3
>> ...(省略)...

while 的判断条件与 if 的判断条件是一样的，但在 while 循环语句中要给条件变量赋一个初始值，其判断条件可以用比较运算符和逻辑运算符来表示其关系。当条件判断为 True 时，执行循环体的代码，条件判断为 False 时，循环结束。执行代码可以是单行代码或者多个代码块，代码如下所示。

```
i=0
while i<5:
    print("当前是第%d 次执行循环"%(i+1))
    print ("i=%d"%i)
    i+=1
```

```
当前是第 1 次执行循环
i=0
当前是第 2 次执行循环
i=1
当前是第 3 次执行循环
i=2
当前是第 4 次执行循环
i=3
当前是第 5 次执行循环
i=4
>>>
```

在 while 循环中，如果判断条件语句永远为 True，那么循环将会无限地执行下去。若系统长时间无限循环下去可能会导致电脑宕机，使用快捷键"Ctrl"+"C"可终止无限循环。代码如下所示。

```
num=0
while num ==0:
print("条件永远为 True，我将无限循环下去")
```

```
条件永远为 True，我将无限循环下去
条件永远为 True，我将无限循环下去
```

条件永远为 True，我将无限循环下去

条件永远为 True，我将无限循环下去

条件永远为 True，我将无限循环下去

条件永远为 True，我将无限循环下去

……

　　while 循环根据判断条件 True 或 False 来决定循环，在条件为 True 的情况下会执行 while 循环体内的语句，当条件为 False 时可以使用 else 来定义循环体外的语句。while-else 使用格式如下：

　　while　判断条件:

　　　　条件满足时，做的事情 1

　　　　条件满足时，做的事情 2

　　　　...(省略)...

　　else:

　　　　条件不满足时，做的事情 1

　　代码如下所示。

```
num 1
while num <5:
    print(“我会执行小于 5 以内的数：第 d” 第 nm)
    num += 1
else:
    print("当 num 大于 5 不符合循环条件，会执行我这条语句")
```

```
=========================================================

我会执行小于 5 以内的数：1
我会执行小于 5 以内的数：2
我会执行小于 5 以内的数：3
我会执行小于 5 以内的数：4
我会执行小于 5 以内的数：5
当 num 大于 5 不符合循环条件，会执行我这条语句
>>>
```

　　2）for 循环

　　同 while 循环一样，for 可以完成循环功能。在 Python 中，for 循环可以遍历任何序列的项目，比如一个列表或者是一个字符串等。for 循环格式如下：

　　　　for 临时变量 in 列表或者字符串等:

　　　　　　循环满足条件时执行的代码

　　　　else:

　　　　　　循环不满足条件时执行的代码

　　临时变量可自定义标识符，in 为成员运算符，列表或者字符串等是 in 成员运算符的序

列，每次循环都可以将序列的值依次赋给临时变量。符合列表或者字符串等序列范围内的值则运行 for 循环体内的语句，否则运行 else 语句。代码如下所示。

```
name "Python"
for i in name:                          #i 是临时变量可自己定义标识符
    print("当前字母：",i)                #name 字符串序列会把值依次赋给 i
else:                                    #当字符串的每个值循环完后会执行 else 语句
    print("for 循环完毕")
```

3) 循环嵌套

循环嵌套与 if 嵌套类似，是指在循环体里面嵌入另一个循环。while 嵌套的格式如下：

while 条件1:

　　　条件 1 满足时，做的事情 1
　　　条件 1 满足时，做的事情 2
　　　...(省略)...

　　　while 条件 2:
　　　　条件 2 满足时，做的事情 1
　　　　条件 2 满足时，做的事情 2
　　　　...(省略)...

实际上就是外循环里面嵌套了内循环，运行程序时最先执行外循环，符合条件再执行内循环。

可结合循环嵌套写九九乘法表进行练习，具体代码如下所示。

```
i=1
while i<=9:
    j=1
    while j<=i:
        print("{}*{}={}" .("format(i,j,i*j),end=")
        j+=1
    print('\n')
    i+=1
===============================================================
1*1=1
1*2=2 2*2=4
1*3=3 2*3=6 3*3=9
1*4=4 2*4=8 3*4=12 4*4=16
1*5=5 2*5=10 3*5=15 4*5=20 5*5=25
1*6=6 2*6=12 3*6=18 4*6=24 5*6=30 6*6=36
1*7=7 2*7=14 3*7=21 4*7=28 5*7=35 6*7=42 7*7=49
```

```
1*8=8 2*8=16 3*8=24 4*8=32 5*8=40 6*8=48 7*8=56 8*8=64
1*9=9 2*9=18 3*9=27 4*9=36 5*9=45 6*9=54 7*9=63 8*9=72 9*9=81
>>>
```

4）break 命令和 continue 命令

在使用循环语句时，有 break 和 continue 两个重要的命令可以用来跳过循环,continue 用于跳过当次循环，break 用于立即退出循环。需要注意的是，break 和 continue 只能用在循环体当中，不能单独使用。当循环一段字符串时，看看分别用 break 和 continue 会是什么效果，具体代码如下所示。

```
str = "HiPython"
for i in str:
    if i = "t":
        break
    print (i)
```

```
H
i
p
y
>>>
```

当字符串 str 循环到"t"时，if 判断为 True 则执行 break 终止循环后面的字符串。

```
>>>str ="HiPython"
>>>for i in str:
    if i = "t":
            continue
    print (i)
```

```
H
i
p
y
h
o
n
>>>
```

当字符串 str 循环到"t"时，if 判断为 True 则执行 continue 并跳过"t"字符，继续执行其他字符串。

2.2.3 函数

本节介绍 Python 中的函数，包括函数的定义、函数的参数与调用、函数的参数类型、函数的返回值、函数的嵌套、局部变量和全局变量、匿名函数、异常处理等内容。

1. 函数的定义

函数也叫方法。函数是组织好的，可重复使用的，能够用来实现单一或者相关联功能的代码段。如果在开发程序时，需要重复执行某段代码，则可以把该代码段封装成独立功能的小模块，以提高编写效率。

事实上，在上述的章节中经常用到的 print()、input() 等方法，都属于函数方法，只不过上述方法是已经被定义好的功能函数，读者了解怎么使用即可。除了被定义好的函数，读者也可定义一个有自己想要功能的函数，定义函数的规则有：

(1) 函数代码块必须以 def 关键字开头用来声明这是函数段，后接函数名(有意义的标识符)和圆括号()，末尾切记加冒号结尾，按下回车键后系统会自动缩进。

(2) 任何传入参数和自变量必须放在圆括号内，圆括号内可以用于定义形式参数。

(3) 函数的第一行语句可以选择性地使用文档字符串，以用于解释说明函数功能。

(4) return 后面可加"表达式或参数值"表示函数结束，以便系统选择性地返回一个函数值给调用方。不带"表达式或参数值"的 return 语句则返回 None。

定义函数的格式如下：

```
def 函数名(形式参数):
    函数体
return (表达式或参数值)
```

2. 函数的参数与调用

在定义函数时，可选择带参数函数也可选择不带参数函数。在函数体中的参数称为形式参数，简称"形参"。在调用函数时的参数叫作实际参数，简称"实参"。"形参"的理解可以看作是一个花瓶，只有摆设的效果并没有实际作用。"实参"的理解可以看作是一朵花，花是具有实际数据类型的参数，在调用函数时"实参"的值传递给"形参"，相当于把花插到花瓶里。

定义了函数之后，就相当于有了一个具有某些功能的代码，函数基本结构只包含函数名、形式参数和代码块等。想要让这些代码能够执行，需要调用它。调用函数很简单，通过"函数名()"即可完成调用，程序调用函数时会执行以下四个步骤。

(1) 调用程序在调用处暂停执行。

(2) 在调用时将"实参"赋值给"形参"。

(3) 执行函数体语句。

(4) 函数调用结束给出返回值，程序回到调用前的暂停处继续执行。

具体代码如下所示。

```
>>>def addnum(x, y):          #定义函数，形参为 x，y
z=x+y                         #实参会把值传到形参 x，y 中
print("传递的实际参数为：{}、{}。z 的运算结果为{}".format(x,y,z))
```

```
>>>addnum(11, 22)                #输入实参 11，22
传递的实际参数为：11、22。z 的运算结果为 33
>>>
```

3. 函数的参数类型

函数的参数类型主要有必备参数、关键字参数、默认参数、不定长参数。在定义函数参数时可灵活应用参数类型。

1）必备参数

必备参数是在定义形参的条件下，调用函数时必须给实参传入参数值，否则会报错。实参参数值的个数取决于定义形参时，形参的个数。必备参数按照顺序传入，调用时也是按照顺序取值。具体代码如下所示。

```
>>>def printme(str,num,1ist):        #定义三个形参 str、nm、1ist
print(str)                           #输出 str
print(nLm)                           #输出 nun
print(1ist)                          #输出 1ist


>>>pr1ntme(C 必备参数', 3.1415，[123.'abc'])    #必备参数，实参必须赋跟形参个数一样
```

2）关键字参数

关键字参数主要是在调用函数时可以指定实际参数传入参数值对应形参的参数名，而不必按照顺序赋值。Python 解释器能够用参数名匹配参数值。

```
>>def printme(name,age):
Print("姓名：", name)
print("年龄：", age)


>>>printme(age=20,name="菲菲")    #关键字参数中实参传入参数值要与形参的参数名对应
姓名：菲菲
年龄：20
>>>
```

3）默认参数

在调用函数时，如果没有给实参传入参数值，默认参数则会被认为是形参定义的默认值。

```
>>def   printme(name="菲菲", age=20)：#默认参数是在形参中赋值的
    print 姓名：", name)
    print("年龄：", age)


>>>printme()#调用时，默认参数可以不传入参数值
姓名：菲菲
年龄：20
>>>
```

4) 不定长参数

不定长参数，也可称为可变参数，是指在函数定义时，参数个数不固定，可以根据实际需要传递任意数量的参数。不定长参数需要加星号(*)作为声明，一般放在形参的最后位置。

```
>>>def printme (name,age,height,*weight):#在形参中使用*代表不定长参数。
print("姓名:",name)
print("年龄:",age)
print("身高:",height)
print("体重:",weight)                    #以元组方式输出所有不定长参数。
>>printme('明明'，22,175，'65kg','男'，'手机号...')#可以写多个实参。
姓名：明明
年龄：22
身高：175
体重：('65kg','男'，'手机号...')
```

4. 函数的返回值

返回值是指程序中的函数完成一件事情后给调用者的结果，它在函数中用 return 表示，return 可以返回多个值。

```
>>>def addnum(x,y):
    z =x +y
    return z #return 后面的值是返回给调用者所使用，可以是值或者表达式。
>>>num1 addnum (50,100)
>>>numl
150
>>>
```

5. 函数的嵌套

Python 支持函数的嵌套。函数的嵌套是指一个函数里面又调用了另一个函数。在函数的嵌套中，内层函数可以访问外层函数的定义变量，但不能重新赋值。

```
>>>def fun1():#外层定义一个 fun1 函数
    print("fun10 正在被调用。。。。")
    def fun2():#内层定义一个 fun2 函数
        print("fun2()正在被调用。。。。")
    fun2()                #外层函数(fun1)调用内层函数(fun2),完成嵌套。
>>>fun1().                #调用 fun10 函数
Funl()正在被调用。。。。
Fun2()正在被调用。。。。
>>>
```

6. 局部变量和全局变量

局部变量是函数内部定义的变量。当函数调用时，局部变量被创建。当函数调用完成后，这个变量就不能使用了。局部变量的作用范围是函数内部，在函数外部是不能使用的，所以不同的函数可以定义相同名字的局部变量，各用各的也不会产生影响。局部变量的作用是为了临时保存数据。

全局变量是在函数外部定义的变量。全局变量既能在一个函数中使用，也能在其他函数中使用。当一个函数内出现全局变量和局部变量使用相同的名字时，在函数内部修改该变量就是对它的局部变量进行修改。如果在函数内想对全局变量进行修改，那么就需要使用 global 进行声明，否则将会出错。

```
total=0                     #这是一个在函数外的全局变量。
def sum (numl,num2):        # "文档说明：返回两个参数的和"
global total                #使用 global 声明修改全局变量。
total=num1+num2             #total 在函数体内是局部变量。
print("函数内的局部变量: ", total)
sum(66,55)                  #调用函数 sum0
print("函数外的全局变量: ", total)    #如果函数内没有声明 global1,那么全局变量 total1 的值为 0
```

💡 **想一想**

局部作用域应该在什么时候创建，局部作用域应该在什么时候销毁？

7. 匿名函数

在 Python 中使用 lambda 关键字能创建小型匿名函数。lambda 是一个表达式，而不是一个代码块，虽然它只能封装有限的逻辑，但其使用方法却比 def 定义函数简单很多。

lambda 函数虽然有自己的命名空间，但不能访问自有参数列表之外或全局命名空间里的参数。使用 lambda 函数可以使代码更加精简，增强可读性。

lambda 函数的语法表达式为：

   \<函数名> = lambda \<参数列表>: \<表达式>

lambda 函数与正常函数一样，等价于下面形式：

   def \<函数名>(\<参数列表>):

     return \<表达式>

图 2-13 为 lambda 函数操作示例。

```
>>> sum = lambda x,y : x+y  #根据lambda表达式往里套值。
>>> sum(55,66) #调用方式与def函数定义一样
121
>>> def sum(x,y):  #对比def定义函数
        return x+y

>>> sum(55,66)
121
>>>
```

图 2-13　lambda 函数操作

8. 异常处理

当Python检测到一个错误时系统界面会出现红色警告字体,此时的程序无法继续执行,这种情况就是程序发生异常。当Python脚本发生异常时,我们需要捕获它,否则程序会终止执行。

常见的异常如表2-11所示。

表2-11 部分常见异常展示

函 数	说 明
AssertionError	断言语句失败
AttributeError	对象没有这个属性
EOFError	没有内建输入,到达 EOF 标记
EnvironmentError	操作系统错误的基类
IOError	输入/输出操作失败
OSError	操作系统错误
WindowsError	系统调用失败
ImportError	导入模块/对象失败
LookupError	无效数据查询的基类
IndexError	序列中没有此索引(index)

捕获异常可以使用语句"try...except..."进行,如图2-14所示,其工作原理如下。

(1) 首先执行 try 子句(在关键字 try 和 except 之间的语句)。

(2) 如果没有发生异常,则忽略 except 子句,try 子句执行后结束。

(3) 如果try子句发生了异常,那么try子句下的代码将被忽略。如果异常的类型和except之后的名称相符,那么对应的 except 子句将被执行。

(4) 如果一个异常没有与任何的 except 匹配,那么这个异常将会传递给上层的 try 中。

"try...except..."的使用格式如下。

try:

    <语句块 1>

except <异常类型>:

    <语句块 2>

```
>>> name = 菲菲 #该代码会有NameError异常
Traceback (most recent call last):
  File "<pyshell#31>", line 1, in <module>
    name = 菲菲 #该代码会有NameError异常
NameError: name '菲菲' is not defined
>>> try:  #try捕获异常
        name = 菲菲
except NameError: #except用于捕获异常后继续执行下面的代码
        print("异常成功捕获,并执行没有异常语句")

异常成功捕获,并执行没有异常语句
>>>
```

图2-14 try-except 捕获异常操作

2.3　开源大数据 Hadoop 搭建实验

本节介绍开源大数据 Hadoop 搭建实验，包括操作系统的创建、软件包的下载与安装以及集群的安装与测试等步骤。

2.3.1　操作系统创建

此处以华为云为例，介绍使用云服务器构建大数据集群的方法。首先打开华为云官网，链接为 www.huaweicloud.com，如图 2-15 所示。

图 2-15　打开华为云网站

然后，选择"产品"→"计算"→"弹性云服务器 ECS"→"立即购买"，如图 2-16 所示。

图 2-16　打开弹性云服务器界面

选择"按需计费"→"X86 计算"→"通用计算增强型"，然后选中"c6s.xlarge.2"服务器，在"镜像"选项中，将操作系统选为"Centos 7.2bit(40GB)"版本，系统盘选择 40G

大小通用型 SSD，如图 2-17 所示。设置完成后可单击右下角的"下一步：网络配置"按钮。

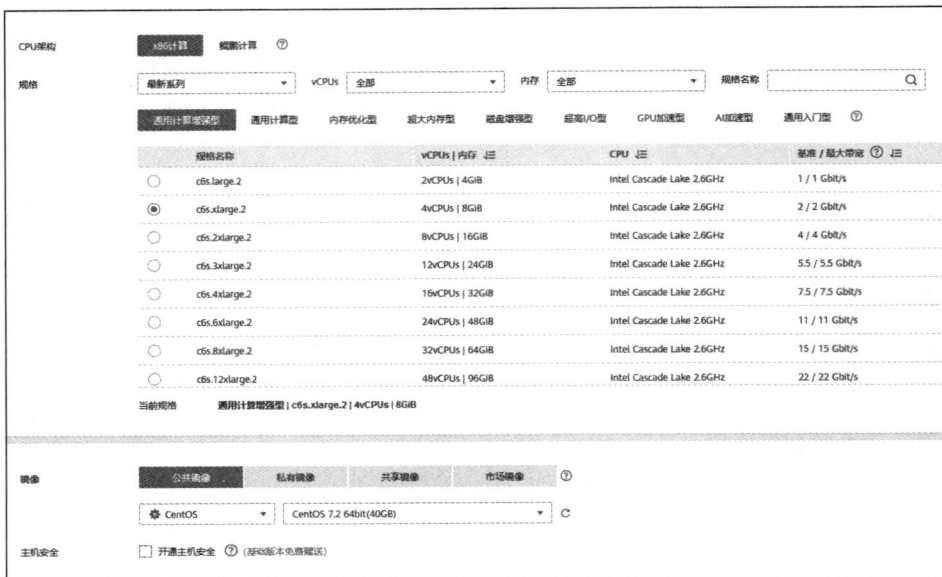

图 2-17　ECS 购买界面-1

"网络"为系统默认设置，"线路"选项选择"全动态 BGP"，"公网宽带"选择"按带宽计费"，速度为 300 MB/s，如图 2-18 所示。确认设置无误后，单击右下角的"下一步：高级配置"按钮。

图 2-18　ECS 购买界面-2

在"高级配置"界面中，设置"云服务器名称"为"ecs-cldo"，并输入 root 用户密码，其他选项选择默认设置，如图 2-19 所示。最后单击右下角的"确认配置"按钮，完成设置。

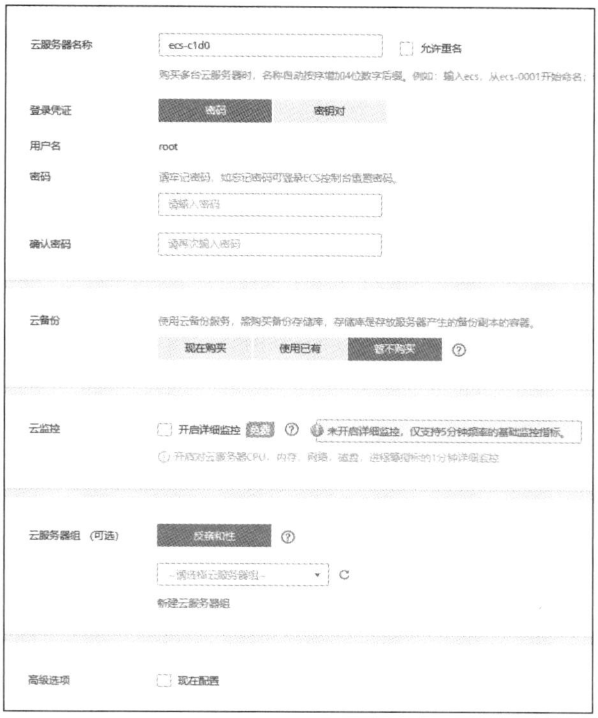

图 2-19　ECS 购买界面-3

将"购买数量"设置为 3，确认设置无误后，单击右下角的"立即购买"按钮，如图 2-20 所示。

图 2-20　ECS 购买界面-4

云服务器购买完成后，在云服务器界面可以看到购买的资源，如图 2-21 所示。

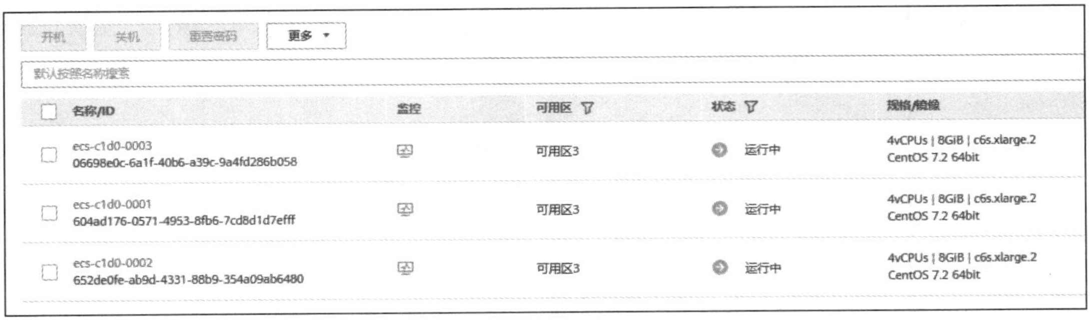

图 2-21　弹性云服务器摘要信息

2.3.2　软件包下载与安装

接下来需要下载 Hadoop 安装包，使用如下命令行。

```
mkdir /opt/software/
mkdir /opt/module/
cd /opt/software/
wget https://archive.apache.org/dist/hadoop/common/hadoop-2.8.3/hadoop-2.8.3.tar.gz
```

然后，使用如下命令下载 OBS File System 相关 Jar 包。

```
cd /opt/software/
wget
https://kungpeng-ip.obs.cn-east-3.myhuaweicloud.com:443/6.2%20%E9%B2%B2%E9%B9%8F%E5%B9
%B3%E5%8F%B0%E5%A4%A7%E6%95%B0%E6%8D%AE%E5%AE%9E%E9%AA%8C%E6%8C%87%E
5%AF%BC%E6%89%8B%E5%86%8C/hadoop-huaweicloud-2.8.3-hw-39.jar?
```

下载完成后，使用 mv 命令将其重命名为"hadoop-huaweicloud-2.8.3-hw-39.jar"。

```
mv hadoop-huaweicloud-2.8.3-hw-39.jar\? hadoop-huaweicloud-2.8.3-hw-39.jar
```

接下来参看本机 Java 环境并关闭防火墙，如图 2-22 所示。

```
java -version
systemctl stop firewalld
```

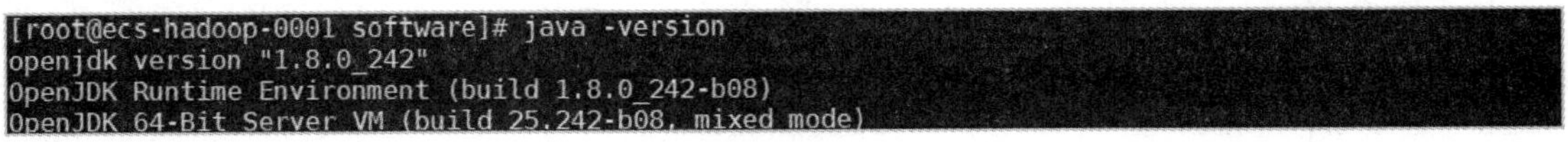

```
[root@ecs-hadoop-0001 software]# java -version
openjdk version "1.8.0_242"
OpenJDK Runtime Environment (build 1.8.0_242-b08)
OpenJDK 64-Bit Server VM (build 25.242-b08, mixed mode)
```

图 2-22　关闭防火墙

2.3.3　集群安装与测试

接下来进行集群安装与测试，配置步骤如下。

(1) 解压大数据压缩包，如图 2-23 所示。

```
cd /opt/software/
tar -zxvf hadoop-2.8.3.tar.gz -C /opt/module/
```

```
[root@ecs-hadoop-0001 software]# cd /opt/software/
[root@ecs-hadoop-0001 software]# ll
total 305M
-rw------- 1 root root 234M Jan 17 15:26 hadoop-2.8.3.tar.gz
-rw------- 1 root root  72M Jan 17 15:25 jdk-8u271-linux-aarch64.tar.gz
```

图 2-23　解压大数据压缩包

（2）查看 Hadoop 解压文件，如图 2-24 所示。

cd /opt/module/hadoop-2.8.3/

ll

```
[root@ecs-hadoop-0001 hadoop-2.8.3]# ll
total 148K
drwxr-xr-x 2 502 dialout 4.0K Dec  5  2017 bin
drwxr-xr-x 3 502 dialout 4.0K Dec  5  2017 etc
drwxr-xr-x 2 502 dialout 4.0K Dec  5  2017 include
drwxr-xr-x 3 502 dialout 4.0K Dec  5  2017 lib
drwxr-xr-x 2 502 dialout 4.0K Dec  5  2017 libexec
-rw-r--r-- 1 502 dialout  97K Dec  5  2017 LICENSE.txt
-rw-r--r-- 1 502 dialout  16K Dec  5  2017 NOTICE.txt
-rw-r--r-- 1 502 dialout 1.4K Dec  5  2017 README.txt
drwxr-xr-x 2 502 dialout 4.0K Dec  5  2017 sbin
drwxr-xr-x 4 502 dialout 4.0K Dec  5  2017 share
```

图 2-24　查看解压文件

（3）配置 Hadoop 的环境变量，如图 2-25 所示。

cd /opt/module/hadoop-2.8.3/

pwd

```
[root@ecs-hadoop-0001 hadoop-2.8.3]# cd /opt/module/hadoop-2.8.3/
[root@ecs-hadoop-0001 hadoop-2.8.3]# pwd
/opt/module/hadoop-2.8.3
```

图 2-25　配置 Hadoop 环境变量

将 pwd 显示的 Hadoop 路径添加到系统配置文件中，编辑 profile 文件。

vim /etc/profile

按"i"键进入编辑模式，在 profile 文件的最后添加以下三条语句，按"Esc"键退出编辑模式，输入"wq!"后，进行保存并退出。

export HADOOP_HOME=/opt/module/hadoop-2.8.3

export PATH=$PATH:$HADOOP_HOME/bin

export PATH=$PATH:$HADOOP_HOME/sbin

环境变量生效，如图 2-26 所示。

source /etc/profile

```
[root@ecs-hadoop-0001 hadoop-2.8.3]# source /etc/profile

Welcome to 4.19.90-2003.4.0.0036.oe1.aarch64

System information as of time:  Sun Jan 17 15:49:07 CST 2021

System load:    0.01
Processes:      110
Memory used:    10.4%
Swap used:      0.0%
Usage On:       12%
IP address:     10.0.0.153
Users online:   1
```

图 2-26　使环境变量生效

然后查看 Hadoop 环境是否生效，如图 2-27 所示。

```
hadoop version
```

```
[root@ecs-hadoop-0001 hadoop-2.8.3]# hadoop version
Hadoop 2.8.3
Subversion https://git-wip-us.apache.org/repos/asf/hadoop.git -r b3fe56402d908019d99af1f1f4fc65cb1d1436a2
Compiled by jdu on 2017-12-05T03:43Z
Compiled with protoc 2.5.0
From source with checksum 9ff4856d824e983fa510d3f843e3f19d
This command was run using /opt/module/hadoop-2.8.3/share/hadoop/common/hadoop-common-2.8.3.jar
```

图 2-27 检查环境变量生效性

(4) 配置节点互信。在三台服务器节点分别执行如下命令，弹出提问框后按回车键即可生成/root/.ssh/id_rsa.pub 文件，如图 2-28 所示。

```
ssh-keygen -t rsa
```

```
[root@ecs-hadoop-0001 hadoop-2.8.3]# ssh-keygen -t rsa
Generating public/private rsa key pair.
Enter file in which to save the key (/root/.ssh/id_rsa):
Enter passphrase (empty for no passphrase):
Enter same passphrase again:
Your identification has been saved in /root/.ssh/id_rsa.
Your public key has been saved in /root/.ssh/id_rsa.pub.
The key fingerprint is:
SHA256:z0XziqVpPu2+CvXeAtQkEzRPEKfCAry638u4D6LrH0E root@ecs-hadoop-0001
The key's randomart image is:
+---[RSA 2048]----+
|   ..    .*+o     |
|   .. .  o o*.    |
|  E .. o .=+      |
| .  . .. ....o    |
|  o    S.. o. .   |
| .      +.B .     |
|  .o.   . Boo     |
| ....=  +..o.     |
|+o.o+o=.  o==o.   |
+----[SHA256]-----+
```

图 2-28 查看节点公钥

登录第二和第三个节点，在一个 Putty 窗口使用"ssh root@内网 ip 地址"，在 3 个节点分别执行如下命令，如图 2-29 所示。

```
cat /root/.ssh/id_rsa.pub
```

```
[root@ecs-hadoop-0001 hadoop-2.8.3]# cat /root/.ssh/id_rsa.pub
ssh-rsa AAAAB3NzaC1yc2EAAAADAQABAAABAQCjb3AJKYVHKcfnuFZr1DfwCmRuPy/MkmJJ1K4wnk0u/OBCGRYlwJwA2/IKPdDeIoURdsW3T0
62360zOSiE73m0LvL+5h0pDbYBC2ywA+r04GLSV0u1j+y8Edealfh/8IuEFad65VhVisYbo6xxNu60JWsdLUZyiVPSlCH2K1rM1/P/5J0pJlbq
dWqecYkMrMfxWxnZpsMxDG+n8ipShxqMuRH0QR9Nro30QSpfkBiX1LEMWArWAEBvkFkaVEZ3IvJ2CmfD0ZQjM8viVDK5CMR/A4QnMDfl8f61FQ
8adZHDhBomVMEYg4bnb81DzetFrAgrkvum08ZVAM1NAXHPJO9Z root@ecs-hadoop-0001
```

图 2-29 配置并检查公钥

将 3 个节点的内容拷贝汇总到一个文本中，再将该文本内容拷贝到 3 个节点的/root/.ssh/authorized_keys 中。

3 个节点分别执行命令 vim /etc/hosts，删除原有内容，加入 3 个节点对应 IP 及 node 节点名，如图 2-30 所示。

```
vim /etc/hosts
```

```
10.0.0.153   ecs-hadoop-0001
10.0.0.34    ecs-hadoop-0002
10.0.0.76    ecs-hadoop-0003
```

图 2-30 配置 hosts 文件

(5) 配置 Hadoop 集群。首先分别在 3 个节点创建目录，代码如下。

```
mkdir -p /home/modules/data/buf
mkdir -p /home/nm/localdir
```

配置 core-site.xml，fs.obs.access.key、fs.obs.secret.key、fs.obs.endpoint 需根据实际情况修改。

```
cd /opt/module/hadoop-2.8.3/etc/hadoop/
vim core-site.xml
```

参数配置如下：

```
<property>
 <name>fs.defaultFS</name>
 <value>hdfs://ecs-hadoop-001 内网地址:9000</value>
</property>


<property>
 <name>hadoop.tmp.dir</name>
 <value>/opt/module/hadoop-2.8.3/data/tmp</value>
</property>


<property>
    <name>fs.obs.readahead.inputstream.enabled</name>
    <value>true</value>
 </property>
 <property>
    <name>fs.obs.buffer.max.range</name>
    <value>6291456</value>
 </property>
 <property>
    <name>fs.obs.buffer.part.size</name>
    <value>2097152</value>
 </property>
 <property>
    <name>fs.obs.threads.read.core</name>
    <value>500</value>
 </property>
 <property>
    <name>fs.obs.threads.read.max</name>
    <value>1000</value>
 </property>
 <property>
    <name>fs.obs.write.buffer.size</name>
```

```xml
        <value>8192</value>
    </property>
    <property>
        <name>fs.obs.read.buffer.size</name>
        <value>8192</value>
    </property>
    <property>
        <name>fs.obs.connection.maximum</name>
        <value>1000</value>
    </property>

<property>
        <name>fs.obs.access.key</name>
        <value>QQBSOL*****FRKZFF6LJF</value>
    </property>
    <property>
        <name>fs.obs.secret.key</name>
        <value>mxF5J3v0g1nJ********yCIDsR635X255J19b</value>
    </property>
    <property>
        <name>fs.obs.endpoint</name>
        <value>obs.cn-north-4.myhuaweicloud.com:5080</value>
    </property>
    <property>
        <name>fs.obs.buffer.dir</name>
        <value>/home/modules/data/buf</value>
    </property>
    <property>
        <name>fs.obs.impl</name>
        <value>org.apache.hadoop.fs.obs.OBSFileSystem</value>
    </property>
    <property>
        <name>fs.obs.connection.ssl.enabled</name>
        <value>false</value>
    </property>
    <property>
        <name>fs.obs.fast.upload</name>
        <value>true</value>
    </property>
```

```xml
    <property>
        <name>fs.obs.socket.send.buffer</name>
        <value>65536</value>
    </property>
    <property>
        <name>fs.obs.socket.recv.buffer</name>
        <value>65536</value>
    </property>
    <property>
        <name>fs.obs.max.total.tasks</name>
        <value>20</value>
    </property>
    <property>
        <name>fs.obs.threads.max</name>
<value>20</value>
    </property>
</configuration>
```

配置 core-site.xml 界面，如图 2-31 所示。

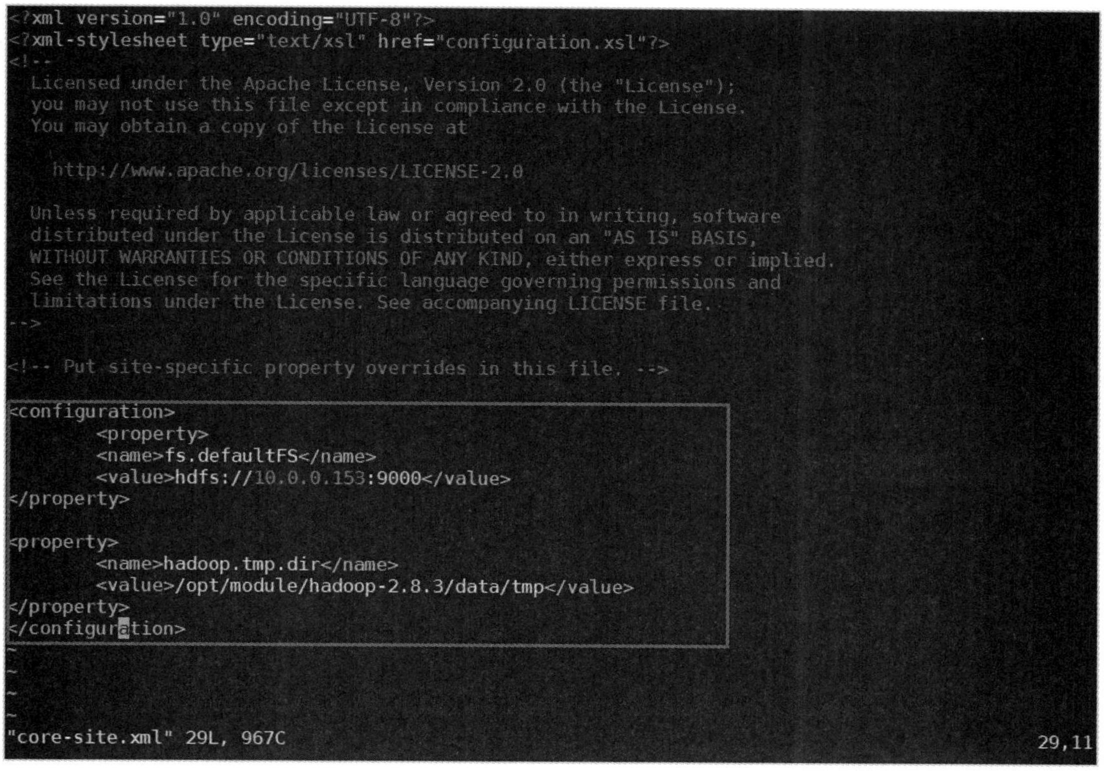

图 2-31　配置 core-site.xml

(6) 配置 hadoop-env.sh，如下。

```
vim hadoop-env.sh
```

参数配置如图 2-32 所示。

```
export JAVA_HOME=/opt/module/bisheng-jdk1.8.0_272
```

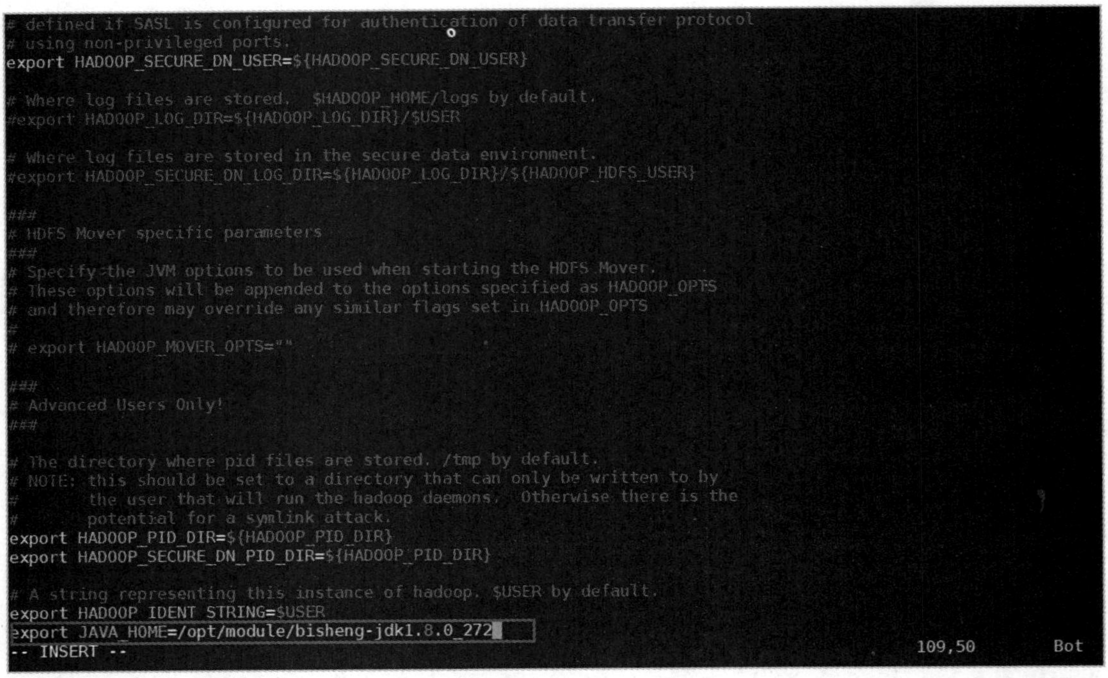

图 2-32　配置 hadoop-env.sh

(7) 配置 hdfs-site.xml，如图 2-33 所示。

```
vim hdfs-site.xml
```

参数配置如下：

```
<property>
<name>dfs.replication</name>
<value>3</value>
</property>


<property>
<name>dfs.namenode.secondary.http-address</name>
<value>ecs-hadoop-003 内网地址:50090</value>
</property>
```

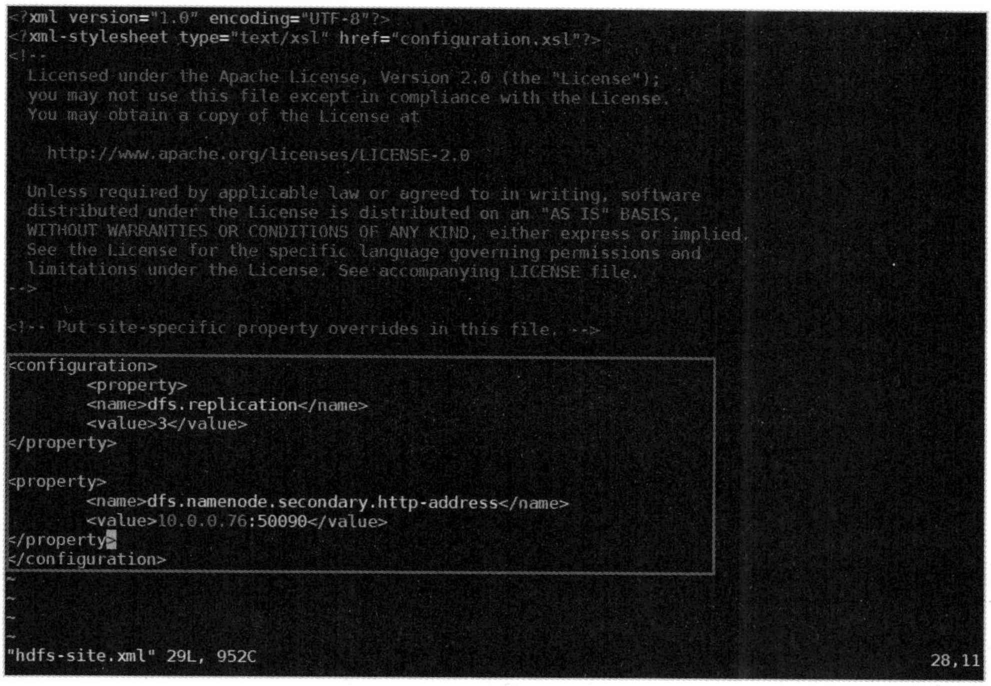

图 2-33　配置 hdfs-site.xml

(8) 配置 Yarn-env.sh，如图 2-34 所示。

vim Yarn-env.sh

参数配置如下：

export JAVA_HOME=/opt/module/bisheng-jdk1.8.0_272

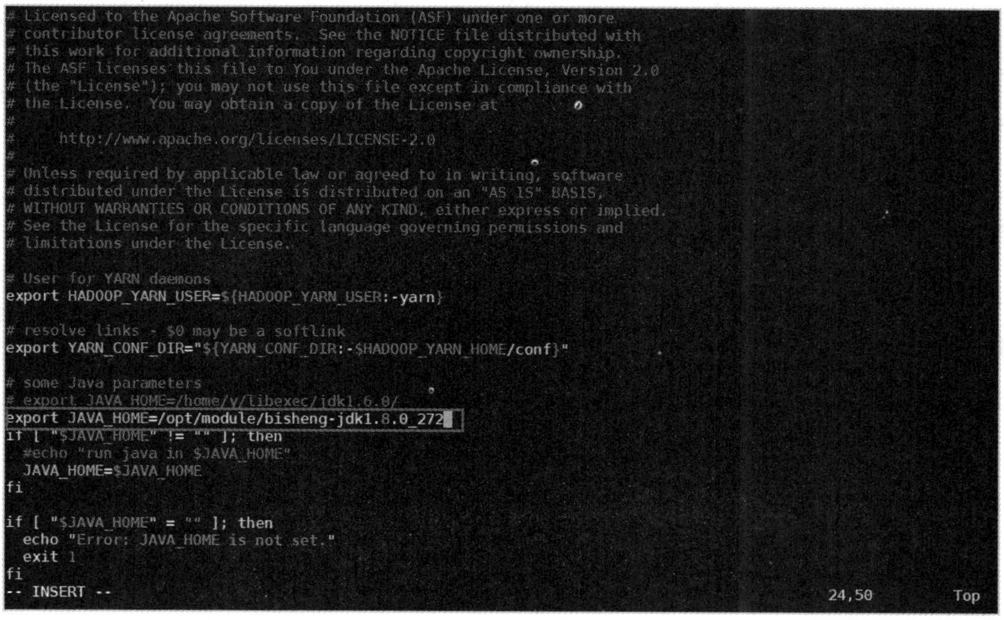

图 2-34　配置 Yarn-env.sh

(9) 配置 Yarn-site.xml，如图 2-35 所示。

vim Yarn-site.xml

参数配置如下：

```
<property>
        <name>Yarn.nodemanager.aux-services</name>
        <value>mapreduce_shuffle</value>
</property>


<property>
        <name>Yarn.resourcemanager.hostname</name>
        <value>ecs-hadoop-001 内网 IP 地址</value>
</property>
```

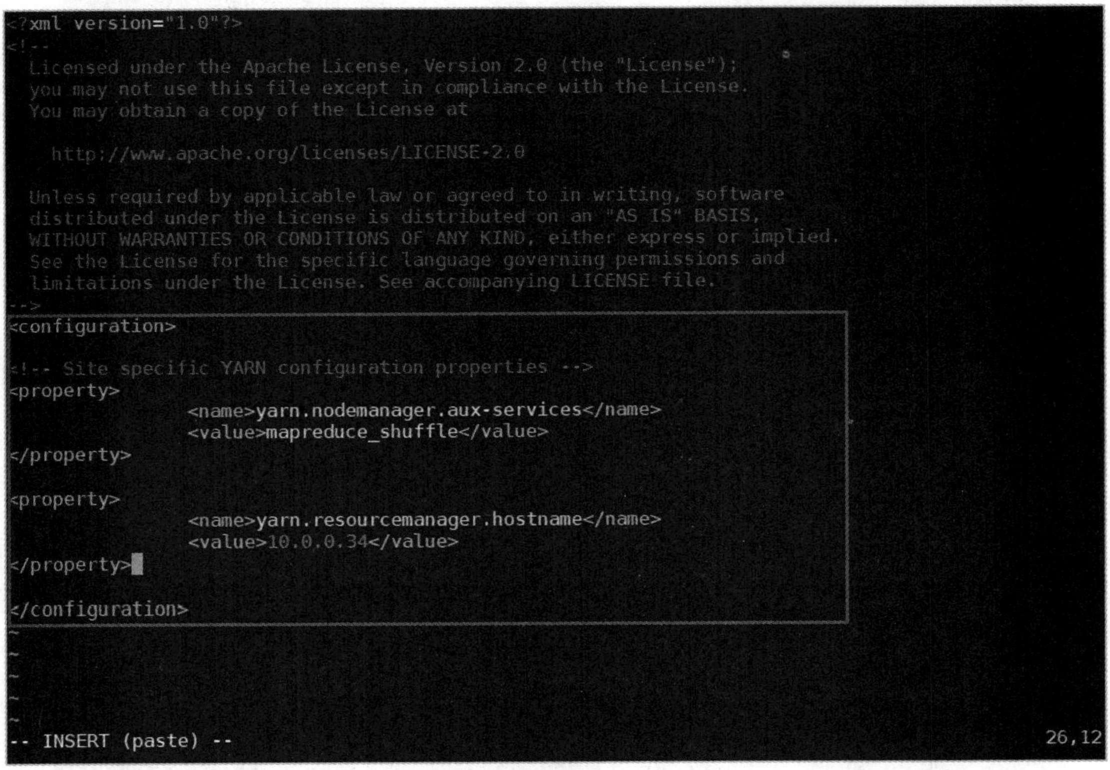

图 2-35　配置 Yarn-site.xml

(10) 配置 mapred-env.sh，如图 2-36 所示。

vim mapred-env.sh

参数配置如下：

export JAVA_HOME=/opt/module/bisheng-jdk1.8.0_272

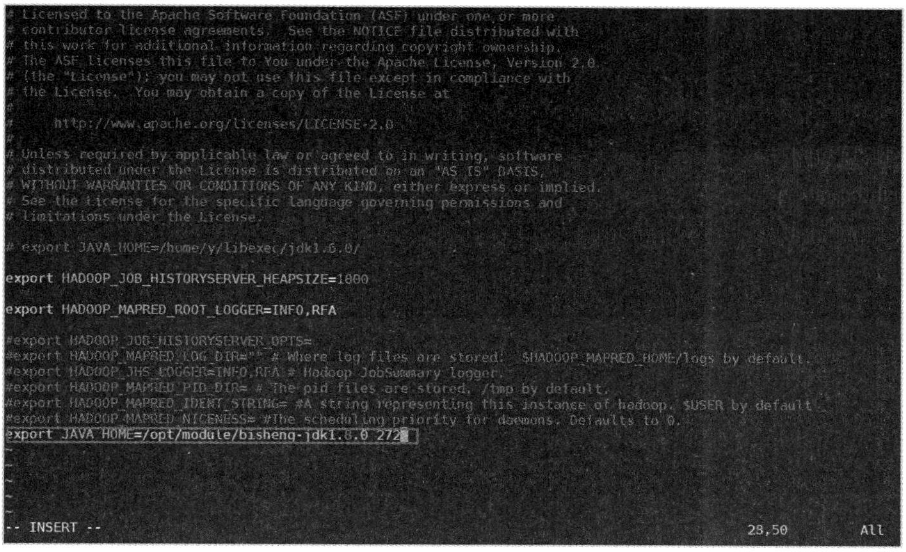

图 2-36　配置 Yarn-site.xml

(11) 配置 mapred-site.xml，如图 2-37 所示。

```
cp mapred-site.xml.template mapred-site.xml
vim mapred-site.xml
```

参数配置如下：

```
<property>
        <name>mapreduce.framework.name</name>
        <value>Yarn</value>
</property>
```

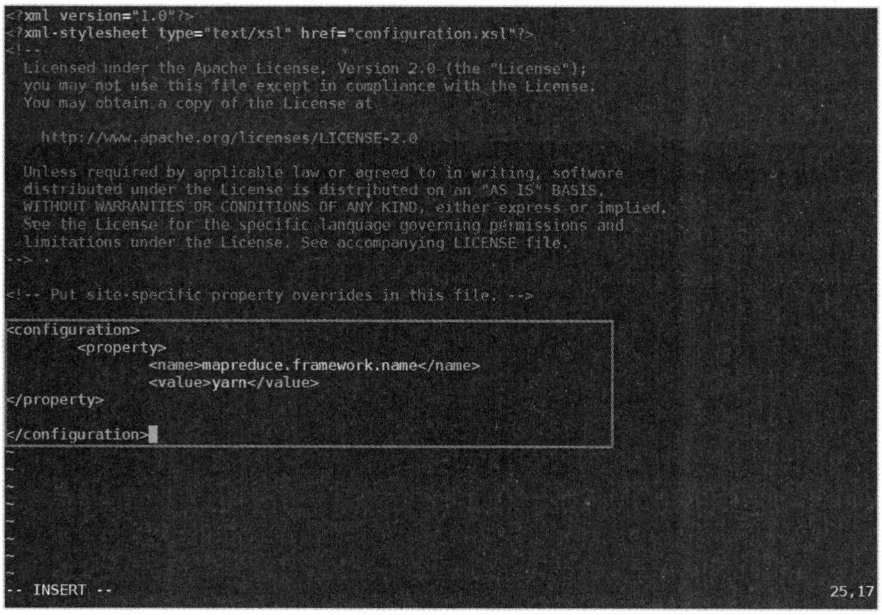

图 2-37　配置 mapred-site.xml

(12) 配置 slaves，如图 2-38 所示。

vim slaves

删除原来内容，参数配置如下：

ecs-hadoop-0001

ecs-hadoop-0002

ecs-hadoop-0003

```
ecs-hadoop-0001
ecs-hadoop-0002
ecs-hadoop-0003
```

图 2-38　配置 slaves

(13) 利用如下命令配置 Jar 包。

cd /opt/software/

cp hadoop-huaweicloud-2.8.3-hw-39.jar /opt/module/hadoop-2.8.3/share/hadoop/common/lib/

cp hadoop-huaweicloud-2.8.3-hw-39.jar /opt/module/hadoop-2.8.3/share/hadoop/tools/lib

cp hadoop-huaweicloud-2.8.3-hw-39.jar /opt/module/hadoop-2.8.3/share/ hadoop/httpfs/tomcat/ webapps/ webhdfs/ WEB-INF/lib/

cp hadoop-huaweicloud-2.8.3-hw-39.jar /opt/module/hadoop-2.8.3/share/hadoop/hdfs/lib/

然后分发 Hadoop 包到各节点，命令如下：

for i in {2..3};do scp -r /opt/module/hadoop-2.8.3 root@ecs-hadoop-000${i}:/opt/module/;done

(14) 启动 Hadoop 集群如图 2-39 所示。

在第一台设备上执行以下命令：

hdfs namenode –format

```
21/01/17 16:50:56 INFO namenode.FSDirectory: ACLs enabled? false
21/01/17 16:50:56 INFO namenode.FSDirectory: XAttrs enabled? true
21/01/17 16:50:56 INFO namenode.NameNode: Caching file names occurring more than 10 times
21/01/17 16:50:56 INFO util.GSet: Computing capacity for map cachedBlocks
21/01/17 16:50:56 INFO util.GSet: VM type       = 64-bit
21/01/17 16:50:56 INFO util.GSet: 0.25% max memory 910.5 MB = 2.3 MB
21/01/17 16:50:56 INFO util.GSet: capacity      = 2^18 = 262144 entries
21/01/17 16:50:56 INFO namenode.FSNamesystem: dfs.namenode.safemode.threshold-pct = 0.9990000128746033
21/01/17 16:50:56 INFO namenode.FSNamesystem: dfs.namenode.safemode.min.datanodes = 0
21/01/17 16:50:56 INFO namenode.FSNamesystem: dfs.namenode.safemode.extension     = 30000
21/01/17 16:50:56 INFO metrics.TopMetrics: NNTop conf: dfs.namenode.top.window.num.buckets = 10
21/01/17 16:50:56 INFO metrics.TopMetrics: NNTop conf: dfs.namenode.top.num.users = 10
21/01/17 16:50:56 INFO metrics.TopMetrics: NNTop conf: dfs.namenode.top.windows.minutes = 1,5,25
21/01/17 16:50:56 INFO namenode.FSNamesystem: Retry cache on namenode is enabled
21/01/17 16:50:56 INFO namenode.FSNamesystem: Retry cache will use 0.03 of total heap and retry cache entry ex
piry time is 600000 millis
21/01/17 16:50:56 INFO util.GSet: Computing capacity for map NameNodeRetryCache
21/01/17 16:50:56 INFO util.GSet: VM type       = 64-bit
21/01/17 16:50:56 INFO util.GSet: 0.029999999329447746% max memory 910.5 MB = 279.7 KB
21/01/17 16:50:56 INFO util.GSet: capacity      = 2^15 = 32768 entries
21/01/17 16:50:56 INFO namenode.FSImage: Allocated new BlockPoolId: BP-672942669-10.0.0.153-1610873456081
21/01/17 16:50:56 INFO common.Storage: Storage directory /opt/module/hadoop-2.8.3/data/tmp/dfs/name has been s
uccessfully formatted.
21/01/17 16:50:56 INFO namenode.FSImageFormatProtobuf: Saving image file /opt/module/hadoop-2.8.3/data/tmp/dfs
/name/current/fsimage.ckpt_0000000000000000000 using no compression
21/01/17 16:50:56 INFO namenode.FSImageFormatProtobuf: Image file /opt/module/hadoop-2.8.3/data/tmp/dfs/name/c
urrent/fsimage.ckpt_0000000000000000000 of size 320 bytes saved in 0 seconds.
21/01/17 16:50:56 INFO namenode.NNStorageRetentionManager: Going to retain 1 images with txid >= 0
21/01/17 16:50:56 INFO util.ExitUtil: Exiting with status 0
21/01/17 16:50:56 INFO namenode.NameNode: SHUTDOWN_MSG:
/************************************************************
SHUTDOWN_MSG: Shutting down NameNode at ecs-hadoop-0001/10.0.0.153
```

图 2-39　启动 Hadoop 集群-1

启动集群，在 ecs-hadoop 上执行以下命令如图 2-40 所示。

```
start-dfs.sh

jps
```

```
Starting namenodes on [ecs-hadoop-0001]
The authenticity of host 'ecs-hadoop-0001 (127.0.0.1)' can't be established.
ECDSA key fingerprint is SHA256:1ahuP9bnTc18VJ1oD2jyNhaDi3e8Gr3cUA/oRILN+fU.
Are you sure you want to continue connecting (yes/no)? yes
ecs-hadoop-0001: Warning: Permanently added 'ecs-hadoop-0001' (ECDSA) to the list of known hosts.
ecs-hadoop-0001:
ecs-hadoop-0001: Authorized users only. All activities may be monitored and reported.
ecs-hadoop-0001: starting namenode, logging to /opt/module/hadoop-2.8.3/logs/hadoop-root-namenode-ecs-ha
001.out
ecs-hadoop-0001:
ecs-hadoop-0001: Authorized users only. All activities may be monitored and reported.
ecs-hadoop-0002:
ecs-hadoop-0002: Authorized users only. All activities may be monitored and reported.
ecs-hadoop-0003:
ecs-hadoop-0003: Authorized users only. All activities may be monitored and reported.
ecs-hadoop-0001: starting datanode, logging to /opt/module/hadoop-2.8.3/logs/hadoop-root-datanode-ecs-ha
001.out
ecs-hadoop-0002: starting datanode, logging to /opt/module/hadoop-2.8.3/logs/hadoop-root-datanode-ecs-ha
002.out
ecs-hadoop-0003: starting datanode, logging to /opt/module/hadoop-2.8.3/logs/hadoop-root-datanode-ecs-ha
003.out
Starting secondary namenodes [ecs-hadoop-0003]
ecs-hadoop-0003:
ecs-hadoop-0003: Authorized users only. All activities may be monitored and reported.
ecs-hadoop-0003: starting secondarynamenode, logging to /opt/module/hadoop-2.8.3/logs/hadoop-root-second
enode-ecs-hadoop-0003.out
21/01/17 16:40:13 WARN util.NativeCodeLoader: Unable to load native-hadoop library for your platform...
builtin-java classes where applicable
[root@ecs-hadoop-0001 hadoop]# jps
1892 WrapperSimpleApp
11544 Jps
11343 DataNode
11183 NameNode
```

图 2-40　启动 Hadoop 集群-2

(15) 执行 HDFS 命令如图 2-41 所示。

```
hdfs dfs -mkdir /bigdata

hdfs dfs -ls /
```

```
[root@ecs-hadoop-0001 hadoop-2.8.3]# hdfs dfs -ls /
21/01/17 16:53:29 WARN util.NativeCodeLoader: Unable to load native-hadoop library for your platform... using
builtin-java classes where applicable
Found 1 items
drwxr-xr-x   - root supergroup          0 2021-01-17 16:52 /bigdata
```

图 2-41　HDFS 创建目录

至此，安装结束。

2.4　华为 FusionInsight HD 搭建实验

本节介绍华为 FusionInsight HD 的搭建实验，包括软件包下载与上传、集群预安装与测试以及分布式平台与集群安装部署。

2.4.1　软件包下载与上传

一般使用 WinSCP 软件下载与上传软件包，步骤如下。

1. 上传解压软件包

(1) 打开 WinSCP 软件，输入 IP 和用户名密码登录系统，如图 2-42 所示。

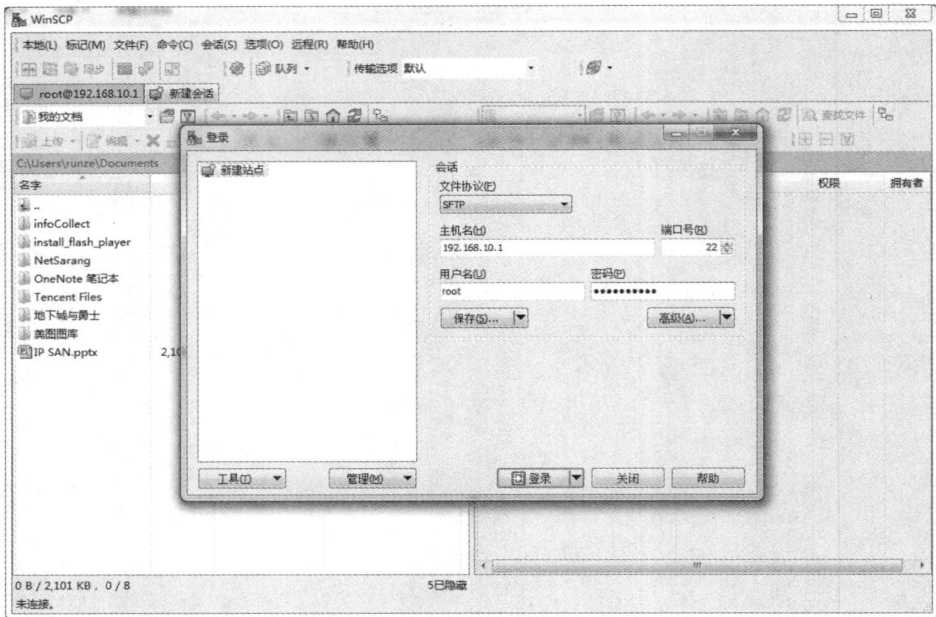

图 2-42　Winpap 登录

(2) 登录完成之后，选择上传软件包，如图 2-43 所示。

图 2-43　软件包上传

(3) 上传完成后，进入"/opt"目录。

#cd /opt

(4) 分别执行以下命令，对软件包进行校验。

sha256sum -c FusionInsight_HD_V100R002C70SPC200_RHEL.tar.gz.sha256

FusionInsight_HD_V100R002C70SPC200_RHEL.tar.gz: OK

sha256sum -c FusionInsight_Manager_V100R002C70SPC200_RHEL.tar.gz.sha256

FusionInsight_Manager_V100R002C70SPC200_RHEL.tar.gz: OK

sha256sum -c FusionInsight_Porter_V100R002C70SPC200_RHEL.tar.gz.sha256

FusionInsight_Porter_V100R002C70SPC200_RHEL.tar.gz: OK

sha256sum -c FusionInsight_SetupTool_V100R002C70SPC200.tar.gz.sha256

FusionInsight_SetupTool_V100R002C70SPC200.tar.gz: OK 解压软件包。

(5) 执行 tar 命令，解压 Manager 软件包和安装脚本工具包。

tar -zxvf FusionInsight_Manager_V100R002C70SPC200_RHEL.tar.gz

tar -zxvf FusionInsight_SetupTool_V100R002C70SPC200.tar.gz

(6) 执行以下命令，分别将 HD 和 Porter 部件包拷贝至以下路径下：

"/opt/FusionInsight_Manager/software/packs"。

cp FusionInsight_HD_V100R002C70SPC200_RHEL.tar.gz FusionInsight_Manager/software/packs/

cp FusionInsight_Porter_V100R002C70SPC200_RHEL.tar.gz FusionInsight_Manager/software/packs/

本次实验使用安装双机 Manager 的部署模式，所以这里用 root 用户登录设备管理节点 fihosts-2，重复执行解压步骤。

2. 挂载操作系统镜像

(1) 以 root 用户方式登录主管理节点，执行以下命令进行挂载。

mount /opt/CentOS-6.5-x86_64-bin-DVD1.iso /media/ -o loop

使用 loop 模式将虚拟光盘文件当成硬盘分割挂载到系统上。

(2) 检查 OS 的编码格式是否符合要求。

以 root 用户方式登录任意节点。执行 locale 命令，查看 OS 的编码格式是否为 "en_US.UTF-8" 或 "POSIX"，如图 2-44 所示。

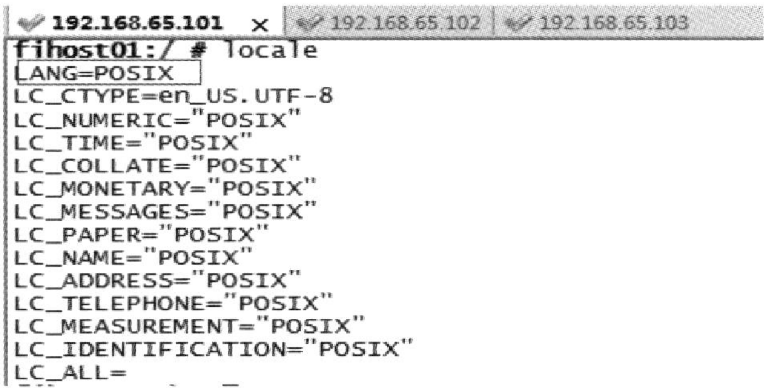

图 2-44　检查编码模式

(3) 生成配置文件。

打开配置规划工具后，选择"工具说明"，阅读《配置规划工具》的各项说明。阅读完毕后单击"开始使用"按钮进入"基础配置"页面，如图 2-45 所示。

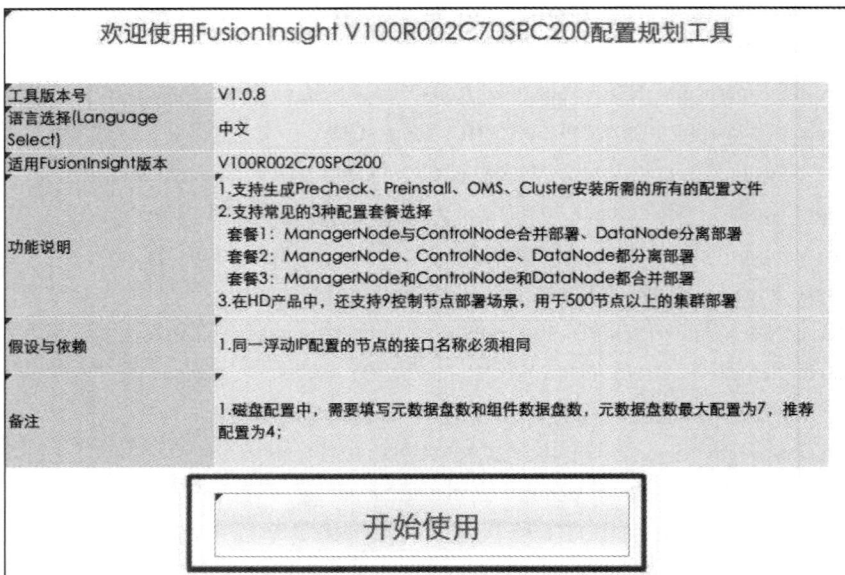

图 2-45　使用配置规划工具表

根据说明分别填写"基础配置"栏的各项参数，如图 2-46 所示。单击"输出配置文件路径"文本框后的"浏览"按钮，可以选择把生成的配置文件保存到本地的路径，如图 2-47所示。

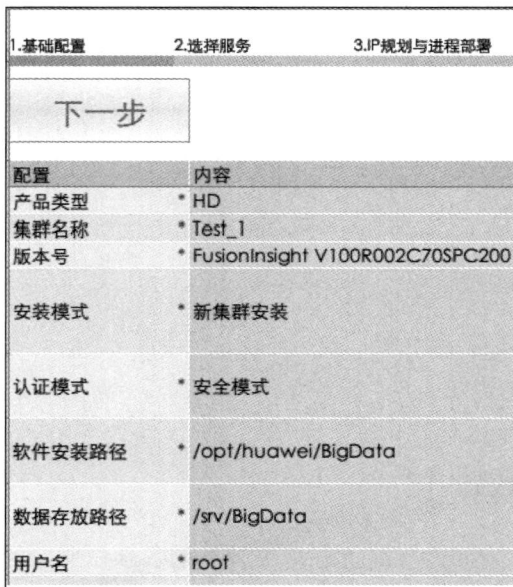

图 2-46　配置规划工具表-1

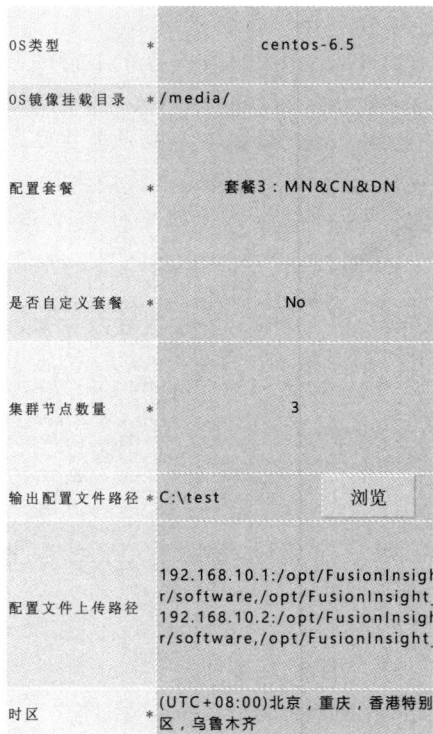

图 2-47　配置规划工具表-2

请根据规划，选择所需服务。在此先安装 HDFS、MapReduce、Yarn 和 ZooKeeper 等基础服务，如图 2-48 所示，其他服务后续再添加。

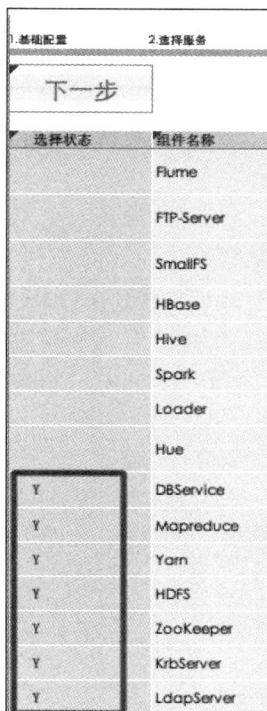

图 2-48 配置规划工具表-3

选择完毕后，单击"下一步"按钮，进入"IP 规划与进程部署"页面，分别填写"机架名称""管理 IP"和"业务 IP"，如图 2-49 所示。

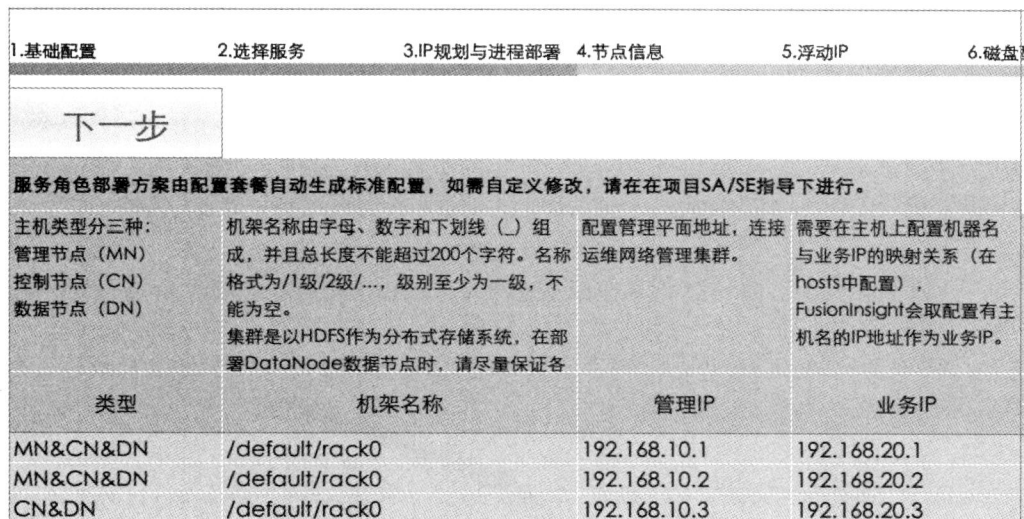

图 2-49 配置规划工具表-4

根据各节点的实际情况执行相关命令，分别填写"节点信息"栏各项参数，如图 2-50 所示。

E15

1.基础配置　2.选择服务　3.IP规划与进程部署　4.节点信息　5.浮动IP　6.磁盘配置　7.集群参数配置　8.实例参数配置　9.生成配置文件

下一步

cat /proc/cpuinfo |grep "processor"|sort -u|wc -l

free -g

fdisk -l | grep "Disk /dev/" | grep -iv "Disk /dev/mapper" | wc -l

fdisk -l | grep "Disk /dev/" | grep -iv "Disk /dev/mapper"

	节点上CPU的虚拟核数，查看CPU虚拟核数的命令 cat /proc/cpuinfo |grep "processor"|sort -u|wc -l	节点上的物理内存，大小请结合服务的实际部署进行规划 查询方式： free -g 在Mem行total列的数据就是节点的内存大小	节点上raid之后所有磁盘的数量。 获取方式： fdisk -l | grep "Disk /dev/" | grep -iv "Disk /dev/mapper" | wc -l	除OS盘外，准备使用的节点里磁盘空间最小的磁盘的容量，考虑到算法上的误差，建议这里的配置应不超过实际磁盘大小的90%，如：磁盘大小2000G，这里应配置为1800G。 获取方式： fdisk -l | grep "Disk /dev/" | grep -iv "Disk /dev/mapper" 取除OS盘之外的最小值，然后乘以0.9。	主机名信息，用于管理主机名和IP的映射关系，不影响安装结果。只能由数字"0-9"、字母"a-z A-Z"、中划线"-"组成，不能有下划线"_" 获取方式： 执行命令 hostname
管理IP	CPU虚拟核数	内存(G)	主机逻辑磁盘数量	最小数据盘容量(G)	主机名
192.168.10.1	4	32	3	45	fihosts-1
192.168.10.2	4	16	3	45	fihosts-2
192.168.10.3	4	16	3	45	fihosts-3

图 2-50　配置规划工具表-5

分别填写各配置项的"浮动 IP""接口""子网掩码"和"网关"，如图 2-51 所示。当 LdapServer 使用 HA 模式时应选择"LDAP_FLOAT_IP"，使用非 HA 模式时应选择"LDAP_PROVIDER_IP"。

		与集群节点的IP处于同一网段，且唯一。即该IP地址在该网段没有节点使用，在服务器上PING一下，如果无数据包回复，则代表还未使用。	浮动IP使用的虚拟网卡，在同一网段内唯一。 配置规则： 1 在集群节点上使用"ifconfig"查询，找到管理平面的网口名称（与浮动IP在同一网段的网口）； 2 子网口名称由字母、数字、下划线组成，长度不超过14字符； 配置样例： 网口名称:子网口名称	在集群节点上使用"route"命令进行查询。	在集群节点上使用"route"命令进行查询。	
类型	配置项	浮动IP	接口	子网掩码	网关	配置说明
OMSServer	om_float_ip	192.168.10.100	eth0:oms	255.255.255.0	192.168.10.254	配置为管理平面使用的IP地址；
OMWebService	ws_float_ip	192.168.10.100	eth0:oms	255.255.255.0	192.168.10.254	配置为用户可访问的IP地址，可以是管理平面的地址，可以和OMSServer配置相同； 注意事项： 当和OMSServer配置为相同的浮动IP时，接口、掩码、网关也必须要一样； 当和OMSServer配置为不同的浮动IP时，接口要配置为不同的名称；
DBService	dbservice.floatip	192.168.20.100			192.168.20.254	DBService的浮动IP，配置为业务平面IP地址，在没有安装DBService组件时，该配置项不会生效，可不填写；
Hue	HUE_FLOAT_IP	10.10.1.104				Hue的浮动IP，配置为业务平面IP地址，在没有安装Hue组件时，该配置项不会生效，可不填写；
Loader	loader.float.ip	10.10.1.105				Loader的浮动IP，配置为业务平面IP地址，在没有安装Loader组件时，该配置项不会生效，可不填写；

图 2-51　配置规划工具表-6

填写完"浮动 IP""接口""子网掩码"和"网关"等参数后，单击"下一步"按钮，进入'磁盘配置"页面，并填写各磁盘分区大小和磁盘数量，如图 2-52 所示。参考 2.3.1 小节和实际规划填写各节点 OS 盘各分区的大小。在各节点中使用"df-h"命令查看磁盘划分信息，然后再填写表格。

	OS盘（单位：GB），建议OS盘容量大于600GB					
	1.OS盘分区需要在安装操作系统时创建，Preinstall和安装过程不会创建这些分区。这里的配置信息仅用于安装前检查使用。 2.要求用户按照产品文档中建议的RAID方式进行服务器的RAID配置。 3.为保持系统的可靠运行，推荐按要求配置RAID1，如不做RAID1配置也可正常安装集群。					
	操作系统根分区，包括了所有目录，最少要求10GB	临时文件分区，最少要求10GB	操作系统运行时分区，最少要求10GB	日志存放分区，需根据集群规模和日志保留时间来配置 以200节点集群为例进行说明： 200节点集群需要保留15天日志，建议每个节点容量不小于130GB 200节点集群需要保留30天日志，建议每个节点容量不小于260GB	数据存放路径所在分区，大小必须满足配置要求，最少要求60GB	软件安装路径，该路径所在分区（默认为/opt分区）大小必须满足配置要求，建议不小于300GB。 注意：在创建分区时，不能把安装路径(/opt/huawei/Bigdata)直接创建为分区，否则会导致安装失
管理IP	/	/tmp	/var	/var/log	/srv/BigData	/opt/huawei/Bigdata
192.168.100.101	10	10	10	10	60	60
192.168.100.102	10	10	10	10	60	60
192.168.100.103	10	10	10	10	60	60

图 2-52　配置规划工具表-7

　　填写完毕后，依次单击"下一步"按钮，分别进入"集群参数配置""实例参数配置"和"生成配置文件"页面，保持默认参数即可。

　　单击"生成配置文件"，工具会自动生成安装 FusionInsight HD 系统所需的各项配置文件，忽略最低硬件要求警告。然后弹出"安装配置文件生成到以下路径：C:\Test\"的提示，单击"确定"按钮。

　　在弹出的对话框中，选择是否要将"基础配置"中的"输出配置文件路径"下所有文件上传至主、备管理节点的指定路径下。

　　首先点击"是"按钮，然后输入主管理节点的用户名(root)，点击"确定"按钮。接着输入用户密码，再次点击"确定"按钮即可开始上传。传输完成后，在传输对话框中按任意键退出。再输入备管理节点的用户名(root)，单击"确定"，输入用户密码，单击"确定"开始上传，传输完毕后在传输对话框中按任意键退出，如图 2-53 所示。

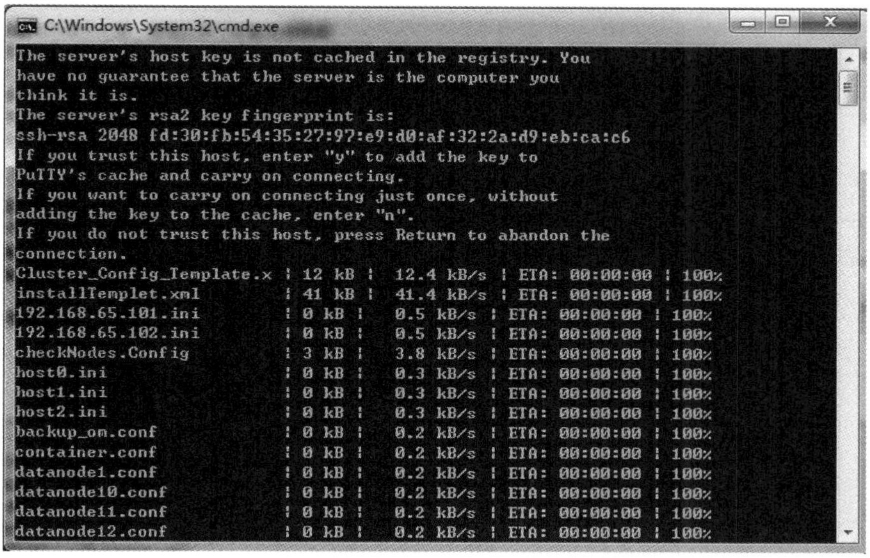

图 2-53　配置上传表

2.4.2　集群预安装与测试

　　集群预安装的所有动作都是通过脚本自动完成的，集群预安装的过程如下。

　　(1) 适配 OS：修改 OS 配置，使 OS 满足 FusionInsight HD 的安装要求。

　　(2) 补齐 RPM 包：自动补齐 OS 缺失的 RPM 包。

　　(3) 格式化分区：自动对服务器磁盘进行格式化，使磁盘满足 FusionInsight HD 的分区要求。

　　集群预安装过程中会使用"haveged"工具或者"rng-tools"工具配置各节点操作系统熵值以满足 FusionInsight HD 的安装要求。

　　集群预安装过程完成后会在所有节点的操作系统中创建一个 statmon 服务，用于收集操作系统运行时的状态，该服务在卸载掉集群和 Manager 后仍然存在于操作系统当中，不会影响集群的再次安装。

　　集群预安装过程完成后会在所有节点的操作系统中创建一个 diskmgt 进程。该进程用于磁盘管理，当节点中某一磁盘故障时，将该磁盘的任务自动切换到备用磁盘。该进程在卸载掉集群和 Manager 后仍然存在于操作系统当中。

执行集群预安装的前提条件为，已经将所需文件配置完毕，并分别上传到服务器指定位置，具体请参考《生成配置文件》。如果打开管理节点的 ip_forward，管理节点则具备将外部网络包向集群内部转发的功能。为安全起见，请保持管理节点中"/proc/sys/net/ipv4/ip_forward"文件的参数值为 0(默认为 0)，或"/etc/sysctl.conf"文件中 net.ipv4.ip_forward 的参数值为 0(默认为 0)。

集群预安装的具体流程如下。

(1) 使用 SecureCRT 工具，以 root 用户登录主管理节点 fihosts-1。

(2) 进入解压目录，例如"/opt/FusionInsight/software/preinstall"，检查配置规划工具生成的 preinstall.ini 是否已上传到此目录。如果没有或内容未更新，请参见《生成配置文件》并上传，并确保"g_parted_conf"节点中要格式化的分区没有数据。

```
cd /opt/FusionInsight_SetupTool/preinstall
cat preinstall.ini
```

(3) 执行安装前配置命令。输入 root 用户的密码，等待执行完毕。

```
cd /opt/FusionInsight_SetupTool
./setuptool.sh preinstall
Please enter cluster SSH password:              #输入 root 的密码
**FusionInsight PreInstall is starting...


********************************
*****FusionInsight Preinstall*****
********************************
***** Time:3290s
***** Running:0
***** Success:3
***** Failure:0
***** Total:3
***** Schedule:100%
```

配置节点系统若出现错误，可在"/tmp/fi-preinstall.log"查看日志文件，并进行相应处理。

若 preinstall 时很快提示失败，原因是禁用了 root 用户的 SSH 权限。以任意一台服务器为例，其他服务器重复执行以下处理步骤。

(1) 使用 SecureCRT 工具，以 root 用户登录其中一台即将安装 FusionInsight HD 的服务器。查看 root 用户的 SSH 权限，检查 sshd_config 文件中是否包含"PermitRootLogin no"信息。

```
cat /etc/ssh/sshd_config
```

若不包含"PermitRootLogin no"信息，表明不是 SSH 权限引起的安装失败，请尝试其他方式解决此问题。

若包含"PermitRootLogin no"信息，请执行下一步骤。

(2) 打开 root 用户的 SSH 权限。在 sshd_config 文件中将"PermitRootLogin no"改为"PermitRootLogin yes"信息。

```
vi /etc/ssh/sshd_config
```

(3) 重启 SSH 服务。

```
/etc/init.d/sshd restart
```

(4) 先删除旧的日志文件，再次执行 preinstall。

```
rm -rf /tmp/fi-preinstall.log
cd /opt/FusionInsight_SetupTool
./setuptool.sh preinstall
```

"preinstall"过程结束后，默认会自动继续进行"precheck"过程。如下所示：

```
===========FusionInsight PreCheck is starting...===========
[INFO] start checking each hosts.
[INFO] localhost: start parsing the configuration file.
[INFO] localhost: parse the configuration file success.
...
===========Summary Output===========
Environment check failed, you can get more information from /opt/FusionInsight_SetupTool/ precheck/
log/precheck_failed.log
You can get more information about the preinstall from /tmp/fi-preinstall.log and /tmp/diskmgt/autopart.log
```

2.4.3　分布式平台与集群安装部署

分布式平台与集群安装部署主要分为以下几步。

1. 安装主 Manager

主 Manager 的安装步骤如下。

(1) 使用"SecureCRT"工具，以 root 用户登录主管理节点 fihosts-1。

(2) 进入解压目录，例如"/opt/FusionInsight/software"，检查配置规划工具生成的 HostIP.ini 文件(以"/install_oms/192.168.10.1.ini"为例)是否已上传到此目录。

```
[root@fihosts-1 ~]# cd /opt/FusionInsight_Manager/software
[root@fihosts-1 software]# cat install_oms/192.168.10.1.ini
[HA]
ha_mode=double
local_ip1=192.168.10.1
local_ip2=
local_ip3=
local_ip4=
peer_ip1=192.168.10.2
......
```

(3) 执行安装 Manager 命令，等待安装执行完毕。

```
./install.sh -f /opt/FusionInsight_Manager/software/install_oms/192.168.10.1.ini
```

```
========================================= Welcome =========================================
=== STEP 1 Checking the parameters.
=== STEP 2 Preparing for installation components.                                    [done]
=== STEP 3 Installing the manager.                                                   [done]
=== STEP 4 Installing the packs.                                                     [done]
=== STEP 5 Starting the OMS.                                                         [done]
=== STEP 6 Waiting for ntp to startup.                                               [done]
==================================== Install Successfully ====================================
Please visit http://192.168.10.100:8080/web/ to continue cluster installation.
Installation is successful.
```

注意：安装命令执行过程中，不支持通过按"Ctrl + Z"快捷键将任务挂起，因为挂起后再恢复执行时会导致安装失败。

2. 安装备 Manager

安装备 Manager 的步骤如下。

(1) 使用"SecureCRT"工具，以 root 用户身份登录备管理节点 fihosts-2。

(2) 关闭备管理节点 NTP 服务，在安装备 Manager 的过程中，服务器会重新启动 NTP，所以需先关闭 fihost2 的 NTP 服务，否则可能造成安装失败。默认情况下，NTP 服务器为主节点。

```
service ntpd stop
```

(3) 进入解压目录，例如"/opt/FusionInsight/software"，检查配置规划工具生成的 HostIP.ini 文件(以"/install_oms/192.168.10.2.ini"为例)是否已上传到此目录。

```
cd /opt/FusionInsight_Manager/software
cat install_oms/192.168.10.2.ini
```

(4) 执行安装 Manager 命令，等待安装执行完毕。

```
./install.sh -f /opt/FusionInsight_Manager/software/install_oms/192.168.10.2.ini
```

(5) 连续输入两次"y"，并按回车键确认。

```
========================================Welcome========================================
=== STEP 1 Checking the parameters.
The ws_float_ip(192.168.10.100) already exists on the network. Is it used on the active OMS HA? (y/n):y
The om_float_ip(192.168.10.100) already exists on the network. Is it used on the active OMS HA? (y/n):y
=== STEP 2 Preparing for installation components.                                    [done]
=== STEP 3 Installing the manager.                                                   [done]
=== STEP 4 Installing the packs.                                                     [done]
=== STEP 5 Starting the OMS.                                                         [done]
=== STEP 6 Waiting for ntp to startup.                                               [done]
```

================================ Install Successfully ================================

Please visit http:// 192.168.10.100:8080/web/ to continue cluster installation.

Installation is successful.

3. 安装集群

(1) 登录 FusionInsight Manager 系统。

在浏览器地址栏中，输入 FusionInsight Manager 的网络地址，其地址格式为 "http://FusionInsight Manager 系统的 WebService 浮动 IP 地址:8080/web"。例如，在浏览器地址栏中，输入 http://192.168.10.100:8080/web，而后输入集群的用户名和密码(默认：admin，Admin@123)，如图 2-54 所示。

图 2-54　FusionInsight Manager 登录界面

(2) 登录完成后，自动进入安装集群界面，选中"模板安装"，然后再选择集群安装配置文件("install_cluster\installTemplet.xml")。最后单击"确定"按钮，如图 2-55 所示。

图 2-55　集群配置模板

(3) 输入节点的管理平面地址(192.168.10.1-3，各 IP 间使用逗号分隔)、root 用户名与密码，如图 2-56 所示。

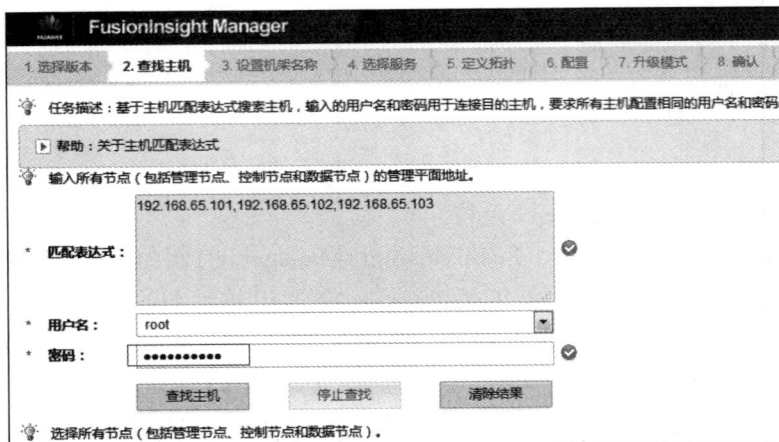

图 2-56　集群模板部署

(4) 单击"下一步"按钮进入"确认"页面。确认配置信息后，单击"提交"按钮，如图 2-57 所示。

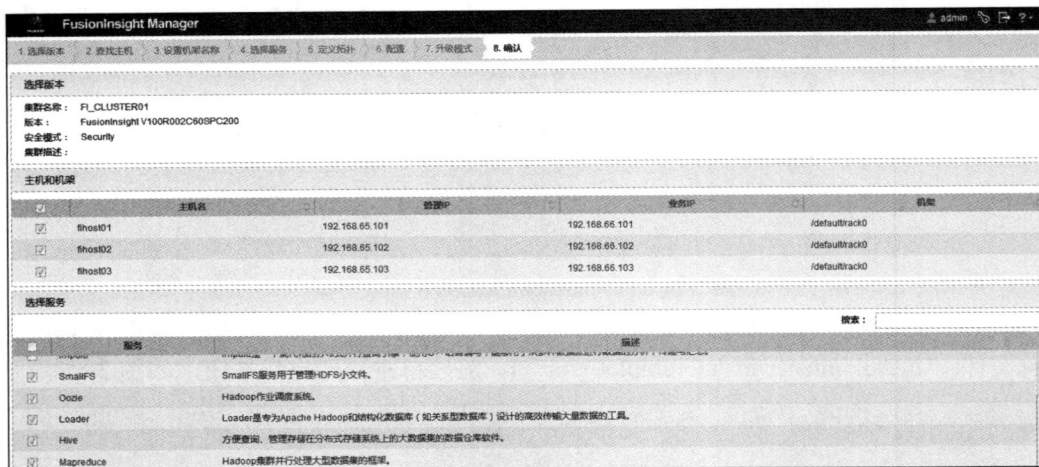

图 2-57　集群部署信息汇总

(5) 单击"确定"按钮开始安装并启动集群，如图 2-58 所示。

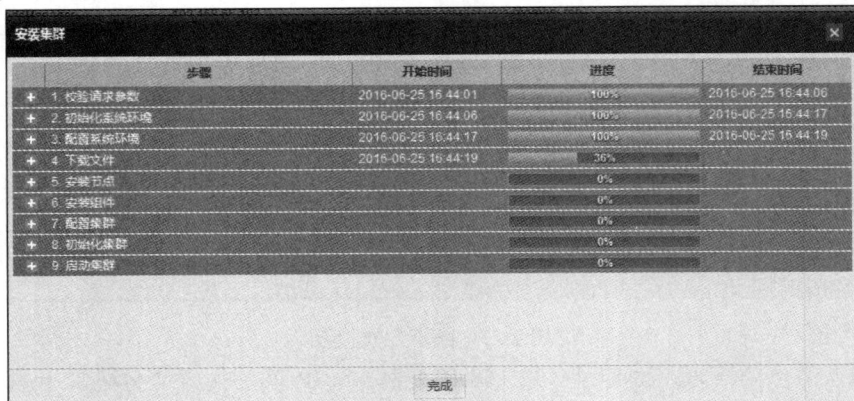

图 2-58　集群安装

(6) 待集群安装并启动完成后，单击"完成"按钮完成操作。等待集群安装完成后，单击"是"按钮开始启动集群。待集群启动完成后，单击"完成"按钮完成操作。

(7) 检查服务状态，如图 2-59 所示。

图 2-59　集群服务状态

至此，FusionInsight 完成安装。

【本章小结】

本章的内容旨在提高大数据基础操作的能力，为接下来大数据的应用作铺垫。学习 Linux 是为了提升系统的操作和维护能力，为安装 Hadoop 集群做准备。学习 Python 是为后期大数据组件的开发应用作准备。

本章的重点内容如下所示：

(1) 掌握 Linux 的文件与目录的操作方法。

(2) 掌握 Linux 的文本编辑器的使用方法。

(3) 了解 Python 的数据结构。

(4) 了解 Python 的函数。

(5) 了解大数据平台搭建实验。

其中，难点主要集中在 Linux 的文本编辑器的使用方法和 Python 的函数。

【知识巩固】

一、判断题

1. 多行注释可以用 /* */。　　　　　　　　　　　　　　　　　　　（　　）

2. f.read()表示读取文件所有数据。　　　　　　　　　　　　　　　（　　）

3. 文件打开用 open(file，mode)，file 表示文件名称，mode 表示打开文件的模式。

　　　　　　　　　　　　　　　　　　　　　　　　　　　　　　（　　）

4. vim 编辑器的插入模式可以直接切换到末行模式。　　　　　　　　　　　(　　)

二、选择题(单选与多选)

1. 在 Python 中，合法的标识符是(　　)。

A. _

B. 3C

C. it's

D. str

2. 循环结构可以使用 Python 语言中的(　　)语句实现。

A. print

B. while

C. loop

D. if

3. 如果一个类 C1 通过继承已有类 C 而创建，则将 C1 称作(　　)。

A. 子类

B. 基类

C. 父类

D. 超类

4. 下列 Python 语句的输出结果是(　　)。

s=[4,5,6]

print(s [-2])

A. 5

B. 4，5

C. 5，6

D. 4，5，6

三、拓展任务

完成开源 Hadoop 和华为 FusionInsight HD 的安装。

第二篇　大数据关键技术篇

第 3 章

大数据采集组件*

本章介绍了大数据引擎中负责数据采集的组件，主要涉及 Flume 和 Kafka。其中 Flume 是轻量日志采集工具，主要负责采集和分类整理轻量(数据量级较小)数据；Kafka 是消息订阅系统，主要负责采集和处理海量数据。因为两者处理的数据类型不同，所以处理的数据方法也有区别。

【学习目标】

【知识目标】

(1) 学习轻量日志采集工具 Flume 与消息订阅系统 Kafka 的基本概念。

(2) 学习轻量日志采集工具 Flume 与消息订阅系统 Kafka 的框架组成。

(3) 学习轻量日志采集工具 Flume 消息订阅系统的运行流程。

(4) 学习消息订阅系统 Kafka 的特性与数据处理方式。

【技能目标】

(1) 理解 Flume 和 Kafka 的基本概念。

(2) 理解 Flume 和 Kafka 的框架组成。

(3) 掌握正确配置使用轻量日志采集工具 Flume 和消息订阅系统 Kafka 的方法。

(4) 了解大数据采集案例实验。

【素养目标】

(1) 培养严谨的工作作风与精益求精的工匠精神。

(2) 树立探究问题和解决问题的正确价值观。

【思维导图】

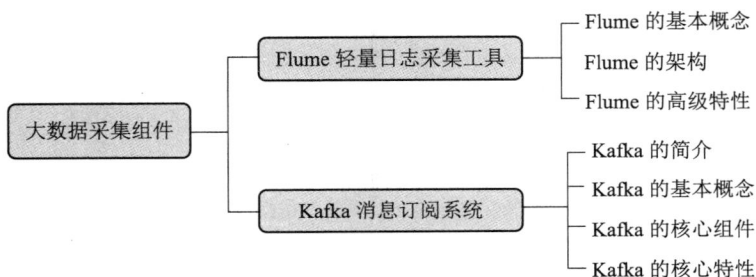

3.1　Flume 轻量日志采集工具

作为大数据中常用的组件，Flume 的主要工作是从外部和内部的相关组件及系统中抽取轻量化的数据或日志，然后将这些数据导入到 Flume 内部进行筛选，并在筛选后按照需求将数据进行输出，传递到对应的组件进行后续处理。Flume 具有轻量化、快速、简易、灵活的特点，直至今日仍是大量企业在进行轻量化数据采集时的首选。

3.1.1　Flume 的基本概念

Flume 不仅是流式日志采集工具和开源日志系统，还是一个分布式、可靠和高可用的海量日志聚合的系统。Flume 具备从本地文件(Spool Directory Source)、实时日志(Taildir、Exec)、REST 消息、Thrift、Avro、Syslog、Kafka 等数据源上收集数据的能力，同时，也具备对数据进行简单处理并且写到各种数据接受方(可定制)的能力。

Flume 概述

Flume 适用于应用系统产生的日志采集，采集后的数据再供上层应用分析。Flume 不适用于大量数据的实时数据采集(要求低延迟、高吞吐率)。与另一个开源日志收集工具 Scribe 相比较，Scribe 需要用户另外开发 Client，而 Flume 几乎不用用户开发。Flume 每一种数据源均有相应的 Source 去读取或者接收数据。

Flume 具有以下作用：

(1) 具备从固定目录下采集日志信息到目的地(HDFS、HBase、Kafka)的能力。

(2) 具备实时采集日志信息(Taildir)到目的地的能力。

(3) 支持级联(多个 Flume 对接起来)、合并数据。

(4) 同时支持按照用户定制采集数据。

想一想

Flume 的级联能力可以组合成什么功能？

3.1.2　Flume 的架构

1. Flume 的外部结构

Flume 的外部结构如图 3-1 所示，数据发生器(如 Facebook，Twitter)产生的数据被其所在服务器上的 Agent(客户端，数据的实际产生单位)收集，然后数据采集器从各个 Agent 上汇集数据并将采集到的数据存入 HDFS 或者 HBase 中。

Flume 组件

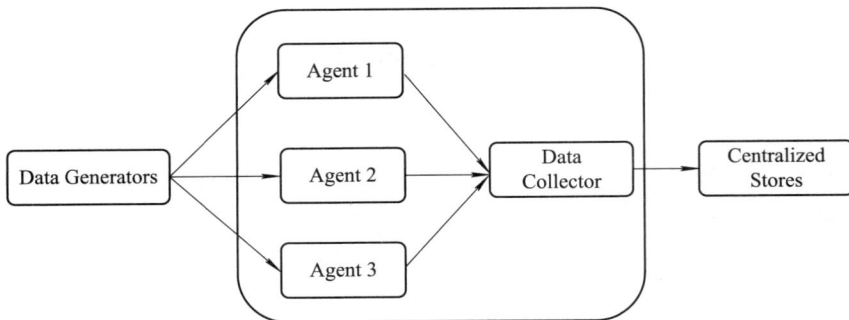

图 3-1　Flume 外部框架结构

2. Flume 事件

事件(event)是 Flume 内部数据传输最基本的单元，代表着一个数据的最小完整单元。event 也是事务的基本单位，即事务保证是在 event 级别进行的。event 将传输的数据进行封装，如果是文本文件，通常是一行记录。event 由一个转载数据的字节数组(该数组是从数据源接入点传入，并传输给传输器，也就是 HDFS/HBase)和一个可选头部构成，典型的 Flume 事件如图 3-2 所示。

图 3-2　Flume 事件结构

3. Flume 架构

Flume 的高效源于它自身的一个设计，这个设计就是 Agent。Agent 本身是一个进程，运行在日志收集节点。Flume 内部有一个或者多个 Agent，然而对于每一个 Agent 来说，它就是一个独立的守护进程(JVM，Java Virtual Machine)。它从客户端接收数据，或者从其他的 Agent 接收数据，然后迅速将获取的数据传给下一个目的节点 Sink 或者其他下游 Agent。

Flume-Agent 架构里面包含 3 个核心的组件，分别为 Source、Channel 和 Sink，其架构类似生产者、仓库、消费者的架构，如图 3-3 所示。

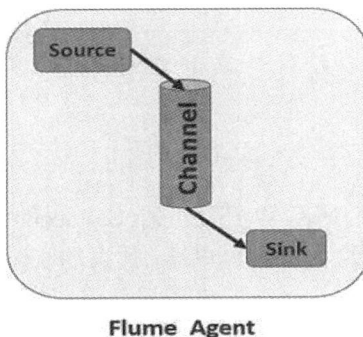

图 3-3　Flume 架构图

(1) Source：数据源，是产生日志信息的源头。

(2) Channel：通道，主要作用是临时缓存数据。

(3) Sink：主要作用是从 Channel 中取出数据并将数据放到不同的目的地。

图 3-4 为 Flume-Agent 进程结构图。event 从 Source 流向 Channel，再到 Sink。首先，Flume 会将原始数据抽象化为自己处理的数据对象——event，然后将数据放入通道处理器 Channel Pocessor 中。Interceptor 为拦截器，它的主要作用是将采集到的数据根据用户的配置进行过滤和修饰。通道选择器 Channel Selector 会根据用户配置将数据放到不同的通道中。Sink Runner 为 Sink 运行器，它的主要作用是驱动 Sink 从 Channel 中获取数据。Sink Processor 为 Sink 处理器，它会根据配置使用不同的策略驱动 Sink 从 Channel 中获取数据。目前策略主要有负载均衡、故障转移和直通这三种方式。

Flume 日志
采集流程

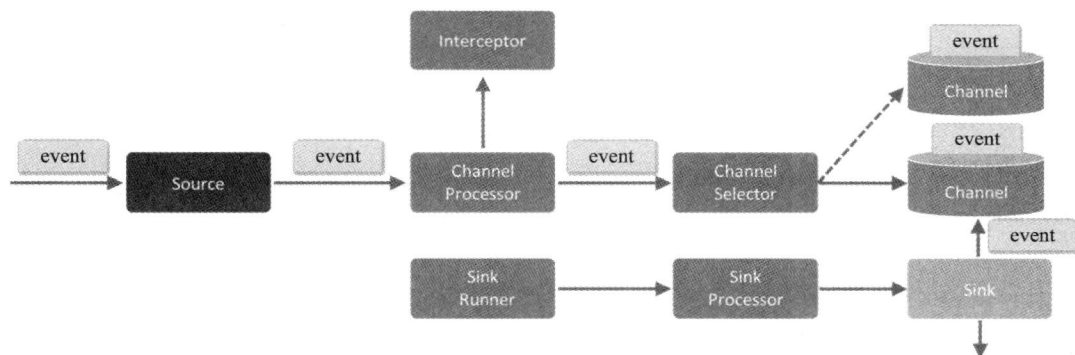

图 3-4　Flume-Agent 进程结构图

Flume 的作用是把数据从数据源(Source)中收集起来，再将收集到的数据送到指定目的地(Sink)。为了保证输送过程的成功，在送到目的地(Sink)之前，Flume 会先缓存数据(Channel)，待数据真正到达目的地(Sink)后，再删除自己缓存的数据。

💡 想一想

　　如果用生活中的例子去类比 Flume-Agent 的进程，可以找到什么例子？

4. Source

Source 组件是专门用来收集数据的，它可以处理各种类型、各种格式的日志数据，包括 avro、thrift、exec、jms、spoolingdirectory、netcat、sequencegenerator、syslog、http、legacy 以及自定义的类型等。Source 负责接收 event 或通过特殊机制产生 event，并将 event 批量放到一个或多个 Channel。Source 有驱动和轮询两种类型。其中，驱动型 Source 是外部主动发送数据给 Flume，驱动 Flume 接收数据；而轮询型 Source 是 Flume 周期性地主动去获取数据。Source 必须至少和一个 Channel 关联。Source 接口类型见表 3-1。

表 3-1　Source 接口类型图

Source 类型	说　明
Exec Source	执行某个命令或者脚本，并将其执行的输出结果作为数据源
Avro Source	将提供一个基于 Avro 协议的 Server 绑定到某个端口上，等待 Avro 协议客户端发过来的数据
Thrift Source	作用同 Avro，但其传输协议为 Thrift
Http Source	支持 http 的 post 发送数据
Syslog Source	读取 Syslog 数据，产生 event，支持 UDP 和 TCP 两种协议
Spooling Directory Source	采集本地静态文件
Jms Source	从消息队列中获取数据
Kafka Source	从 Kafka 中获取数据

5. Channel

Channel 位于 Source 和 Sink 之间，Channel 的作用类似队列，用于临时缓存收集来的 event，当 Sink 成功地将 event 发送到下一个环节的 Channel 或最终目的地，event 就会从 Channel 中移除。

Channel 主要有以下 3 种类型。

(1) Memory Channel：可将消息存放在内存中，提供高吞吐，但不提供可靠性。其缺点是可能会丢失数据。

(2) File Channel：可对数据持久化。其缺点是配置较为麻烦，需要配置数据目录和 checkpoint 目录；不同的 File Channel 均需要配置一个 check point 目录。

(3) JDBC Channel，其实质为内置的 Derby 数据库，可对 event 进行持久化，提供高可靠性，也可以取代同样具有持久特性的 File Channel。

不同的 Channel 提供的持久化水平是不一样的，具体如下。

• Memory Channel 不会持久化。

• FileChannel 基于 WAL(预写式日志 Write-AheadLog)实现。

• JDBCChannel 基于嵌入式 Database 实现。

Channel 在 Flume 中支持事务处理，它提供了相对宽松的顺序保证，并允许灵活连接任意数量的 Source 和 Sink。当 Flume 的 Channel 中的数据在传输至下一个环节(往往是批量传输)时，若发生异常情况，该批数据将会进行回滚操作，确保数据不会丢失。此时，这些数据仍保留在 Channel 中，等待系统下一次自动重试处理，从而确保数据的一致性和完整性。

6. Sink

Sink 负责将 event 传输到下一个环节或最终目的地，其目的地包括 HDFS、Logger、Avro、

Thrift、Ipc、File、Null、HBase、Solr 或自定义。成功完成后系统会将 event 从 Channel 中移除。Sink 必须作用于一个确切的 Channel。表 3-2 为 Sink 接口类型图。

表 3-2　Sink 接口类型图

Sink 类型	说　　明
HDFS Sink	将数据写到 HDFS 上
Avro Sink	使用 Avro 协议将数据发送给下一个环节的 Flume
Thift Sink	同 Avro，但其传输协议为 Thrift
Fileroll Sink	将数据保存在本地文件系统中
HBase Sink	将数据写到 HBase 中
Kafka Sink	将数据写入到 Kafka 中
Morphline Solr Sink	将数据写入到 Solr 中

3.1.3　Flume 的高级特性

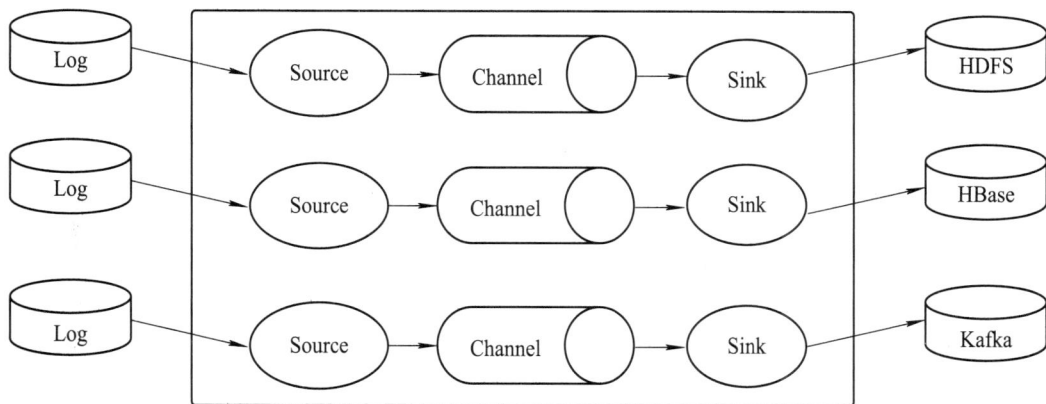

1. Flume 支持采集日志文件

Flume 支持将集群外的日志文件采集并归档到 HDFS、HBase、Kafka 上，供上层应用在分析数据、清洗数据时使用，如图 3-5 所示。

Flume 高级特性

图 3-5　Flume 数据采集示意图

2. Flume 支持多级级联和多路复制

Flume 支持将多个 Flume 级联起来，同时级联节点内部支持数据复制，如图 3-6 所示。此外，Flume 级联节点之间的数据传输支持压缩和加密，提升数据传输效率和安全性，如图 3-7 所示。

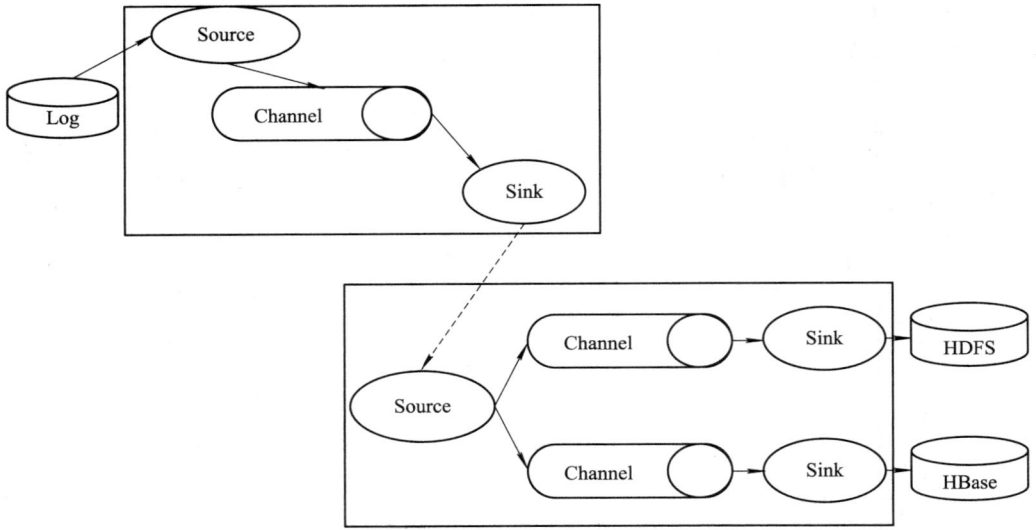

图 3-6　Flume 多路级联与多路复制示意图

图 3-7　Flume 多路级联与压缩加密示意图

3. Flume 数据监控

Flume Source 接收数据量、Channel 缓存数据量、Sink 写入数据量通过 Manager 图形化呈现监控信息。Flume 支持 Channel 缓存、数据发送、接收失败告警等，如图 3-8 所示。

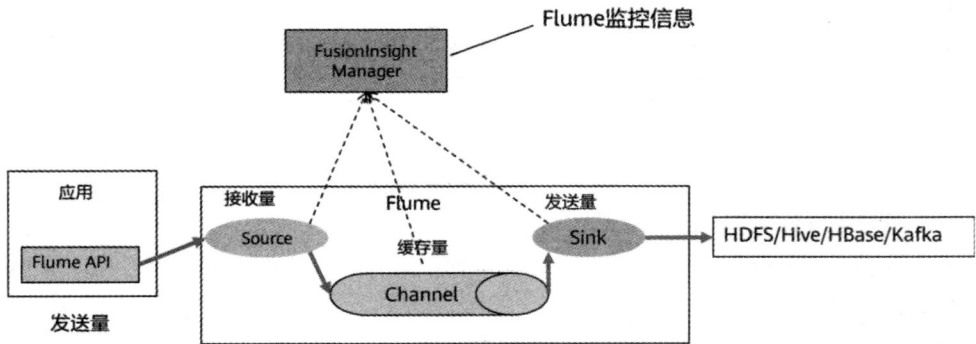

图 3-8　Flume 监控示意图

4. Flume 传输可靠性

Flume 在传输数据过程中采用事务管理方式，保证传输的数据不会丢失，增强了数据传输的可靠性，同时缓存在 Channel 中的数据如果采用 File Channel，则在重启进程或者节点时，数据也不会丢失。图 3-9 为 Flume 传输进程示意图。

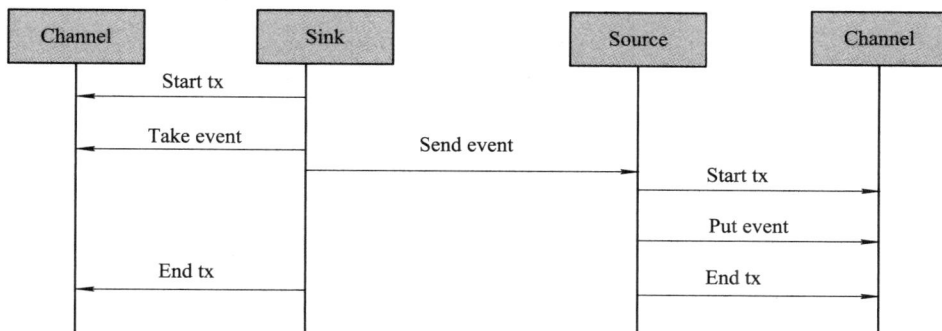

图 3-9　Flume 传输进程示意图

3.2　Kafka 消息订阅系统

Kafka 是由 Apache 软件基金会开发的一个开源流处理平台，用 Scala 和 Java 语言编写。Kafka 是一个高吞吐量的分布式发布消息订阅系统，它可以处理消费者在网站中的所有动作流数据。

3.2.1　Kafka 简介

Kafka 简介

Kafka 是一个高吞吐、分布式、基于发布订阅的消息系统。利用 Kafka 技术可在 PC Server 上搭建大规模的消息系统。

和其他组件比较，Kafka 具有消息持久化、高吞吐、分布式、多客户端支持和实时等特点，适用于离线和在线的消息消费，如常规的消息收集、网站活性跟踪、聚合统计系统运营数据(监控数据)、日志收集等大量数据的互联网服务的数据收集场景。

3.2.2　Kafka 的基本概念

Kafka 框架介绍

一个典型的 Kafka 集群中包含若干 Producer(可以是 Web 前端产生的 Page View，或者是服务器日志、系统 CPU、Memory 等)、若干 Broker (Kafka 支持水平扩展，一般 Broker 数量越多，集群吞吐率越高)、若干 Consumer 以及一个 ZooKeeper 集群。Kafka 通过 ZooKeeper 管理集群配置，选举 Leader，以及在 Consumer 发生变化时进行 Rebalance 操作。Producer 使用 Push 模式将消息发布到 Broker 上；Consumer 使用 Pull 模式从 Broker 订阅并消费消息。图 3-10 为 Kafka 的拓扑结构图。

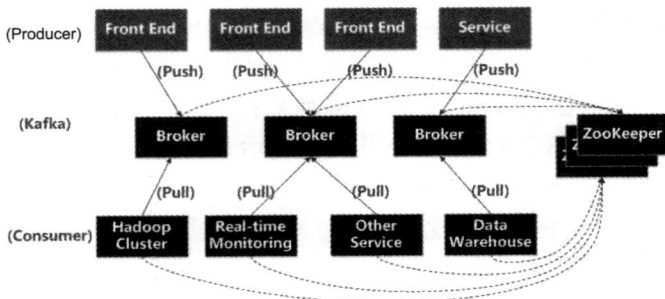

图 3-10　Kafka 拓扑结构图

(1) Broker：Kafka 集群包含一个或多个服务实例，这些服务实例被称为 Broker。

(2) Topic：每条发布到 Kafka 集群的消息都有一个类别，这个类别被称为 Topic，也可以理解为一个存储消息的队列。例如，天气作为一个 Topic，每天的温度消息就可以存储在"天气"这个队列里。图 3-11 为 Topic 逻辑结构示意图。

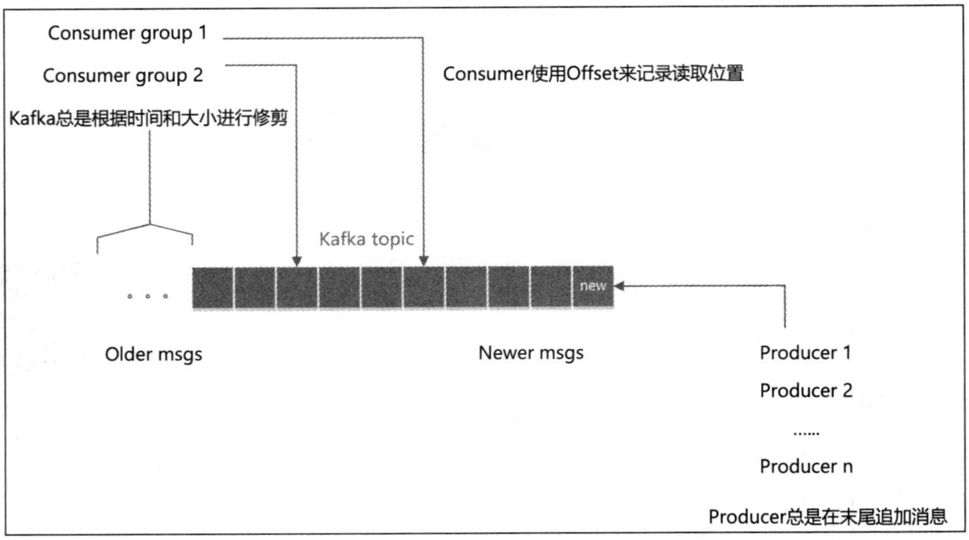

图 3-11　Topic 逻辑结构示意图

3. Partition

1) Partition 的定义

Partition 是指分区。Kafka 将 Topic 分成一个或者多个 Partition，每个 Partition 在物理上对应一个文件夹，该文件夹下存储这个 Partition 的所有消息。每个 Topic 都由一个或者多个 Partition 构成，每个 Partition 都是有序且不可变的消息队列。引入 Partition 机制，保证了 Kafka 的高吞吐能力。

图 3-12 为分区消息队列逻辑结构示意图。由图可以发现，每个 Partition 中的消息都是有序的，生产的消息被不断追加到 Partition log 上，其中的每一个消息都被赋予了一个唯一的 Offset 值。Kafka 集群会保存所有的消息，不管消息有没有被消费，用户都可以设定消息的过期时间，只有过期的数据才会被自动清除，以释放磁盘空间。比如设置消息

过期时间为 2 天，那么这 2 天内的所有消息都会被保存到集群中，只有超过 2 天的数据才会被清除。

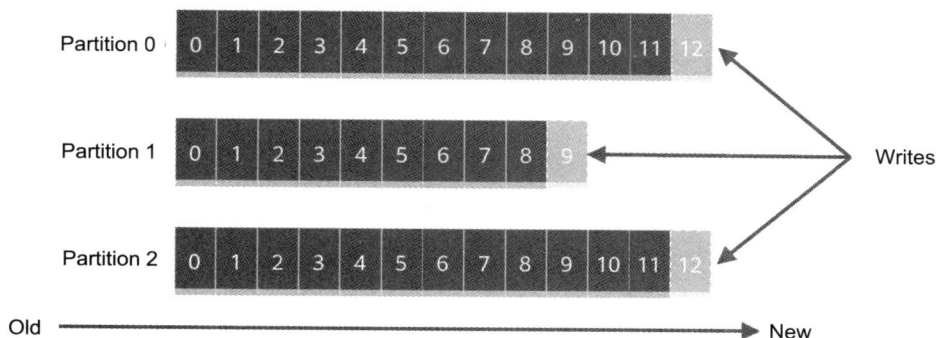

图 3-12　分区消息队列逻辑结构示意图

Topic 的 Partition 数量可以在创建时配置。Partition 数量决定了每个 Consumer group 中并发消费者的最大数量。如图 3-13 所示，Consumer group A 由两个消费者来读取 4 个 Partition 中的数据；Consumer group B 有 4 个消费者来读取 4 个 Partition 中的数据。

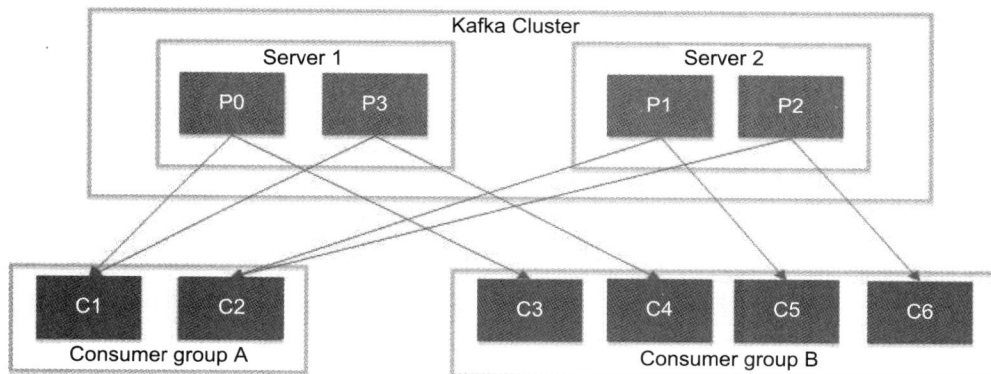

图 3-13　Consumer-Partation 对接示意图

想一想

　　如果存储的是超市的消费数据，请问 Partation、Topic、Message 中各自存储什么类型的数据？

2）Partition Offset

发布到 Partition 的任何消息都会被直接追加到对应 log 文件的末尾。在文件中，每条消息的位置都有一个唯一的标识，我们称之为 Offset(偏移量)，它是一个 long 型数字，用于精确标记每一条消息。消费者通过组合 Offset、Partition、Topic 这三个元素来跟踪和记录消息的位置。图 3-14 为 Kafka 偏移指针示意图。

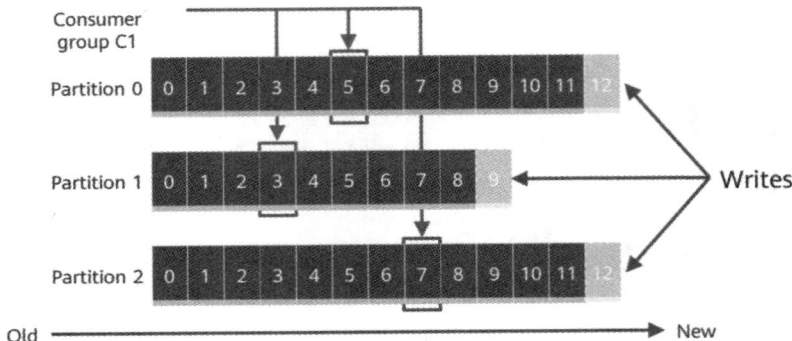

图 3-14　Kafka 偏移指针示意图

Kafka 只需要维持一个元数据，即为消费消息在 Partition 中的 Offset 值，Consumer 每消费一个消息，Offset 就会加 1。其实消息的状态完全是由 Consumer 控制的，Consumer 可以跟踪和重设这个 Offset 值，这样的话，Consumer 就可以读取任意位置的消息。

把消息日志以 Partition 的形式存放有多种原因，具体如下。

(1) 方便在集群中扩展。每个 Partition 可以自行调整以适应它所在的机器，而一个 Topic 可以由多个 Partition 组成，因此整个集群就可以适应任意大小的数据了。

(2) 可以提高并发。以 Partition 为单位读写是一个逻辑化的概念，并不局限于是某一台物理服务器。进程在进行读写时，同时读写多个 Partition，而 Partition 和物理服务器之间是多对一的关系，这就可以做到高并发同时读写。

3) Partition Replicas

Kafka 副本以分区为单位，每个分区都有各自的主副本和从副本。主副本叫作 Leader，从副本叫作 Follower，处于同步状态的副本叫作 In-Sync Replicas(ISR)。Follower 通过拉取的方式从 Leader 中同步数据。消费者和生产者都从 Leader 中读写数据，不与 Follower 交互。图 3-15 为 Kafka 数据保护示意图。

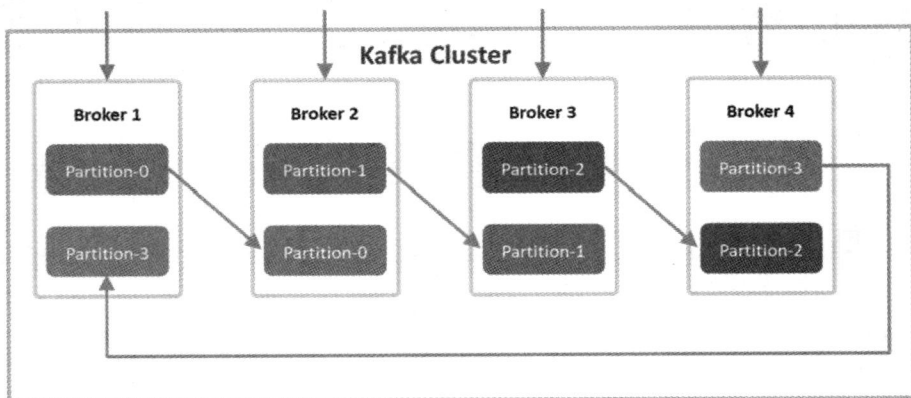

图 3-15　Kafka 数据保护示意图

想一想

Kafka 的两个副本机制是否安全，为什么？

为了提高容错性，Kafka 支持 Partition 的复制策略，即可以通过配置文件配置 Partition 的副本个数。针对 Partition 的复制，Kafka 需要选出一个 Leader，并由该 Leader 负责 Partition 的读写操作，而其他的副本节点只负责数据的同步。如果 Leader 失效，那么将会由其他 Follower 来接管(成为新的 Leader)，如果由于 Follower 自身的性能，或者网络原因导致数据的同步落后 Leader 太多，那么当 Leader 失效后，就不会将这个 Follower 选为 Leader。由于 Leader 的 Server 承载了全部的请求压力，因此从集群的整体考虑，Kafka 会将 Leader 均衡地分散在每个实例上，以此来确保整体的性能稳定。一个 Kafka 集群的各个节点间可互为 Leader 和 Follower。

Kafka 中每个 Broker 启动时都会创建一个副本管理服务(Replica Manager)，该服务负责维护 Replica Fetcher Thread 与其他 Broker 链路的连接关系。该 Broker 中存在的与 Follower Partition 对应的 Leader Partition 分布在不同的 Broker 上，这些 Broker 创建相同数量的 Replica Fetcher Thread 线程，并与 Partition 数据同步对应。在 Kafka 中，分区之间的数据复制是由 Follower(充当消费者角色)主动向 Leader 获取消息的。每当 Follower 的 Partition 发生变更而影响 Leader 所在 Broker 时，Replica Manager 就会新建或销毁相应的 Replica Fetcher Thread。

Producer、Consumer、Consumer group 的作用如下：

- Producer：负责发布消息到 Kafka Broker。
- Consumer：消息消费者，从 Kafka Broker 读取消息的客户端。
- Consumer group：每个 Consumer 属于一个特定的 Consumer group(可为每个 Consumer 指定 Group Name)。

3.2.3　Kafka 的核心组件

通过前面小节的介绍可以了解到，Kafka 中的数据是持久化且能容错的。接下来介绍 Kafka 的核心组件。

Kafka 核心组件
与特性

1. 副本数、Partition 和 Leader

Kafka 允许用户为每个 Topic 设置副本数量，副本数量决定了有几个 Broker 来存放写入的数据。如果副本数量设置为 3，那么一份数据就会被存放在 3 台不同的机器上，可允许有 2 台机器失效。一般推荐副本数量至少为 2，这样就可以保证增减、重启机器时不会影响到数据消费。如果对数据持久化有更高的要求，可以把副本数量设置为 3 或者更多。

Kafka 中的 Topic 是以 Partition 的形式存放的，每一个 Topic 都可以设置它的 Partition 数量，Partition 的数量决定了组成 Topic 的 log 的数量。Producer 在生产数据时，会按照一定规则(这个规则是可以自定义的)把消息发布到 Topic 的各个 Partition 中。上面讲的副本都是以 Partition 为单位的，不过只有一个 Partition 的副本会被选举成 Leader 作为读写用。

设置 Partition 值需要考虑以下因素。

(1) 一个 Partition 只能被一个消费者消费(一个消费者可以同时消费多个 Partition)。因此，如果设置的 Partition 数量小于 Consumer 的数量，就会有消费者消费不到数据。所以，设置 Partition 值时，建议 Partition 的数量一定要大于同时运行的 Consumer 的数量。

(2) 另外一方面，建议 Partition 的数量大于集群 Broker 的数量，这样 Leader Partition 就可以均匀地分布在各个 Broker 中，最终使得集群负载均衡。一般来说，在大型的互联网以及云服务相关企业中，每个 Topic 都会维护上百个 Partition，以进行数据的传递和转发。需要注意的是，Kafka 需要为每个 Partition 分配一些内存来缓存消息数据，如果 Partition 的数量很大，就需要 Kafka 分配更大的 Head Space。

2. Producer

为了实现 Producer 直接发送消息到 Broker 的 Leader Partition 上，不需要经过任何中介的路由转发，Kafka 集群中的每个 Broker 都可以响应 Producer 的请求，并返回 Topic 的一些元信息。这些元信息包括存活的机器，Topic 的 Leader Partition 的位置，现阶段可以直接被访问的 Leader Partition 等。

Producer 客户端控制着消息推送到的位置，其实现的方法可以是随机分配、实现一类随机负载均衡算法，或者是指定分区算法。Kafka 提供了接口供用户实现自定义的分区，用户可以为每个消息指定一个 Partition Key，通过这个 Partition Key 来实现一些 Hash 分区算法。例如，把 user id 作为 Partition Key 的话，相同 user id 的消息将会被推送到同一个分区。

由于以 Batch 的方式推送数据可以极大地提高处理效率，所以 Kafka Producer 可以将消息累积在内存中，达到一定数量后再作为一个 Batch 发送请求。Batch 的数量大小可以通过 Producer 的参数控制，参数值可以设置为累计的消息数量(如 500 条)、累计的时间间隔(如 100 ms)或者累计的数据大小(如 64 KB)。通过增加 Batch 的大小，可以减少网络请求和磁盘 I/O 的次数。当然具体参数设置需要在效率和时效性方面做权衡。

Producer 可以异步地或并行地向 Kafka 发送消息，但是在通常情况下，Producer 发送完消息之后会得到一个 Future 响应，返回的是 Offset 值或者发送过程中遇到的错误。在这个过程中会出现一个非常重要的参数，即"Ack"，这个参数决定了 Producer 要求 Leader Partition 收到确认的副本个数。

若 Ack 设置数量为 0，则表示 Producer 不会等待 Broker 的响应，所以，Producer 无法知道消息是否发送成功，这样有可能会导致数据丢失，但 Ack 值为 0 时会得到最大的系统吞吐量。

若 Ack 设置为 1，则表示 Producer 会在 Leader Partition 收到消息时得到 Broker 的一个确认，这样会有更好的可靠性，因为客户端会一直等待，直到 Broker 确认收到消息。

若 Ack 设置为 -1，那么 Producer 会在所有备份 Partition 收到消息时得到 Broker 的确认，这个设置可以得到最高的可靠性保证。

Kafka 消息由一个定长的 Header 和变长的字节数组组成。因为 Kafka 消息支持字节数组，也就使得 Kafka 可以支持任何用户自定义的序列号格式或者其他已有的格式，如 Apache Avro、protobuf 等。虽然 Kafka 没有限定单个消息的大小，但仍推荐消息大小不要超过 1 MB，通常一般消息大小都在 1~10 KB 之间。

3. Consumers

Kafka 提供了两套 Consumer API，分为 High-level API 和 Sample API。Sample API 是一

个底层的 API，它维持了和单一 Broker 的连接，且这个 API 是完全无状态的，每次请求都需要指定 Offset 值，因此，这套 API 也是最灵活的。

在 Kafka 中，当前读到消息的 Offset 值是由 Consumer 来维护的，因此，Consumer 可以自行决定如何读取 Kafka 中的数据。比如，Consumer 可以通过重设 Offset 值来重新消费已消费过的数据。不管有没有被消费，Kafka 会保存数据一段时间，这个时间周期是可配置的，只有过了截止时间，Kafka 才会删除这些数据。High-level API 封装了集群中一系列 Broker 的访问，可以透明地消费一个 Topic。它自己维持了已消费消息的状态，即每次消费的都是下一个消息。

High-level API 还支持以组的形式消费 Topic，如果 Consumers 有同一个组名，那么 Kafka 就相当于一个队列消息服务，而各个 Consumer 均衡地消费对应 Partition 中的数据。若 Consumers 有不同的组名，那么此时 Kafka 就相当于一个广播服务，会把 Topic 中的所有消息广播到每个 Consumer 中。图 3-16 为 Consumer 数据链接示意图。

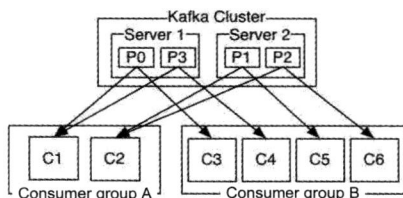

图 3-16　Consumer 数据链接示意图

3.2.4　Kafka 的核心特性

本小节将介绍 Kafka 的核心特性，包括压缩性、消息的可靠性、备份机制以及 Kafka 高效性的相关设计等。

1. 压缩性

Kafka 支持以集合(Batch)为单位发送消息，在此基础上，Kafka 还支持对消息集合进行压缩。Producer 端可以通过 GZIP 或 Snappy 格式对消息集合进行压缩。Producer 端进行压缩之后，在 Consumer 端需进行解压。压缩的好处就是减少传输的数据量，减轻对网络传输的压力，在对大数据的处理上，瓶颈往往体现在网络上而不是 CPU(压缩和解压会耗掉部分 CPU 资源)。

那么如何区分消息是被压缩的还是未被压缩的呢？Kafka 在消息头部添加了一个描述压缩属性的字节，这个字节的后两位表示消息的压缩采用的编码，如果后两位为 0，则表示消息未被压缩。

2. 消息的可靠性

在消息系统中，保证消息在生产和消费过程中的可靠性是十分重要的，在实际消息传递过程中，可能会出现以下 3 种情况。

(1) 一个消息发送失败；

(2) 一个消息被发送多次；

(3) 最理想的情况是 Exactly-once，即一个消息发送成功且仅发送了一次。

有许多系统声称它们实现了 Exactly-once，其实它们忽略了生产者或消费者在生产和消费过程中有可能失败的情况。例如，虽然一个 Producer 成功发送了一条消息，但是消息在发送途中丢失，或者成功发送到 Broker 后被 Consumer 取走了，而 Consumer 在处理消息的过程中失败了。

从 Producer 端来看，当一个消息被发送后，Producer 会等待 Broker 成功接收到消息的反馈(可通过参数控制等待时间)，如果消息在途中丢失或是其中一个 Broker 挂掉，那么 Producer 会重新发送(Kafka 有备份机制，可以通过参数控制是否等待所有备份节点都收到消息)。

从 Consumer 端进行观察：前文中讲到 Partition 时，介绍了 Broker 端记录了 Partition 中的一个 Offset 值，这个值指向 Consumer 下一个即将消费的 Message(消息)。当 Consumer 收到了 Message，但却在处理过程中因故障导致 Message 丢失，此时 Consumer 可以通过 Offset 值重新找到上一个 Message 再进行处理。此外 Consumer 还有权限控制这个 Offset 值，对持久化到 Broker 端的 Message 做任意处理。

3. 备份机制

备份机制是 Kafka 0.8 版本的新特性，图 3-17 为 Kafka 备份机制示意图。备份机制的出现大大提高了 Kafka 集群的可靠性和稳定性。有了备份机制后，Kafka 允许集群中的节点挂掉后而不影响整个集群的工作。一个备份数量为 n 的集群允许 n−1 个节点失败。在所有备份节点中，有一个节点作为 Leader 节点，这个节点保存了其他备份节点列表，并维持各个备份间的状态同步。

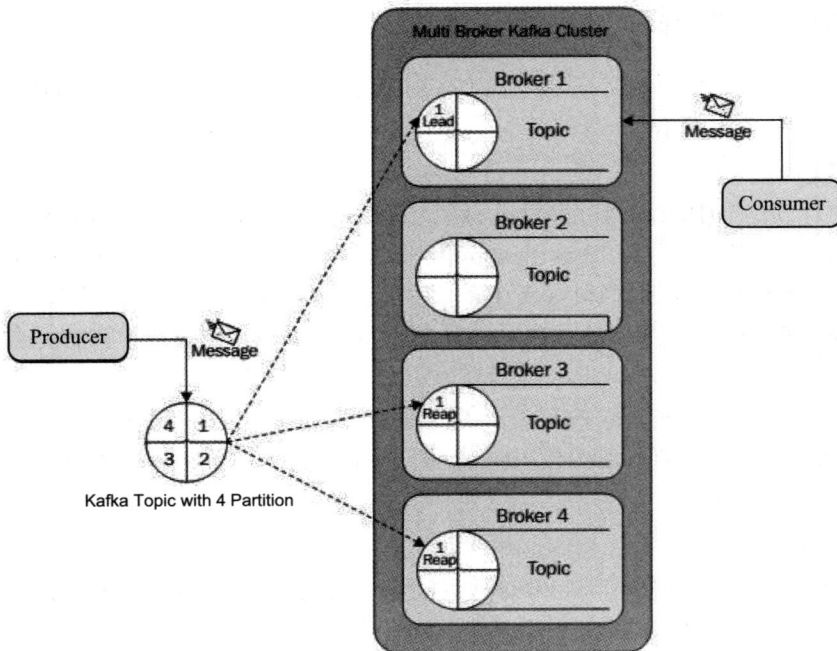

图 3-17　Kafka 备份机制示意图

4．Kafka 高效性的相关设计

1）消息的持久化

Kafka 高度依赖文件系统来存储和缓存消息，一般情况下，磁盘是缓慢的，这导致用户对持久化结构的竞争性持怀疑态度。其实，磁盘远比用户想象的要快或者慢，这决定于如何使用磁盘。

现代操作系统会把空闲的内存用作磁盘缓存，尽管在内存回收的时候会有一点性能上的代价。所有的磁盘读写操作会在这个统一的缓存上进行。

2）常数时间性能保证

消息系统中持久化数据结构的设计通常是为了维护一个和消费队列有关的 B 树或者其他能够随机存取结构的元数据信息。B 树是一个很好的结构，可以在事务型与非事务型的语义中使用，但是它需要很高的花费。

一个持久化的队列可以构建在一个文件的读和追加上，就像一般情况下的日志解决方案。和 B 树相比，尽管持久化队列不能支持丰富的语义，但是它有一个优点，即所有的操作都是常数时间，并且读写之间不会相互阻塞。这种设计的性能优势在于，最终系统性能和数据大小完全无关，服务器可以充分利用廉价的硬盘来提供高效的消息服务。

此外，磁盘空间的无限增大而不影响性能的特点意味着我们可以提供一般消息系统无法提供的特性。比如说，消息被消费后不是立即被删除，而是可以将这些消息保留一段相对比较长的时间(比如一个星期)。

3）进一步提高效率

虽然 Kafka 在机制设计方面为效率做了非常多的努力，但是仍有一种较低效的应用场景需处理，那就是处理 Web 活动数据。该应用场景的特点是数据量非常大，每一次网页浏览都会产生大量的写操作。如果想让每一条发布的消息都会被至少一个 Consumer 消费，那么系统应让消息的消费变得更廉价才能实现这一效果。除此之外，在此类系统中还有两种比较低效的场景，即太多小的 I/O 操作和过多的字节拷贝。

Kafka 的协议是围绕消息集合构建的，故而可以减少小的 I/O 操作的问题，Producer 一次网络请求可以发送一个消息集合，而不是每一次只发一条消息。在 Server 端是以消息块的形式追加消息到 log 中的，Consumer 在查询的时候也是一次查询大量的线性数据块。消息集合即 Message Set，它将一个字节数组或者文件进行打包，对消息的字段进行按需反序列化(如果没有需要，可以不用反序列化)处理。

另一个影响效率的问题就是字节拷贝。为了解决字节拷贝的问题，Kafka 设计了一种"标准字节消息"，Producer、Broker、Consumer 共享这一种消息格式。

Kakfa 的 Message log 在 Broker 端就是一些目录文件，这些日志文件是 Message Set 按照"标准字节消息"格式写入到磁盘的。维持这种通用的格式对这些操作的优化尤为重要，可实现持久化 log 块的网络传输。流行的 Unix 操作系统提供了一种非常高效的途径来实现页面缓存和 Socket 之间的数据传递。在 Linux 操作系统中，这种方式被称作 Send file system call(Java 提供了访问这个系统调用的方法：File Channel.transfer To api)。

想要理解 Send file 的影响，要先理解将数据从文件传到 Socket 的路径。

(1) 操作系统将数据从磁盘读到内核空间的页缓存中；

(2) 操作系统将数据从内核空间读到用户空间的缓存中；

(3) 操作系统将数据写回内核空间的 Socket 缓存中；

(4) 操作系统将数据从 Socket 缓存写到网卡缓存中，以便将数据经网络发出。

这种操作方式是非常低效的，过程中包含了四次拷贝、两次系统调用。如果使用 Send file，就可以避免两次拷贝，操作系统会将数据直接从页缓存发送到网络上，所以在这个优化路径中，只有最后一步将数据拷贝到网卡缓存中是需要的。一个主题上有多个消费者是一种常见的应用场景，利用 Zero-copy，数据只被拷贝到页缓存一次然后就可以在每次消费时被重新利用，而不需要将数据存在内存中，然后在每次读取的时候拷贝到内核空间中，这使得消息消费速度可以达到网络连接的速度。通过页面缓存和 Send file 的结合使用，整个 Kafka 集群几乎都以缓存的方式提供服务，即使下游的 Consumer 很多，也不会对整个集群服务造成压力。

3.3　数据采集案例实验

数据采集案例实验涉及某工业设备生产厂家的日志和数据采集系统。在该厂家的日常生产中，生产设备基于预设的动作进行自动化操作，因此生产过程中服务器会记录设备状态、执行的动作以及执行结果等信息，从而生成大量的系统日志数据。由于设备数量众多，无法通过人工分析来处理这些数据。因此，管理员需要对管理服务器和业务服务器同时进行数据采集，并根据需求将数据传输到不同的大数据组件进行分析，以用于判断当前生产是否正常以及部件次品率等相关问题。

接下来，将从两个不同的角度介绍常见的数据采集方法。首先，将探讨如何从管理服务器的日志中采集数据，然后将其保存到 HDFS 中。其次，将讨论如何通过 Kafka 采集生产数据的日志，并使用 Flume 将其保存到 HDFS 中。

3.3.1　从本地采集静态日志保存到 HDFS

【案例 3-1】　静态日志是由管理系统产生的，记录了其集群内部服务器的状态。由于管理服务器(又称管理系统)往往不会有很大的存储空间和性能，所以需要定期将管理服务器所产生的日志数据拉取到 Flume 中进行数据的获取和存储。下面将介绍该厂家使用 Flume 实现数据采集功能的方法。

实验目标是使用 FusionInsight HD Flume 从本地(IP:192.168.20.1)采集静态日志保存到 HDFS 上"/flume/static"目录下。

该实验所需要的环境为：

(1) 已成功安装集群、HDFS 及 Flume 服务。

(2) 确保集群网络环境安全。

(3) 已创建用户(如：user01)并授权验证日志时操作的 HDFS 目录和数据。

该实验操作步骤如下。

1. 下载 user01 认证凭据

在 FusionInsight Manager 管理界面，选择"系统设置"→"用户管理"下载用户 user01 的 Kerberos 证书文件并保存在本地，下载 user01 的认证凭据，解压并上传到管理服务器的 /opt/test/conf 目录下，如图 3-18～图 3-22 所示。

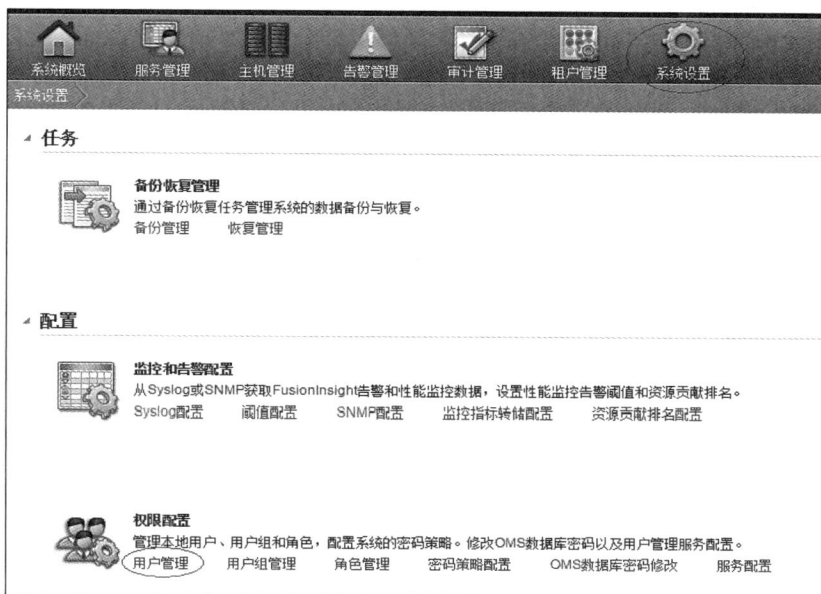

图 3-18 用户管理与权限控制 1

图 3-19 用户管理与权限控制 2

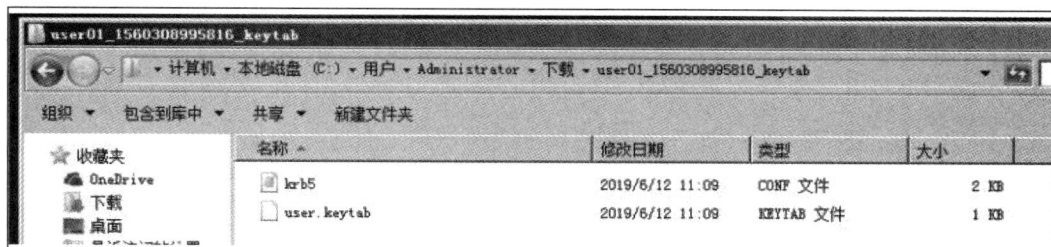

图 3-20 用户管理与权限控制 3

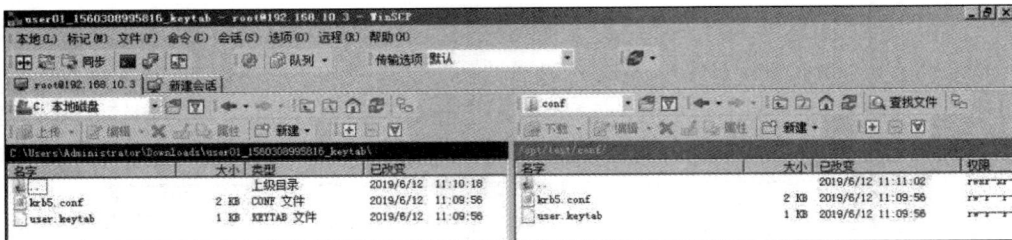

图 3-21　用户管理与权限控制 4

图 3-22　用户管理与权限控制 5

【小贴士】

由于 Flume 在获取数据的时候需要通过 Hadoop 用户，所以为了保证数据获取过程中的权限正常，需要手动将操作用户的 Kerberos 认证信息上传到需要获取数据的服务器上，此步骤主要是为了在后期获取数据的时候能够正常获取数据的读取权限，保证数据可以被正常拉取到 Flume 中。

2. 配置 Flume 角色客户端参数

首先使用 FusionInsight Manager 界面中的 Flume 配置工具来配置 Flume 角色客户端参数并生成配置文件。然后登录 FusionInsight Manager，单击"服务管理"→"Flume"→"配置工具"。在"Agent 名"选项中选择"Client"，然后选择要使用的 Source、Channel 以及 Sink，将其拖到右侧的操作界面中并进行连接，如图 3-23 所示。

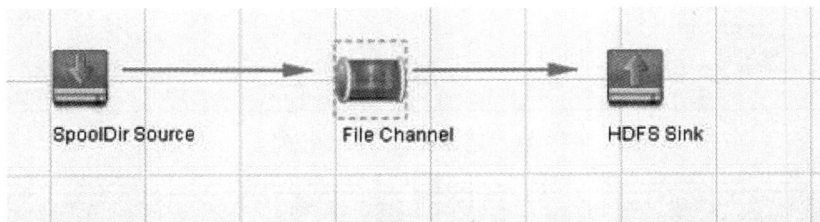

图 3-23　Flume-HDFS 配置工具示例

Spool Dir Source 监控并传输目录下新增的文件，可实现准实时数据传输。File Channel 使用本地磁盘作为缓存区。event 存放在设置的 Data Dirs 配置项文件夹中。HDFS Sink 将数据写入 Hadoop 分布式文件系统(HDFS)。

双击对应的 Source、Channel 以及 Sink，如图 3-24、图 3-25、图 3-26 所示，根据实际环境与表 3-3 设置对应的配置参数。

表 3-3 Flume 角色客户端所需修改的参数列表

参数名称	参数值填写规则	参数样例
名称	不能为空，必须唯一	test
Spool Dir	待采集的文件所在的目录路径，此参数不能为空。该路径需存在，且对 Flume 运行用户有读写执行权限	/srv/BigData/hadoop/data1/zb
Tracker Dir	Flume 采集文件信息元数据保存路径	/srv/BigData/hadoop/data1/tracker
Batch-size	Flume 一次发送数据的最大事件数	61 200
Data Dirs	默认缓冲区数据保存目录为运行目录。配置多个盘上的目录可以提升传输效率，多个目录使用逗号分隔。如果为集群内，则可以指定在如下目录 /srv/BigData/hadoop/dataX/flume/data，dataX 为 data1～dataN。如果为集群外，则需要单独规划	/srv/BigData/hadoop/data1/flume/data
Checkpoint Dir	默认 Checkpoint 信息保存目录在运行目录下。如果为集群内，则可以指定在如下目录 /srv/BigData/hadoop/dataX/flume/checkpoint，dataX 为 data1～dataN。如果为集群外，则需要单独规划	/srv/BigData/hadoop/data1/flume/checkpoint
Transaction Capacity	事务大小是指当前 Channel 支持事务处理的事件个数，建议和 Source 的 BatchSize 设置为同样大小，不能小于 BatchSize	61 200
hdfs.path	写入 HDFS 的目录，此参数不能为空	HDFS://hacluster/flume/test
hdfs.inUsePrefix	正在写入 HDFS 的文件的前缀	TMP_
hdfs.batchSize	一次写入 HDFS 的最大事件数目	61 200
hdfs.kerberos Principal	Kerberos 认证时的用户，其在安全版本下必须填写。安全集群需要配置此项，普通模式集群无须配置	Flume_HDFS
hdfs.kerberosKeytab	Kerberos 认证时，在安全版本下必须填写 Keytab 文件路径。安全集群需要配置此项，普通模式集群无须配置	/opt/test/conf/user.Keytab 说明：user.Keytab 文件从下载用户 Flume_HDFS 的 Kerberos 证书文件中获取，另外，确保用于安装和运行 Flume 客户端的用户对 user.Keytab 文件有读写权限
hdfs.useLocalTime Stamp	是否使用本地时间，取值为"True"或者"False"	True

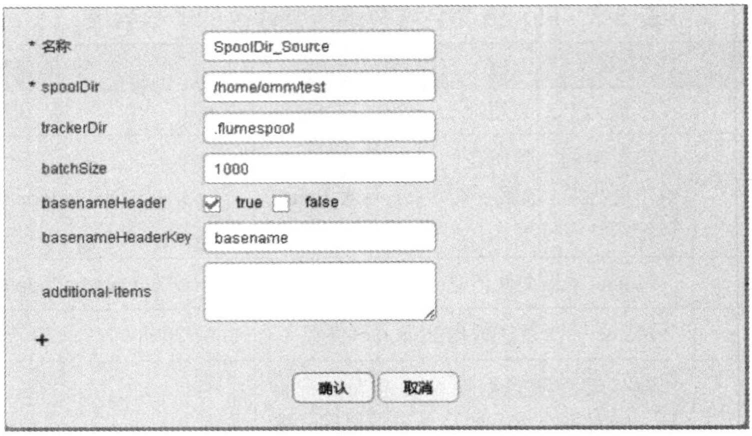

图 3-24　Flume-Source 配置

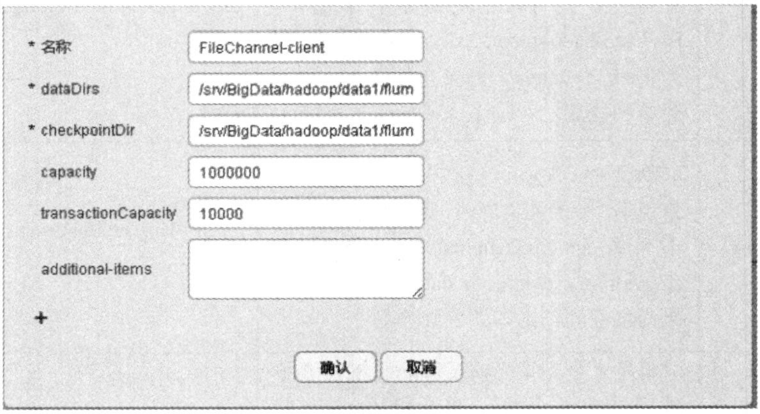

图 3-25　Flume-Channel 配置

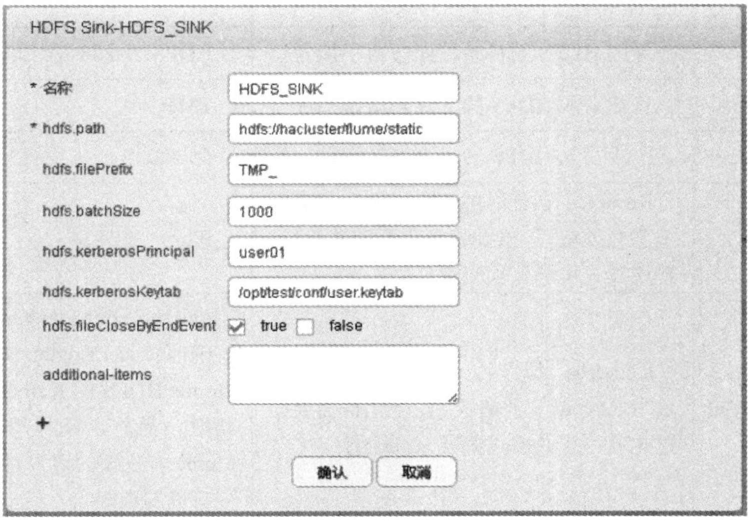

图 3-26　Flume-Sink 配置

单击"导出",将配置文件"properties.properties"保存到本地。然后使用"WinSCP"

工具将"properties.properties"文件上传到 Flume 客户端安装目录"/opt/FlumeClient/"下的
"fusioninsight-flume-1.6.0/conf/"中。需要注意的是，重设客户端配置文件后，要重启 Flume
客户端。假设 Flume 客户端安装路径为"/opt/FlumeClient"，执行以下命令可停止 Flume
客户端：

```
cd/opt/FlumeClient/fusioninsight-flume-1.6.0/bin
./flume-manage.shstop
执行以下命令可启动 Flume 客户端：
./flume-manage.shstartforce
```

【小贴士】

　　此步骤主要配置了 Flume 端与管理服务器的链接。通过图形化的模板配置生成配
置文件，并且上传到 Flume 客户端(即管理服务器)，进行配置使其生效。该配置生效后，
图形化模板配置的数据通路就已创建完成，并且可以正常运转。

3. Flume 运行与数据写入

首先，在 HDFS 中创建"/flume/static"目录，如图 3-27 所示。

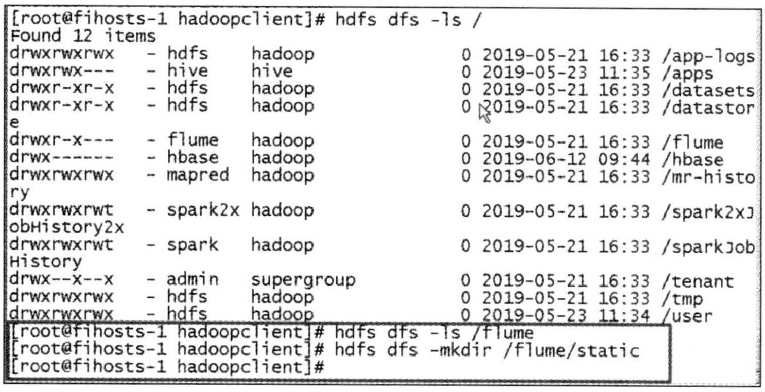

```
[root@fihosts-1 hadoopclient]# hdfs dfs -ls /
Found 12 items
drwxrwxrwx   - hdfs     hadoop          0 2019-05-21 16:33 /app-logs
drwxrwx---   - hive     hive            0 2019-05-23 11:35 /apps
drwxr-xr-x   - hdfs     hadoop          0 2019-05-21 16:33 /datasets
drwxr-xr-x   - hdfs     hadoop          0 2019-05-21 16:33 /datastor
e
drwxr-x---   - flume    hadoop          0 2019-05-21 16:33 /flume
drwx------   - hbase    hbase           0 2019-06-12 09:44 /hbase
drwxrwxrwx   - mapred   hadoop          0 2019-05-21 16:33 /mr-histo
ry
drwxrwxrwt   - spark2x  hadoop          0 2019-05-21 16:33 /spark2xJ
obHistory2x
drwxrwxrwt   - spark    hadoop          0 2019-05-21 16:33 /sparkJob
History
drwx--x--x   - admin    supergroup      0 2019-05-21 16:33 /tenant
drwxrwxrwx   - hdfs     hadoop          0 2019-05-21 16:33 /tmp
drwxrwxrwx   - hdfs     hadoop          0 2019-05-23 11:34 /user
[root@fihosts-1 hadoopclient]# hdfs dfs -ls /flume
[root@fihosts-1 hadoopclient]# hdfs dfs -mkdir /flume/static
[root@fihosts-1 hadoopclient]#
```

图 3-27　HDFS 文件夹创建配置

然后，在 SpoolDir 目录下创建文件并写入内容，验证日志是否传输成功，图 3-28 为
HDFS 读写测试配置图。

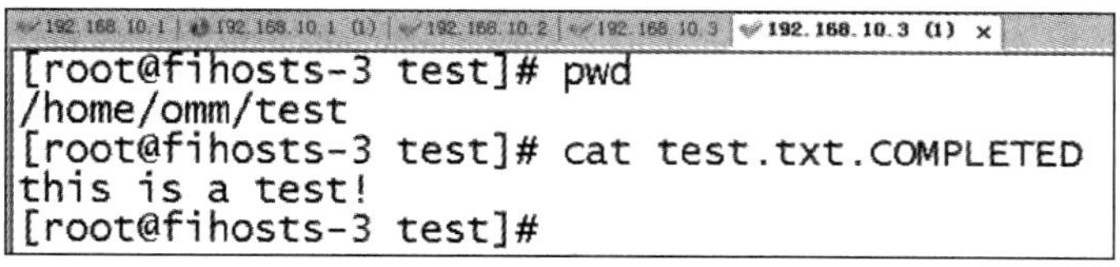

```
[root@fihosts-3 test]# pwd
/home/omm/test
[root@fihosts-3 test]# cat test.txt.COMPLETED
this is a test!
[root@fihosts-3 test]#
```

图 3-28　HDFS 读写测试配置

登录 FusionInsight Manager，在 FusionInsight Manager 界面选择"服务管理→HDFS"，
单击"NameNode(主)"对应的链接，打开 HDFS WebUI，登录使用 Flume 账户"user01"，
然后选择"Utilities→BrowseDirectory"，观察 HDFS 上的"/flume/static"目录是否产生数

据,如图 3-29 所示。

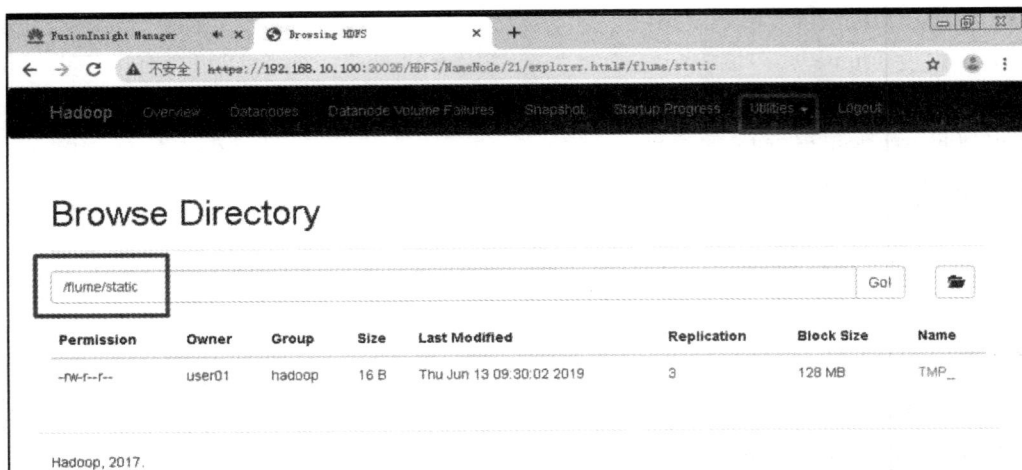

图 3-29　HDFS 文件元数据 web 检查

也可以使用集群客户端执行 shell 命令查看验证,如图 3-30 所示。

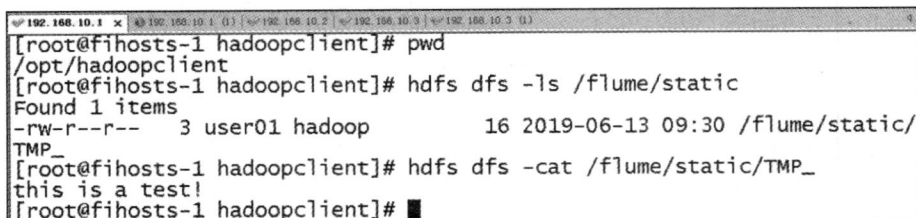

图 3-30　HDFS 文件元数据命令检查

　　在该实验中,首先创建了用于 Flume 和管理服务器的连接用户,并且将用户的授权信息存储在管理服务器上,用于后期双方连接授信数据读操作。接着配置 Web 界面的模板,所有的参数在配置完成之后被导出,并将参数拷贝到管理服务器上,使其生效。最后,在管理服务器本地模拟创建一个日志文件,可以观察日志文件自动同步到 Flume 中的过程,这代表整体数据通路已经顺畅连通并运行。

3.3.2　从本地采集静态日志保存到 Kafka

　　【案例 3-2】　随着客户的组件功能和数据逐渐增加,因早期将静态日志保存到 HDFS,致使 HDFS 出现了日志数据混乱和小文件过多等问题,这严重影响了 HDFS 的性能。若想解决客户大数据集群面临的问题,可采用数据采集组件,采集到的数据经过 Kafka 整理后,按照 Partition 为单位进行批量写入。SpoolDir 数据源通过 Flume 监控指定文件夹的方式,将数据发送到 Kafka 的主题,并通过控制台消费者来读取数据,具体方法如下。

　　1) 配置 Flume 角色客户端参数

　　使用 FusionInsight Manager 界面中的 Flume 配置工具来配置 Flume 角色客户端参数并生成配置文件。

　　登录 FusionInsight Manager,单击"服务管理"→"Flume"→"配置工具"。"Agent

名"选择"Client"，然后选择要使用的 Source、Channel 以及 Sink，将其拖到右侧的操作界面中并进行连接。如图 3-31 所示。

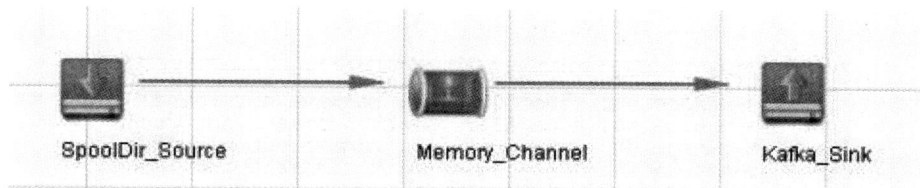

图 3-31 Flume 数据引入工作流

SpoolDir Source 监控并传输目录下新增的文件，可实现准实时数据传输。Memory Channel 使用内存作为缓存区，event 存放在内存队列中。Kafka Sink 将数据写入 Kafka 消息订阅系统。

新建并编辑 /opt/FlumeClient/fusioninsight-flume-1.6.0/conf/jaas.conf 配置文件，进行 Kafka 的用户认证。

```
KafkaClient {

com.sun.security.auth.module.Krb5LoginModule required

useKeyTab=true

KeyTab="用户认证凭证的绝对路径"

principal="用户名@HADOOP.COM"

useTicketCache=false

storeKey=true

debug=true;

};
```

单击"导出"，将配置文件"properties.properties"保存到本地。使用"WinSCP"工具将"properties.properties"文件上传到 Flume 客户端安装目录"/opt/FlumeClient/"下的"fusioninsight-flume-1.6.0/bin/"中。重设客户端配置文件后，要重启 Flume 客户端需要停止 Flume 客户端。执行以下命令，假设 Flume 客户端安装路径为"/opt/FlumeClient"：

```
cd /opt/FlumeClient/fusioninsight-flume-1.6.0/bin

./flume-manage.sh stop

启动 Flume 客户端需要执行以下命令：

./flume-manage.sh start force
```

2) 创建 Kafka 主题

进入 Kafka 目录，执行命令：

```
cd /opt/hadoopclient/Kafka/Kafka/

bin/Kafka-topics.sh --create --topic topic-1 --partitions 1 --replication-factor 1 --ZooKeeper 192.168.20.3:24002/kafka
```

3) 创建 Consumer 消费者

创建 Consumer 消费者需要执行以下命令：

```
bin/Kafka-console-consumer.sh --topic topic-1 --bootstrap-server 192.168.20.3:21007 --new-consumer --consumer.config config/consumer.properties
```

4) 测试数据

在 SecureCRT 中，克隆 fihosts-1 的会话，进入目录"/home/omm/test"，使用 vi 命令编写文件，输入任意内容后，保存退出，如图 3-32 所示。

```
[root@fihosts-1 test]# vim 2.txt
./flume-manage.sh: line 503: log: command not found
./flume-manage.sh: line 511: jstack: command not found
./flume-manage.sh: line 503: log: command not found
./flume-manage.sh: line 511: jstack: command not found
Stop Flume PID=18258 successful.
Start flume successfully,pid=22823.
~
~
~
```

图 3-32　数据测试

5) 查看结果

切换到消费者的 shell 窗口，发现数据有输出，如图 3-33 所示。

```
[root@fihosts-1 kafka]# bin/kafka-console-consumer.sh --topic topic-1 --bootstrap-server 192.168.20.
3:21007 --new-consumer --consumer.config config/consumer.properties
./flume-manage.sh: line 503: log: command not found
./flume-manage.sh: line 511: jstack: command not found
./flume-manage.sh: line 503: log: command not found
./flume-manage.sh: line 511: jstack: command not found
Stop Flume PID=18258 successful.
Start flume successfully,pid=22823.
```

图 3-33　数据输出结果

3.3.3　从 Kafka 客户端采集日志经 Flume 客户端保存到 HDFS

【案例 3-3】用户使用 Flume 将管理服务器的有限日志数据导入到 HDFS。然而，在本案例中，客户是一家实体制造企业，拥有大量存储在生产服务器中的数据，而这些数据需要长期保留。因此，客户的需求是将大量的生产服务器上的数据导入到 HDFS，以便进行分析和使用。

在本案例中，用户采用了三个 Flume 代理中的组件，分别为 Kafka Source、Memory Channel 和 HDFS Sink。生产端的日志数据首先传递到 Kafka 中进行数据的采集和存储，然后数据按时间顺序传递给 Flume，最终通过 Channel 传递并持久化地存储到 HDFS 上。以下是实际的配置流程。

1. 配置 Flume 客户端

图 3-34 为 Flume 到 HDFS 的配置示意图。图 3-35 和图 3-36 分别为 Flume-Kafka-Source 配置和 Flume-Kafka-Sink 配置界面。

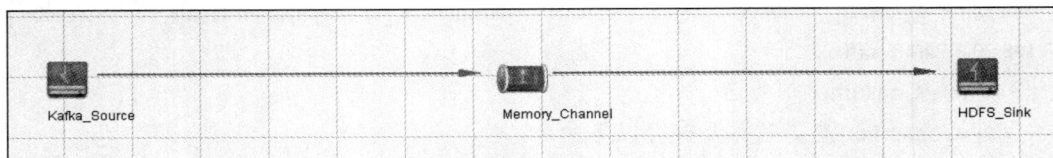

图 3-34　Flume-HDFS 配置工具示例

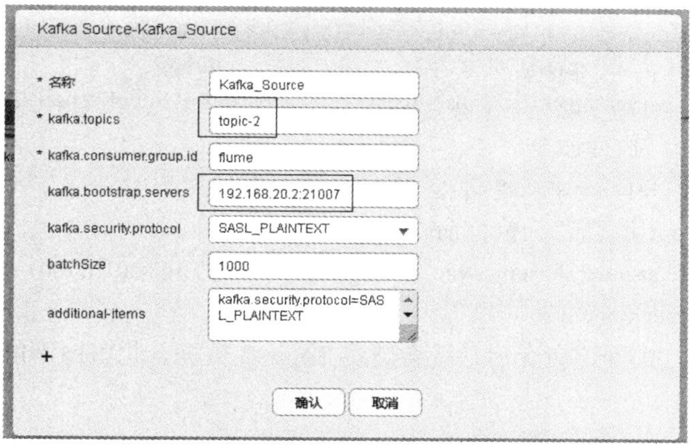

图 3-35　Flume-Kafka-Source 配置

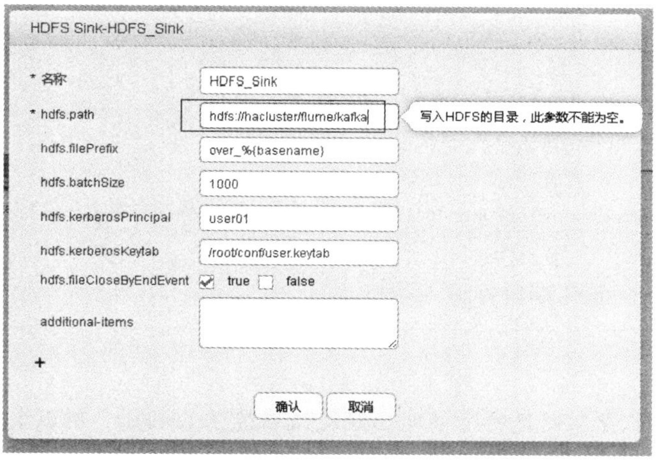

图 3-36　Flume-Kafka-Sink 配置

　　首先单击"导出"，将配置文件"properties.properties"保存到本地。然后使用"WinSCP"工具将"properties.properties"文件上传到 Flume 客户端安装目录"/opt/flumeClient/"下的"fusioninsight-flume-1.6.0/conf/"中。重设客户端配置文件后，要重启 Flume 客户端。执行以下命令可停止 Flume 客户端(假设 Flume 客户端安装路径为"/opt/FlumeClient")：

```
cd/opt/FlumeClient/fusioninsight-flume-1.6.0/bin
./flume-manage.shstop
执行以下命令可启动 Flume 客户端：
./flume-manage.shstartforce
```

【小贴士】

　　创建 Flume 客户端的相关操作同 3.3.1 的相关步骤，即需要采集哪个集群的数据，就要将 Flume 的客户端安装在哪里。通过客户端代理的形式将数据从宿主机上拉取到 Flume 中，以实现数据的采集获取。

2. Kafka 配置操作

首先创建 Kafka 主题，执行命令为：

```
bin/Kafka-topics.sh--create--topictopic-2--partitions1--replication-factor1--ZooKeeper192.168.20.2:24002/Kafka
```

然后查看 Topic，执行命令：

```
bin/Kafka-topics.sh--list--zookeeper192.168.20.3:24002/Kafka
```

再创建 Consumer 消费者，执行命令：

```
bin/Kafka-console-consumer.sh--topictopic-2--bootstrap-server192.168.20.2:21007--new-consumer--consumer.configconfig/consumer.properties
```

需要注意的是，执行该命令后，就会消费 Topic-2 数据，此窗口不能再做其他操作，也不能关闭。

然后创建 Consumer 生产者，在 Secure CRT 新打开一个 shell 连接，设置环境变量，先进入 Kafka 目录：

```
cd/opt/hadoopclient/

sourcebigdata_env

kinituser01

cd/opt/hadoopclient/Kafka/Kafka/
```

再执行命令：

```
bin/Kafka-console-producer.sh--broker-list192.168.20.3:21007--topictopic-1--producer.configconfig/producer.properties
```

命令执行后，在 shell 端自行输入数据。

【小贴士】

由于 Kafka 本身在创建的时候就已经默认创建了 Broker，所以 Kafka 的配置(即为创建对应的 Topic 用于存储已经产生的生产端服务器日志数据)还需要配置一个Consumer 进程，用于对数据的导出。作为 Kafka 的数据导出进程，Consumer Flume 的Source 数据导入进程相对应，并通过两个进程的对接完成数据跨组件的传递。

---

3. 结果验证

在生产者的 shell 端输入数据，然后切换到消费者的 shell 端，可以看到控制台的数据输出。图 3-37 和图 3-38 分别为 Kafka 数据导入和导出测试配置图。

```
[root@fihosts-1 kafka]# bin/kafka-console-producer
.sh --broker-list  192.168.20.2:21007  --topic to
pic-2 --producer.config  config/producer.properti
es
this is a kafka-flume-hdfs's test!
```

图 3-37　Kafka 数据导入测试配置

```
[root@fihosts-1 kafka]# bin/kafka-console-consumer
.sh --topic topic-2 --bootstrap-server 192.168.20.
2:21007 --new-consumer --consumer.config config/co
nsumer.properties
this is a kafka-flume-hdfs's test!
```

图 3-38　Kafka 数据导出测试配置

使用 HDFSshell 命令查看数据是否有保存到 HDFS 中,图 3-39 所示为 Flume 数据的导出结果。

```
[root@fihosts-1 hadoopclient]# hdfs dfs -ls /flume/kafka
Found 1 items
-rw-r--r--   3 user01 hadoop        35 2019-08-02 15:41 /flume/kafka/over_.tmp
[root@fihosts-1 hadoopclient]# hdfs dfs -cat /flume/kafka/over_.tmp
this is a kafka-flume-hdfs's test!
[root@fihosts-1 hadoopclient]# █
```

图 3-39　Flume 数据导出结果

【本章小结】

本章主要介绍了数据采集组件的架构和原理,主要涉及 Flume 轻量日志采集组件和 Kafka 消息订阅系统。其中 Flume 是针对小型的日志数据进行专项采集的组件。Kafka 是针对大数据场景下的海量数据进行采集的组件。了解不同的组件功能以及使用场景是本章的重点内容。

本章的重点知识如下。

(1) Flume 的概念。

(2) Flume 的 Agent 框架结构。

(3) Flume 的 Source、Sink 接口类型。

(4) Kafka 的概念。

(5) Kafka 的数据存储逻辑(Topic、Partation、Message)。

(6) Kafka 的安全性保证机制。

其中难点主要集中在以下知识点上,分别为:

(1) Flume 的 Agent 框架结构。

(2) Kafka 的数据存储逻辑(Topic、Partation、Message)。

【知识巩固】

【判断题】

1. Flume 是流式数据采集工具。　　　　　　　　　　　　　　　　　　(　　)

2. Flume 属于事件驱动型组件。　　　　　　　　　　　　　　　　　　(　　)

【选择题】(单选与多选)

1. Flume 包含(　　)功能。

A. 提供从远端下载日志到本地组件的能力

B. Flume 通过级联可以做数据合并

C. Flume 可以对数据进行复制和计算

D. Flume 可以定制化地收集数据

2. Sink Runner 负责的是(　　)。

A. Sink 创建

B. Sink 回收

C. Sink 资源分配

D. Sink 任务下发

3. Channel Selecter 的功能是( )。

A. 分类

B. 筛选

C. 下发

D. 存储

【拓展任务】

(1) 请说出 Flume 的典型应用场景。

(2) 如何使用 Flume 和 Kafka 分流数据中的日志数据和普通数据。

(3) 请说出 Flume 的 Agent 结构与功能。

(4) 请说出 Kafka 的 Topic、Partation、Message 的功能。

(5) 请说出 Kafka 的安全保证机制。

第 4 章

大数据存储组件

本章介绍大数据引擎中的存储组件，主要涉及 HDFS、HBase 和 Hive。其中，HDFS 是分布式文件系统，主要对大数据的海量数据进行文件的组织与维护；HBase 是分布式数据库，主要对非结构化数据进行存储与维护，负责查询、存储、维护以及更新等相关操作；Hive 是数据仓库技术，用于对历史性的数据进行持久化存储，并进行离线分析。三者在时间和规模上各有不同，面向的数据对象也有比较大的差异，覆盖了目前大数据中常用各类数据的存储、组织与维护工作。

⬤⚪ 【学习目标】

【知识目标】

(1) 了解元数据与数据的关系。
(2) 了解 HDFS 的概念、HA 和 HDFS 的元数据持久化。
(3) 了解 HBase 的概念和框架结构。
(4) 了解 Hive 的基本结构。

【技能目标】

(1) 掌握 HDFS 的框架结构与读写方法。
(2) 掌握 HBase 的框架与读写方法。
(3) 掌握 Hive 的基本结构与组织方式。
(4) 了解大数据存储案例实验。
(5) 了解 HDFS、HBase 和 Hive 的工作方式。

【素养目标】

(1) 培养团队的协作能力。
(2) 培养解决实际问题的能力。

【思维导图】

大数据存储组件
- HDFS 分布式文件系统
  - HDFS 简介
  - HDFS 的架构
  - HDFS 的安全机制
  - HDFS 的数据读写流程
  - HDFS 的数据存储策略
- HBase 分布式数据库
  - HBase 简介
  - HBase 的架构
  - HBase 的读写流程
  - HBase 的增强特性
- Hive 数据仓库技术
  - Hive 简介
  - Hive 的功能与优缺点
  - Hive 的架构
  - Hive 的增强特性

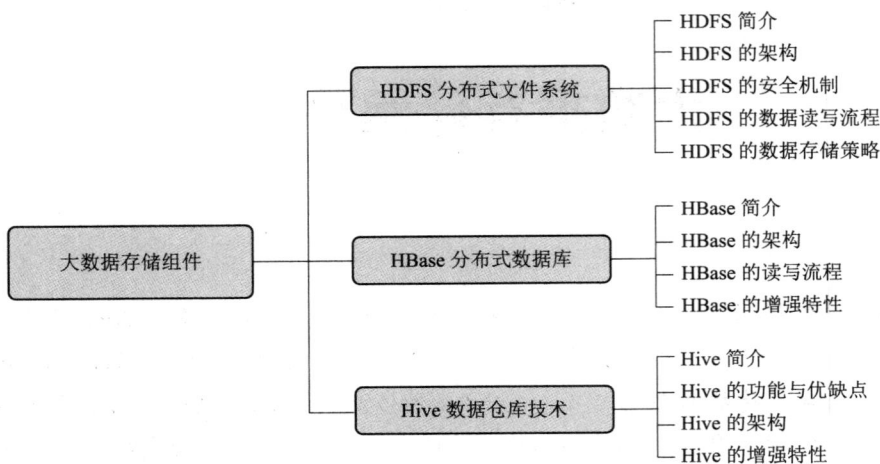

4.1 HDFS 分布式文件系统

HDFS 是 Hadoop 应用的一个最主要的分布式存储系统。HDFS 和 MapReduce 是 Hadoop 的核心组成部分。一个 HDFS 集群主要由一个 NameNode 和多个 DataNode 组成，NameNode 负责管理文件系统的元数据，而 DataNode 负责存储实际的数据。本节主要介绍 HDFS 的概念、架构、安全机制、读写流程以及存储策略。

HDFS 技术介绍

4.1.1 HDFS 简介

在介绍 HDFS 前，首先介绍分布式文件系统的相关概念。

1. 分布式文件系统

文件系统是一种存储和组织计算机数据的方法，它让访问和查找数据变得容易。在文件系统中，文件名、元数据和数据块的概念如下：

(1) 文件名。在文件系统中，文件名用于定位存储位置。

(2) 元数据(Metadata)。元数据是保存文件属性的数据，如文件名、文件长度、文件所属用户组、文件存储位置等，元数据相当于是数据的一个摘要信息。

(3) 数据块(Block)。数据块是存储文件的最小单元。存储介质被划分成了固定的区域，使用时按这些区域分配使用，以块形式存储是目前最常用的一种数据存储方式。

如果将字典的组成进行类比，文件系统就相当于字典，元数据相当于索引目录，数据相当于正文。查找数据就和查字典一样，首先需要访问文件系统，然后根据元数据找到对应的数据位置和相关的属性信息，最后根据元数据的描述找到数据。

　　分布式文件系统(Distributed File System)是一种通过网络实现文件在多台主机上进行分布式存储的文件系统。分布式文件系统把文件分布存储到多个计算机节点上，成千上万的计算机节点构成计算机集群。目前，分布式文件系统所采用的计算机集群都是普通硬件构成的，这大大降低了硬件开销。

2. HDFS 的概念

　　HDFS(Hadoop Distributed File System)是 Hadoop 的分布式文件系统，由于 HDFS 对硬件没有高要求，那么就可以采用堆积硬件的方式进行性能的拓展，直到满足大数据处理系统的需求。

　　1) HDFS 的特点

　　作为一个分布式文件系统，HDFS 除了具备其他分布式文件系统的特性，还有以下特点。

　　(1) 高容错性，HDFS 认为硬件具有不可靠性。

　　(2) 高吞吐量，该特性为大数据访问的应用提供高吞吐量支持。

　　(3) 大文件存储，支持存储 TB-PB 级别的数据。

　　2) HDFS 适合的场景

　　HDFS 适合以下场景。

　　(1) 大文件存储。

　　(2) 流式数据访问。

　　HDFS 支持的主要是大文件流数据，对于离散的小文件支持性较弱，尤其是对延迟比较敏感的应用。由于 HDFS 要支持高吞吐量，所以势必要以牺牲延迟作为代价。例如，HDFS 可用于网站用户行为数据存储、生态系统数据存储和气象数据存储等。

　　3) HDFS 不适合的场景

　　HDFS 不适合以下场景。

　　(1) 大量小文件。

　　(2) 需要随机写入的数据。

　　(3) 低延迟读取。

　　HDFS 文件系统将元数据加载在内存中进行维护，系统为每一个数据文件维护约 150 KB 的元数据，存储小文件和大文件都要消耗相同的元数据空间，所以在相同的文件数目下，存储大文件和小文件的开销是相同的，小文件过多就会影响最终数据的存储容量。对于相同的元数据空间，HDFS 所能存储的文件越大，存储空间的利用率也越高。

　　作为大数据主要使用的文件系统，HDFS 主要提供文件的读操作，所以它整个分布式进程中只有一个写进程，其他的进程全部都是读进程，并且该写进程位于所有进程的末尾。为了保护数据的一致性和读写的性能，设计者根据大数据操作系统的处理特点，提出了 WORM(write once read many)模式(即一次写入多次读取模式)作为 HDFS 整体的系统设计目标。WORM 模式最初用在存储系统中，其作用是保护关键数据(比如政府文件、法院的判决文件等)，这些文件可以读取，但是需要保护其不受篡改，所以需要使用 WORM 模式来保证，当一个文件写入到文件系统后，在更改期限内可以进行改写操作，但当文件进入保护周期后，就只能进行读取，无法进行写操作了。

4.1.2 HDFS 的架构

在大数据的组件架构中，HDFS 提供的是整个结构最底层的文件存储功能，它将数据切分为数据块进行存储，并且记载和维护元数据。

HDFS 架构包括三个部分，分别为 NameNode、DataNode 和 Client。

HDFS 架构设计

1. NameNode

NameNode 是指系统中用于生成和存储文件的元数据。在 HDFS 中，如果 NameNode 运行了两个实例，那么这两个实例之间的关系则为主备关系。当 HDFS 集群正常工作时，主 NameNode 节点负责所有工作，备 NameNode 负责监控主 NameNode 的状态。主备 NameNode 进程是由 HDFS 调入到内存中运行的。为了能够提升整体的读取效率，NameNode 将元数据的维护进程搭载在内存中运行，然而内存中的数据是易失的，所以元数据最终还是要在 DataNode 中存储。当系统启动之后，服务器会开启 HDFS 进程，将 NameNode 加载到内存中，NameNode 又将元数据镜像文件加载到自身内存中。

2. DataNode

DataNode 用于存储实际的数据，每个 DataNode 会将自己维护的数据块的有关信息上报给 NameNode 并运行多个实例。HDFS 默认最小的存储空间为 Block，每个 Block 默认的大小为 128 MB。DataNode 除需要维护数据之外，还需要留有一部分的空间用于存储元数据镜像文件 Fsimage。如果 NameNode 和 DataNode 部署在相同的物理服务器上，那么 Fsimage、NameNode 和 DataNode 的部署位置是相同的，如图 4-1 所示。如果 NameNode 和 DataNode 是分开部署的，那么就相当于 Fsimage 是存储在部署 NameNode 的服务器上的，如图 4-2 所示。

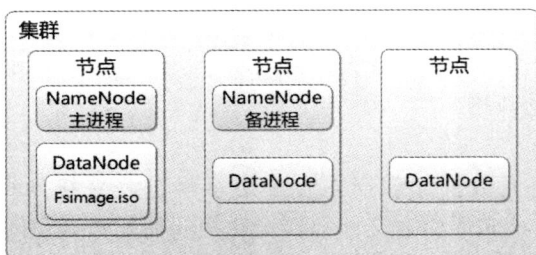

图 4-1　HDFS 节点集中分布示意图

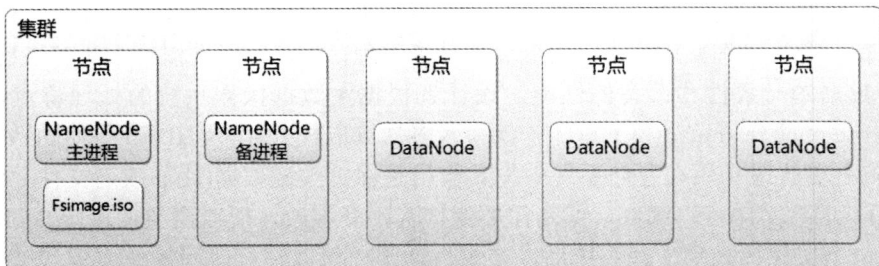

图 4-2　HDFS 节点分散分布示意图

3. Client

Client 支持业务访问 HDFS，并从 NameNode 和 DataNode 中获取数据，返回给用户，多个业务和实例一同运行。这里所说的 Client 并不是实际的用户应用，而是 HDFS 本身自带的进程，通过该进程可以访问 HDFS。如果把 HDFS 比作是一间房，那么 Client 便是进入房间的门。Client 提供的接口主要有 JDBC 和 ODBC 接口。

HDFS 数据保护机制

4.1.3　HDFS 的安全机制

为了保证业务的正常执行和数据的安全性，HDFS 需要有对应的保护机制。HDFS 为了实现高可用性，设计了以下几个机制来保证可靠性。

HDFS-HA 技术原理

1. HDFS 高可靠性(HA)

HA 提供的是进程的安全性保障，HDFS 高可用性原理示意图如图 4-3 所示。

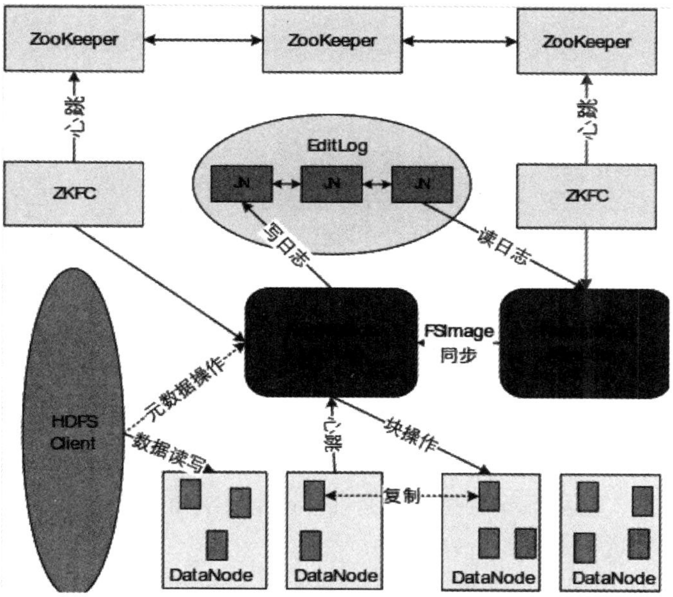

图 4-3　HDFS 高可用性原理示意图

作为分布式协调进程，ZooKeeper 提供了 NameNode 进程的保护，这里的保护是指 ZooKeeper 可用于裁决 NameNode 的主备状态，并且可存储 NameNode 的状态信息。ZooKeeper 的个数建议设置为三个或三个以上的奇数量。

为了能够保护自身的可靠性，维护元数据和业务的持续运行，NameNode 设计了两个进程来保护业务进程，一个进程用于正常提供业务，另一个进程作为备进程，但是备进程并不是冷备，而是处于热备状态，一旦进程出现故障，那么备进程可以立即收到消息，然后切换状态。由于备进程本身在进行元数据持久化的过程中存储了 Fsimage 元数据镜像文件，所以切换的延迟很小。切换状态涉及两个文件的操作，一个是 Editlog，一个是 Fsimage，

Editlog 记录的是用户对于元数据的修改操作，Fsimage 则是元数据的镜像。

ZKFC(ZooKeeper Fail Over Controller)用于控制故障时 NameNode 的主备状态。该进程的作用是保障当主 NameNode 出现故障的时候可以及时地进行切换，将业务切换到备 NameNode 中运行，保障业务的连续性。ZKFC 需要及时检测主备 NameNode 的状态，并且将心跳信息及时上报给 ZooKeeper，所以 ZKFC 进程和 NameNode 进程的数量一样多，并且需要和 NameNode 部署在一起。ZKFC 进程的主要工作有两类，分别是获取 NameNode 上报的心跳和进行故障切换。ZKFC 进程并不属于 ZooKeeper，而是属于 HDFS，ZKFC 进程和 NameNode 进程强耦合，所以两个进程需要部署在一起，NameNode 上报心跳给 ZooKeeper 时是通过 ZKFC 发送的。可以将 ZFKC 理解为一个通道或者是一个发送的接口进程。当 ZooKeeper 没有收到心跳时，就会下发对应的 Failover 操作给 ZKFC，ZKFC 则负责控制备 NameNode 接管业务。

JN(Journal Node)用于共享 NameNode 生成的 Editlog 文件。Editlog 文件是对 HDFS 的数据操作的日志文件，这些数据操作信息并未写入 FSimage 的元数据镜像文件中，所以需要用 Editlog 长期保存，以保障整体的元数据镜像在 HDFS 进程重启的时候可以正常加载。

想一想

> 为什么需要 ZooKeeper 提供安全性保证？

当 HDFS 提交创建或移动文件的请求时，NameNode 会先将这些操作记录到 Editlog 中。随后，它会更新内存中的文件系统镜像，该镜像用于向 Client 提供服务。由于 Editlog 中记录的对元数据镜像文件的操作是暂时保存在内存中的，因此，当系统出现故障时，主 NameNode 的数据可能会丢失。如果用户未及时进行持久化操作，将导致部分元数据丢失。

为了应对这种情况，系统依赖于 Editlog 中记录的操作来恢复元数据。此时，JN 进程发挥着关键作用，它负责 Editlog 的同步操作。具体来说，JN 进程有两个主要作用：一是确保元数据的持久化，防止数据丢失；二是在主 NameNode 发生故障时，通过同步 Editlog 来确保系统能够顺利进行 Fail over 动作。

Editlog 中的一个操作被称为一个事务，并使用事务 ID 进行编号，这有助于精确追踪和恢复数据。因此，JN 进程不仅保障了数据的安全性，也提高了系统的可靠性和容错能力。

2. HDFS 的数据副本机制

HA 提供的是进程的可靠性保证，而数据的可靠性保证可以通过两种方式进行实现。一种是 RAID 技术，主要通过硬件 RAID 卡进行操作保护，但是一旦 RAID 卡损坏，就会导致 RAID 组内的全部数据失效；另一种即为数据副本技术，数据副本技术就是单纯地复制多个副本数据来保证数据安全性的。数据复制技术简单易用且不会受到硬件故障的影响，但是该技术会比较浪费硬件的存储空间，为了保证副本数据的安全，所有的副本都需要存储在不同的位置下，这就对集群的设备数量有一定的要求，否则数据容易在集群集体故障时(如地震、洪灾等场景)整体损坏或丢失。

　　HDFS 假定硬件是不可靠的，所以没有使用 RAID 的保护机制，而是用自身的软件进行保护，即使用副本机制进行保护。这样的话，当某一个节点出现故障，系统就可以直接使用其他副本的数据，避免了像 RAID 那样因为出现降级重构或者预拷贝而导致的性能问题。HDFS 会默认存储三份副本数据，假设现在收到写入数据请求的服务器自身有 A 数据，实际写入副本数据的服务器有 B 数据，规则设定认为 A 数据和 B 数据在一个服务器内的时候，它们的距离为 0；当 A 数据和 B 数据在同一机架内的不同服务器的时候，它们的距离为 2；当认为 A 数据和 B 数据不在同一机架内的时候，它们的距离为 4，所以存储的距离公式为

$$Distance(R1/D1，R1/D1) = 0$$
$$Distance(R1/D1，R1/D*) = 2$$
$$Distance(R1/D1，R*/D*) = 4$$

　　其中，R 代表机架编号；D 代表服务器编号。

　　那么，副本放置的机制遵循如下条件：

　　副本 1：Distance=0

　　副本 2：Distance=2

　　副本 3：通过检测，查看两个副本是否在同一个机架上，如果是，则选择在不同机架上，否则选择在和副本相同机架的不同节点上。

　　副本 4：随机选择。

　　第一份副本会存储在和源数据同一位置的服务器上，所以距离为 0；第二份副本随机进行存储，可存储在除源数据服务器以外的任意一个位置；第三份副本通过检测，查看两个副本是否在同一个机架上，如果是，则选择在不同机架上，否则选择在和副本相同机架的不同节点上；第四份副本随机选择位置，默认是副本 3 机制，也可以设置多副本。副本的位置前三份必须要满足距离 0/2/4 的需求，从第 4 份以及之后的副本，就可以随机选取位置，当然选择的副本数量越多，越安全，但是占用的空间就越大。

想一想

　　为什么副本机制至少需要 3 个数据副本？

3. HDFS 元数据持久化

　　为了保证数据的安全性(比如在突然断电的情况下，Editlog 和 Fsimage 可能会出现数据丢失的情况)，需要元数据持久化，以便更新 NameNode 中的 Editlog(操作记录日志文件)和 Fsimage(文件系统镜像)两个文件，保证两个文件在主备节点中的同步。最终当出现故障的时候可以进行 Fail Over 操作，保证整体大数据平台的可用性。另外，将 Editlog 和 Fsimage 合并有利于在进程重启之后尽快进行元数据的加载操作。通常当时间为 1 小时或者 Editlog 文件大小达到 64M 时，启动一次元数据持久化操作。

　　HDFS 元数据持久化流程示意图如图 4-4 所示。

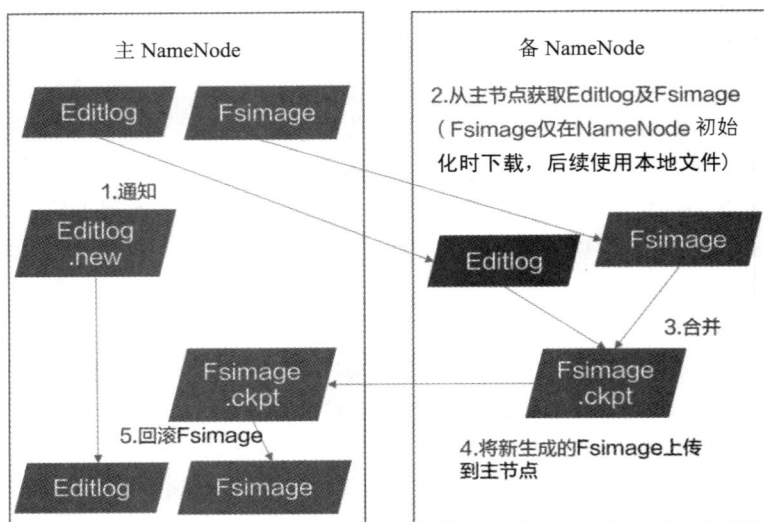

图 4-4　HDFS 元数据持久化示意图

由图 4-4 可见，元数据持久化的流程如下。

(1) 备 NameNode 通知主 NameNode 生成新的日志文件 Editlog.new，以后的日志写到 Editlog.new 中，并获取旧的 Editlog.new。

(2) 备 NameNode 从主 NameNode 上获取 Fsimage 文件以及位于主 NameNode 上面的旧 EditLog。

(3) 备 NameNode 把 Editlog 和 Fsimage 两个文件合并，生成一个名为 Fsimage.ckpt 的新的元数据，并将该文件发送给主端。

(4) 备 NameNode 将元数据上传到主 NameNode。

(5) 主 NameNode 将上传的元数据进行回滚。

(6) 默认当时间为 1 小时或者 Editlog 文件大小达到 64M 时，循环执行步骤(1)。

想一想

元数据持久化之后，原有的 Editlog 是怎么处理的？

4. 元数据持久化健壮机制

元数据持久化健壮机制是数据在失效或故障状态下的一个可靠性保证。虽然 HDFS 通过 HA 保障了 HDFS 的进程可靠性，通过元数据持久化保障了元数据的可靠性，但是当实际出现问题时，具体的处理方式和相关故障前的维护还是由元数据持久化健壮机制来负责的。元数据的持久化健壮机制主要分为以下几个部分。

1) 重建失效数据盘的副本机制

DataNode 和 NameNode 之间需要通过心跳机制来保证数据状态一致，再由 NameNode 来决定 DataNode 是否需要上报完整性。如果由于 DataNode 损坏而无法进行完整性上报，NameNode 就认为 DataNode 已经失效，并且发起重建进程来恢复丢失的数据。在这里，需要先明确的一个概念，即心跳其实并没有按照心跳信息的形式去发送。虽然 NameNode 和 DataNode 之间是通过心跳机制来保障数据状态的，它们之间发送的并不是心跳报文，而是周期性上报的数据完整性报文，但是 NameNode 一旦收到了数据完整性报文，就等同于收到了心跳报文，所以两个报文其实是整合为一个报文发送的。如果 NameNode 没有收到周期性发送的数据完整性报文，就相当于 DataNode 出现了故障。

2）集群数据均衡

集群数据均衡主要是通过机制保证各个节点中的数据量基本均衡，以及保证各节点整体的利用率基本相同，不会因为某一个节点承载了过多的任务而导致压力过大。图 4-5 为数据均衡示意图。集群数据均衡流程示意图如图 4-5 所示。

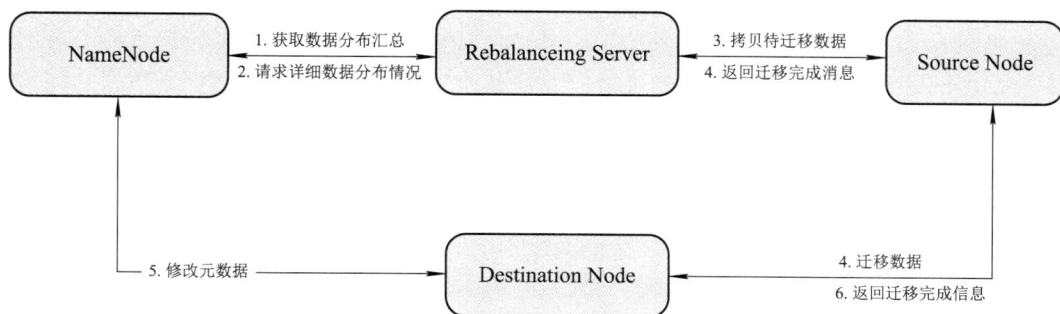

图 4-5 数据均衡流程示意图

（1）均衡服务要求 NameNode 获取 DataNode 数据分布汇总情况。

由于 NameNode 本身需要周期性地获取 DataNode 的数据完整性报文，NameNode 也可以根据自身的机制从 DataNode 上获取数据的分布情况，所以 NameNode 本身就存在着获取数据分布的能力。作为元数据维护节点，NameNode 可以进行信息的汇总收集和存储，即一方面，NameNode 从 DataNode 上获取了数据的分布情况，另一方面，NameNode 也可以根据信息来维护和更新元数据。另外 DataNode 上报信息也相当于上报了心跳信息，告知了 NameNode 自身数据的完整性。所以 Rebalancing Server 可以直接向 NameNode 获取信息，而不再需要自行获取，汇总减小了进程执行的开销。

（2）均衡服务查询到待均衡的节点后，向 NameNode 请求对应数据的分布情况。

均衡服务会根据 NameNode 上报的数据分布汇总情况决定哪一些节点需要进行数据的均衡操作；然后根据分析的情况再向 NameNode 请求详细的数据分布情况，之后 Rebalancing Server 就会根据 NameNode 反馈回来的详细的数据分布情况制定策略，指定需要做迁移操作的数据块，并开始下发迁移的请求。

（3）每迁移一个数据块，均衡服务都需要拷贝这个数据块做备份。

在迁移过程中，为了保证数据的安全性，Rebalancing Server 需要保护迁移中的数据。迁移中的数据会由 Rebalancing Server 备份，相当于除迁移操作之外，还会对迁移的数据做一次拷贝操作，数据迁移一旦完成，备份的数据块就会从 Rebalancing Server 中删除。

（4）从源节点向目的节点拷贝数据。

在均衡过程中，迁移对网络的影响会成为一个比较大的问题。由于迁移是跨设备的操作，而且设备与设备之间是通过网络连接的，在迁移的过程中，迁移数据会对业务有一些影响，且有一部分数据是无法访问的，所以为了尽量不影响业务的正常实现，在业务空窗期进行数据的迁移是最合适的。空窗期是有时间范围的，例如，在视频网站中，每天凌晨大都是空窗期。如果必须要保障在空窗期内完成数据迁移，那么就必须考虑网络带宽对迁移的影响。迁移的数据量、迁移的空窗期与迁移的网络带宽的关系可表示为

$$\frac{迁移的数据量}{迁移的空窗期} = 迁移的网络带宽$$

（5）迁移完成后，修改 NameNode 中的元数据信息，并向源端和迁移服务返回均衡完成消息，均衡服务释放拷贝的数据。

3）数据有效性保障

为了保障 DataNode 中的数据读出都是有效的，HDFS 设计了一个机制，即每一个数据在写入时都匹配对应的校验值，当数据读出的时候，系统首先要计算校验值，如果校验值不匹配，NameNode 就会认为该数据已经失效，并从其他节点上的副本读取数据。数据的校验值保障了数据的有效性，它是通过哈希值算法得到的，并跟随数据一起写入到 DataNode 中。

4）安全模块

当节点硬盘出现故障时，系统会进入安全模式，此时的 HDFS 只支持访问元数据，且 HDFS 上 DataNode 的数据是只读的，其他操作(如创建、删除文件等操作)都无法进行。待硬盘问题解决，数据恢复后，才能退出安全模式。由于在节点硬盘出现问题的时候需要通过副本机制或其他相关的机制对数据进行可靠性的保证，所以这个时候的数据就处于一个被占用的状态，数据只能执行读取操作，如果有写操作的话，就可能出现数据写入失败或数据丢失，数据不一致等情况。所以当数据和硬盘进入安全模式后，只能进行只读操作，而不能进行写操作，这主要是为了保证数据的安全性、可靠性、一致性。

4.1.4　HDFS 的数据读写流程

1. HDFS 数据写入流程

HDFS 数据写入流程示意图如图 4-6 所示。

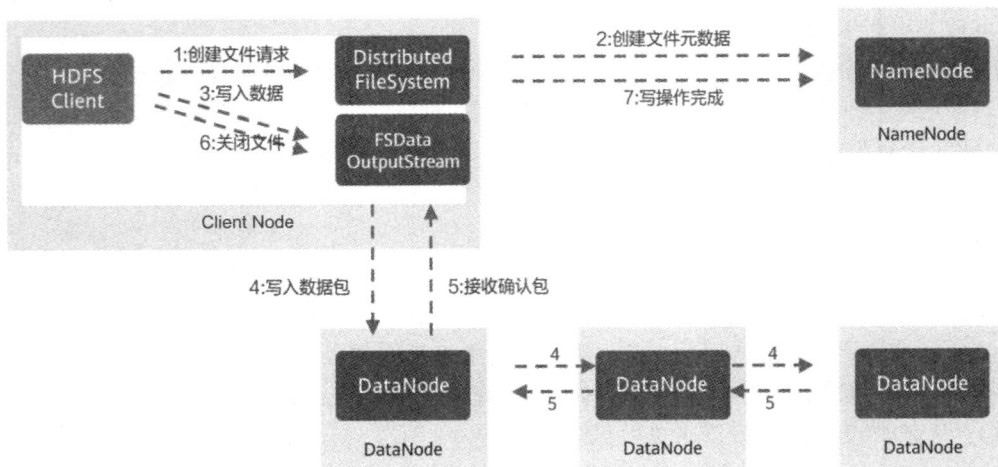

HDFS 数据组织

图 4-6　HDFS 数据写入流程示意图

(1) HDFS Client 向 Distributed FileSystem 进程发送数据写请求。

(2) 在接收到写请求后，Distributed FileSystem 进程会立即将请求转发至 NameNode，由 NameNode 负责创建相应的元数据信息并申请所需的写空间。

(3) 在 NameNode 成功创建元数据并分配写空间后，HDFS Client 随即向 FSData OutputStream 进程发起数据传输请求，以便进行数据写入操作。

(4) FSData OutputStream 进程负责将数据包写入 NameNode 所分配的 DataNode 节点中。

(5) 数据传输过程中，DataNode 在成功写入数据包后，会向发送方发送写完成确认信息，以此确认数据包已正确写入。

(6) 数据全部传输完毕后，Client 会与 FSDataOutputStream 进程进行通信，以关闭写文件操作。

(7) 文件传输完成后，Distributed FileSystem 进程会向 NameNode 节点补充相应的元数据，至此，整个写操作完成。

2. HDFS 数据读取流程

HDFS 数据读取流程如图 4-7 所示。

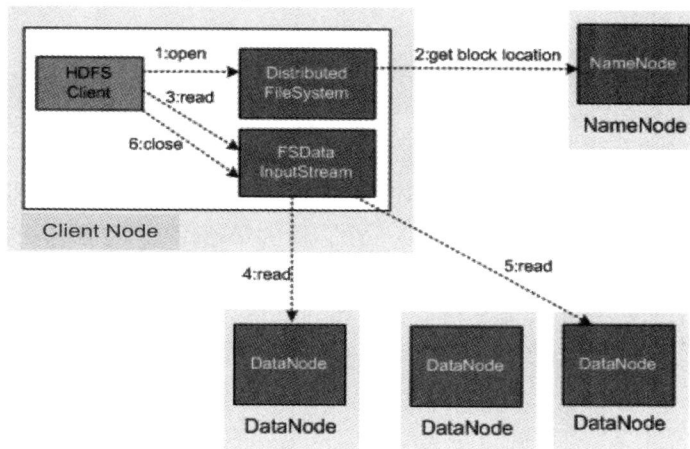

图 4-7　HDFS 数据读取流程示意图

(1) HDFS Client 通过调用 Distributed FileSystem 的启动方法，初始化对目标文件的读取操作。

(2) 随后，HDFS Client 与 NameNode 进行通信，请求获取文件的元数据(包括数据块位置和相应的 DataNode 信息)。

(3) 一旦获得所需信息，Client 便使用 read API 开始读取文件，并返回一个 FS Data Input Stream，用于数据的流式传输。

(4) HDFS Client 根据 NameNode 提供的信息，遵循就近原则选择 DataNode 进行数据读取。FSData InputStream 封装了与 DataNode 及 NameNode 的 I/O 通信细节，确保数据的顺畅传输。

(5) 在读取过程中，HDFS Client 会与多个 DataNode 交互，以获取文件的所有数据块。

(6) 完成数据读取后，HDFS Client 调用 close 方法关闭 FSData InputStream，终止数据读取过程。

根据数据的读进程可以关注到以下几个方面。

① HDFS 是通过流式数据访问进程进行的读操作，不仅体现了 HDFS 的流式访问，也体现了 HDFS 的高吞吐量的特点。

② 数据副本机制的问题，数据副本机制其实可以理解为一个数据的多个副本没有主备关系，它们互为副本，实际在进行读取操作的时候，Client 会选择读取就近 DataNode 上的数据，这样可以极大地减小数据传输对于网络的影响。另外，在进行读取操作时，不仅仅只读一个副本的数据，而是同时读取所有的存储该数据的节点，形成一个并发的读操作，所以各个副本都会进行数据的读取传输，这样就可以提升整体的数据传输效率，减少读取消耗的时间。

4.1.5　HDFS 的数据存储策略

HDFS 中的 NameNode 自动选择 DataNode 来保存数据的副本。在实际业务中，存在以下场景：

DataNode 具有不同的存储设备，数据需要选择一个合适的存储设备分级存储数据。

在 DataNode 不同目录中的数据其重要程度是不同的，数据需要根据目录标签选择一个合适的 DataNode 节点并进行保存。

HDFS 数据存储

DataNode 集群使用了异构服务器，关键数据需要保存在具有高度可靠性的节点组中。

除了以上几种场景，数据存储策略还可以广泛应用于各种业务，就像存储中使用的分级存储一样，在 HDFS 中，系统可以提供一个存储的策略用作不同业务的数据保证。例如，在一个视频网站中，新上架一部电视剧，其访问流量会很大，这时就可以将数据放在内存虚拟硬盘或者 SSD 中；待电视剧播放完毕，访问量会逐渐减小，这个时候就可以将数据放在 SAS 硬盘中。随着时间的推移，当访问量很小的时候就可以将数据放在 SATA 硬盘或者进行归档。

HDFS 的策略和以上存储的策略类似，但是 HDFS 存放数据涉及的根据访问量迁移的情况不多，其主要是在一开始就进行数据的相关存放操作，比如关键业务的数据就可以放在访问快、可靠性高的介质中，普通业务就可以提供一个正常的保护策略。存储策略分为以下几个方面。

1. 标签存储

用户通过数据特征配置 HDFS 数据块的存放策略，即为一个 HDFS 目录设置一个标签表达式，每个 DataNode 可以对应一个或多个标签。当基于标签的数据块存放策略为指定目录下的 DataNode 节点时，需根据文件的标签表达式选出将要存放 DataNode 节点范围，然后在这个 DataNode 节点范围内按照下一个指定的数据块存放策略进行存放。图 4-8 为标签存储示意图。

标签存储可以理解为系统通过给元数据打标签的操作，由 NameNode 在分配写空间时进行相关的策略控制。不管是什么写操作，在写入之前的第一步都必须要对元数据做访问。

这个时候，元数据就已经具有了标签化的特点，相当于在元数据分配写空间的时候就已经对数据的写入位置做了相关的控制，即在数据写入之前就给数据制定了对应的存储策略，这样就可以保证数据被写入对应的介质中。

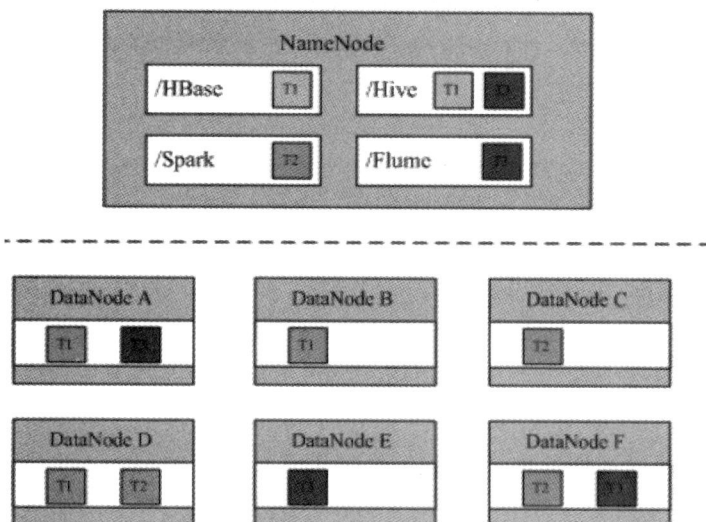

图 4-8　标签存储示意图

2. 节点组存储

关键数据根据实际业务需要保存在具有高度可靠性的节点中，此时 DataNode 组成了异构集群。通过修改 DataNode 的存储策略，系统可以将数据强制保存在指定的节点组中。图 4-9 为强制机架组存储示意图。

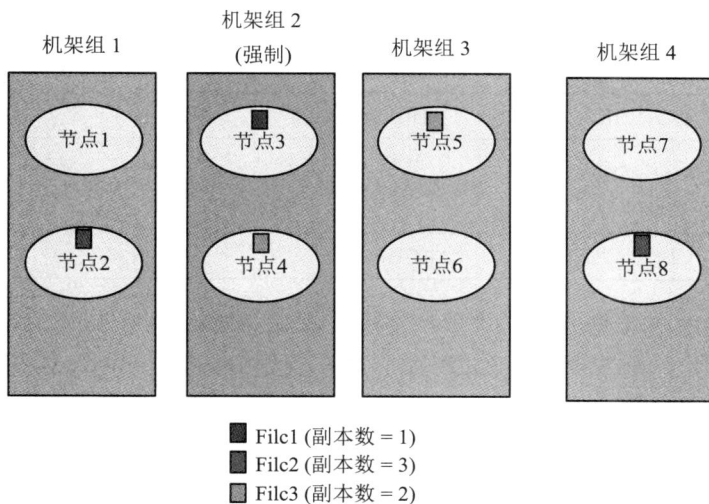

图 4-9　强制机架组存储示意图

节点组存储和标签存储最大的不同主要有以下几个方面。

(1) 节点组存储是由 DataNode 执行的，标签存储是由 NameNode 执行的。

(2) 节点组存储的作用对象是副本数据，控制的源是第一份数据。标签存储的作用对象是第一份写入的数据，其控制的源是元数据中的目录标签。

(3) 节点组存储保障的是数据的可靠性。标签存储保障的不仅是数据的可靠性还有数据的安全性和可用性，所以标签存储的控制范围要比节点组存储的范围要大。

节点组存储会使用约束，在使用约束之前，首先需要配置约束，并为数据副本指定强制机架组。

使用约束的操作为：

(1) 第一份副本将从强制机架组(机架组 2)中选出，如果在强制机架组中没有可用节点，则写入失败。所以第一份副本是做强制保护的，必须保障写入成功。

(2) 第二份副本将从本地客户端机器或机架组中的随机节点中(当客户端机器机架组不为强制机架组时)选出。

(3) 第三份副本将从其他机架组中选出。

如果所需副本的数量大于可用的机架组数量，则会将多出的副本存放在随机机架组中。

3. 分级存储

分级存储主要提供高性能和高可用性的存储条件。DataNode 使用分级存储可配置为 HDFS 的异构分级存储框架，该框架提供了 RAM_DISK(内存虚拟硬盘)、DISK(机械硬盘)、ARCHive(高密度低成本存储介质)、SSD(固态硬盘)四种存储类型的存储设备。

通过合理组合四种存储类型，即可形成适用于不同场景的存储策略，分级存储策略表如表 4-1 所示。

表 4-1 分级存储策略表

策略 ID	名称	Block 放置位置	备选存储策略	副本备选存储策略
15	LAZY_PERSIST	RAM_DISK:1Disk:n-1	Disk	Disk
12	ALL_SSD	SSD:n	Disk	Disk
10	ONE_SSD	SSD:1Disk:n-1	SSDDisk	SSDDisk
7	HOT(Default)	Disk:n	<none>	ArcHive
5	WAResource Manager	Dsik:1ARCHive:n-1	ArcHiveDisk	ArcHiveDisk
2	CLOD	ARCHive:n	<none>	<none>

例如，策略 10 的策略 ID 为 10 号，名称为 ONE_SSD，其 Block 的放置机制为第一份数据存放在 SSD 中，第二份及之后的数据存放在硬盘中，如果 Block 放置位置策略中指定的介质出现问题，且无法正常写入，那么就需要通过备选存储策略存放。根据例子中所指定的条件，如果主策略出现问题，那么这个时候第一份副本优选 SSD，如果没有 SSD，那么就存放在 Disk 机械硬盘中，副本的备选存储策略指定的是副本数据的存放位置，其含义和备选存储策略一致。

综上所述，Block 放置位置策略指定的是在正常情况下，数据的存储策略如果出现问题，备选存储策略指定的是第一份数据的存储策略，副本的备选存储策略指定的是副本的存放策略,如果备选存储策略和副本的备选存储策略出现 NONE 值,一旦主策略无法写入,那么就会直接返回写入失败。

4.2　HBase 分布式数据库

HBase 是一个分布式数据库系统。数据库系统主要管理数据库的存储、事务以及对数据库的操作。本节将介绍 HBase 的定义、架构、读写流程以及其增强特性。

4.2.1　HBase 简介

1. HBase 概念

HBase 是一个高可靠、高性能、面向列、可伸缩的分布式数据库系统,适合存储大表数据(表的规模可以达到数十亿行以及数百万列),并且对大表数据的读、写访问可以达到实时级别。HBase 利用 HDFS 作为其文件存储系统,利用 ZooKeeper 作协同服务。

HBase 定义

(1) 高可靠。HBase 将文件写入 HDFS 中,借助 HDFS 的数据安全保障措施保证了其数据的可靠性存储。

(2) 高性能。HBase 通过分布式集群保证整体性,并利用 Key-Value 的数据格式保障数据读取的高效性。此外,HBase 还支持二级索引。

(3) 面向列。传统数据库是面向行的存储,也可以称为是面向业务的数据库系统。使用这种类型的数据库建立表格,都需预先定义好列,然后再向表格里一行一行地添加数据信息。虽然这种类型的数据库在业务场景下的表现比较良好,但是其拓展性较差,不能完全适应大数据的相关处理。

HBase 采用了面向列的存储方式,底层按照列的形式来维护数据并进行实际的存储操作。面向列的存储主要用于数据分析和数据挖掘。在进行数据分析时,分析员主要关注某一个属性列对于分析结果的影响。例如,在分析年龄对于购买电子产品的影响因素时,关注点是在年龄属性和是否购买之间的关联性,而对于其他属性则不会多关注。

(4) 可伸缩。HBase 采用了面向于列的存储,用户可以进行属性列的拓展。

2. HBase 的应用场景

HBase 适合具有以下需求的应用场景。

(1) 海量数据(TB、PB)。HBase 适合海量数据的存储。其对海量数据的适应性主要取决于两个方面,第一是 HBase 通过借助 HDFS 组件可以得到 HDFS 的存储无限拓展能力;第二是 HBase 本身也具有对海量数据的支持能力,它提供了非常优秀的基于 Key-Value 形式的索引,在此基础上华为公司进行了对应特性的增强,添加了二级索引机制。

(2) 高吞吐量。高吞吐量主要体现在数据的流式导入和导出机制上。虽然 HDFS 为 HBase 提供了海量数据存储的基础,但是 HBase 本身也需要有接收和处理这些数据的能力,就好比水管,总的水管容量再大,分支水管过细,水流量也不会很高。所以 HBase 在自身的基础上也加强了对海量数据的高吞吐量的支持。

(3) 随机读取。想要在海量数据中实现高效的随机读取,实现方式为 Key-Value 和二级索引机制。

(4) 性能伸缩。好的性能伸缩能力主要体现在基于列存储的良好的拓展性上。

(5) 其他要求。HBase 的其他要求包括需要同时处理结构化和非结构化的数据。

HBase 不需要完全拥有传统关系型数据库所具备的 ACID 特性。

【小贴士】ACID 的特性

　　ACID 原则指数据库事务正常执行的四个特性,分别指原子性、一致性、独立性及持久性。

　　• 原子性(Atomicity)指一个事务要么全部执行,要么不执行。也就是说一个事务不可能只执行了一半就停止了。例如,用户从取款机取钱,这个事务可以分成刷卡、出钱两个步骤,不可能刷了卡,但钱没出来,这两步必须一次性完成,要么就不完成。

　　• 一致性(Consistency)指事务的运行并不改变数据库中数据的一致性。例如,完整性约束了 a + b = 10,一个事务改变了 a,那么 b 也应该随之改变。

　　• 独立性(Isolation)也称作隔离性,是指两个以上的事务不会出现交错执行的状态,因为这样可能会导致数据不一致。

　　• 持久性(Durability)是指事务执行成功以后,该事务对数据库所作的更改是持久的保存在数据库之中的,不会无缘无故地回滚。

4.2.2　HBase 的架构

本节先介绍结构化数据、非结构化数据、半结构化数据、按行存储类型和按列存储类型等概念,再介绍 HBase 的基本架构。

1. 数据库的相关概念

1) 结构化数据

结构化数据具有固定的结构、属性以及类型等。常见的关系型数据库中所存储的数据信息大多是结构化数据,例如职工信息表中有 ID、Name、Phone、Address 等属性信息。结构化数据通常直接存放在数据库表中,其数据记录的每一个属性对应数据表的一个字段。

2) 非结构化数据

非结构化数据(如文本文件、图像、视频、声音、网页等信息)无法用统一的结构来表示。数据记录较小时(如 KB 级别),可考虑直接存放到数据库表中(整条记录映射到某一个列中),这样有利于整条记录的快速检索。当数据较大时,可直接存放在文件系统中。数据库可用来存放相关数据的索引信息。

3) 半结构化数据

半结构化数据(如 XML、HTML 等数据)虽然具有一定的结构,但又有一定的灵活可变性。半结构化数据其实也是非结构化数据的一种,可根据数据记录的大小和特点选择合适的存储方式,这一点与非结构化数据的存储类似。

4) 按行存储类型

按行存储指数据按行存储在底层文件系统中,通常每一行会被分配固定的空间。按行存储的优点在于它有利于增加、修改、读取整行记录;其缺点是单列查询时,会读取到一些不必要的数据。

5) 按列存储类型

按列存储指数据以列为单位存储在底层文件系统中。该方式的优点在于它有利于面向单列数据的读取与统计等操作,其缺点是整行读取时,可能需要多次 I/O 操作。

2. HBase 的基本架构

HBase 的基础架构可从进程和数据划分两个方面来解释。图 4-10 为 HBase 架构示意图。在 HBase 的进程架构中,根据功能的不同可以将进程分为数据维护进程和组件管理进程两个类型。其中,组件管理进程是 HMaster 和 ZooKeeper。数据维护进程主要是 Region 和 RegionServer。下面详细说明 HBase 的进程和数据划分。

Hbase 框架概念

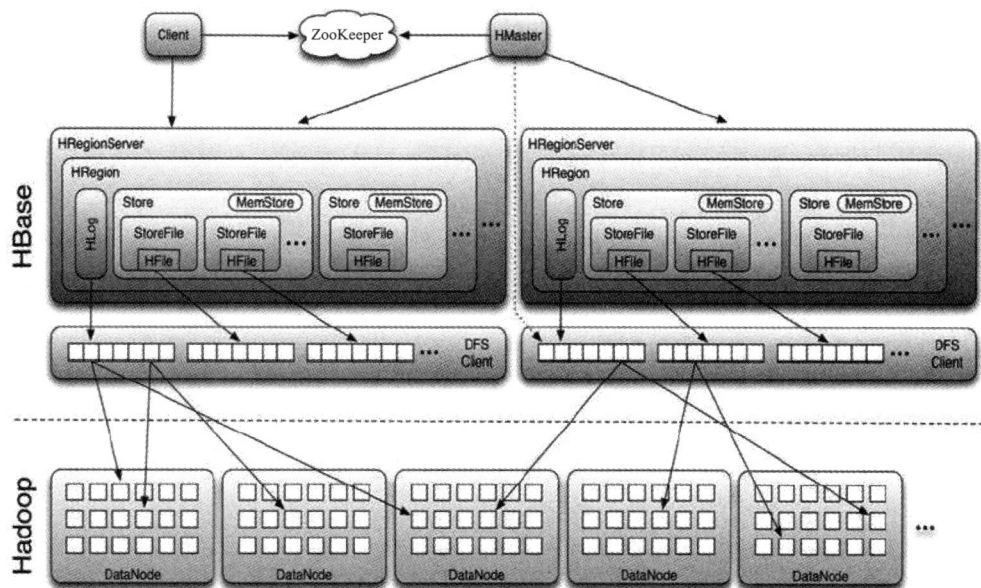

图 4-10　HBase 架构示意图

1) 数据维护进程

(1) Region。

HBase 将一个数据表按 Key 值范围横向划分为一个个子表来实现分布式存储。这些子表在 HBase 中称为"Region"。Region 是 HBase 分布式存储的最基本单元,每一个 Region 都关联一个 Key 值范围,即一个使用 StartKey 和 EndKey 描述的区间。事实上,每一个 Region 仅仅记录 StartKey 就可以了,因为它的 EndKey 就是下一个 Region 的 StartKey。

Region 进程构成如图 4-11 所示。

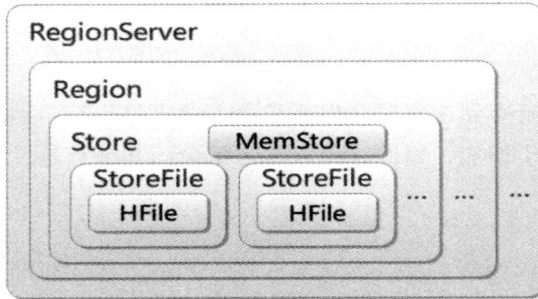

图 4-11　Region 物理进程结构图

- Store。一个 Region 由一个或多个 Store 组成,每个 Store 对应一个 ColumnFamily。
- MemStore(Memory Store)。一个 Store 包含一个 MemStore,MemStore 缓存客户端向 Region 插入的数据。当 RegionServer 中的 MemStore 大小达到配置的容量上限时,RegionServer 会将 MemStore 中的数据刷新到 HDFS 中。
- StoreFile。MemStore 的数据刷新到 HDFS 后成为 StoreFile。随着数据的插入,一个 Store 会产生多个 StoreFile,当 StoreFile 的个数达到配置的最大值时,RegionServer 会将多个 StoreFile 合并为一个大的 StoreFile。
- HFile。HFile 定义了 StoreFile 在文件系统中的存储格式,它是当前 HBase 系统中 StoreFile 的具体实现。
- HLog。当 RegionServer 出现故障时,HLog 日志保证了用户写入的数据不丢失。RegionServer 的多个 Region 共享一个相同的 HLog。

Region 分为元数据 Region(MataRegion)以及用户 Region(UserRegion),如图 4-12 所示。MetaRegion 记录了每一个 UserRegion 的路由信息。读写 Region 数据的路由包括如下几步:

- 找寻 MetaRegion 地址。
- 再由 MetaRegion 找寻 UserRegion 地址。

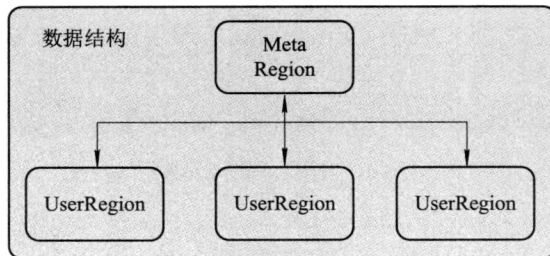

图 4-12　Region 关系示意图

想一想

Region 是一个进程概念还是一个数据概念？

(2) RegionServer。

RegionServer 是 HBase 的数据服务进程，Region 由 RegionServer 管理。RegionServer 负责 Region 的读写操作。所有用户数据的读写请求都和 RegionServer 上的 Region 进行交互。但 Region 的维护和管理操作不是由 RegionServer 来负责的，而是由 HMaster 负责。这是因为 RegionServer 没有具体的安全保护机制，属于单进程，一旦 RegionServer 出现问题就会导致整体数据的元数据丢失。RegionServer 将对 Region 的元数据管理权交给 ZooKeeper 之后，不仅保证了元数据的整体安全维护，而且在实际上 RegionServer 出现故障之后，HBase 还可以直接将元数据中的路由信息改变为其他节点，即将数据的读写执行权交给了其他节点，这样做可以实现快速的故障迁移和高可靠性的安全保证。

2) 组件管理进程

接下来介绍进程架构中组件管理进程 HMaster 和 ZooKeeper。

(1) HMaster。

HMaster 进程负责管理所有的 RegionServer，包括新 RegionServer 的注册、RegionServer Failover 处理。此外，Region 的数据操作是由 HMaster 来完成的，包括建表、修改表、删除表以及一些集群操作。

HMaster 进程有主角色和备角色。集群可以配置两个 HMaster 角色，当集群启动时，这些 HMaster 角色通过竞争成为主 HMaster 角色。主 Hmaster 角色只能有一个，备 HMaster 进程在集群运行期间处于休眠状态，不干涉任何集群事务。当主 HMaster 角色出现故障时，备 HMaster 将替代主 HMaster 对外提供服务。故障恢复后，原主 HMaster 角色降为备用。

(2) ZooKeeper。

ZooKeeper 为 HBase 集群中各进程提供分布式协作服务。ZooKeeper 主要有以下作用：

① 在 HBase 进程启动之初裁决主备 HMaster 进程，即决定由哪一个进程来提供服务，哪一个进程进入热备状态。

② 做 HBase 的 MetaRegion 进程的同步工作，也就是把元数据写入 ZooKeeper 中进行保护。Hadoop 认为硬件不可靠，所以 HBase 需要一个安全的并且存在数据多副本的机制来保护元数据。

3. HBase 的数据划分

在 HBase 的数据划分中，关注的重点为 Region、列族(ColumnFamily)、列(Column)、行(Row)、键值(Key-Value)五个对象。由于 Region 已经在数据维护进程中进行了详细介绍，所以本小节主要介绍列族(ColumnFamily)、列(Column)和键值(Key-Value)的相关概念。

1) ColumnFamily

图 4-13 是 HBase 存储进程关系图，其中 ColumnFamily(列族)是 Region 的一个物理存储单元。一个表在水平方向上由一个或多个 ColumnFamily 组成。同一个 Region 下面的多

个 ColumnFamily 位于不同的路径下面。ColumnFamily 信息是表级别的配置，也就是说，同一个表的多个 Region 都拥有相同的 ColumnFamily 信息。

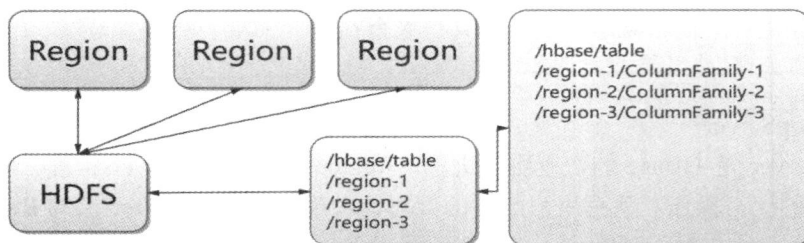

图 4-13　HBase 存储进程关系

2) Column

Column 是 ColumnFamily 下的一个标签，一个 ColumnFamily 可以由任意多个 Column 组成。Column 可以在写入数据时任意添加，因此 ColumnFamily 支持动态扩展，无须预先定义 Column 的数量和类型。HBase 中表的列非常稀疏，不同行的列数和列的类型都可以不同。在大数据的环境下，需要随时对列进行相关的操作，比如拓展和缩减列。

3) Key-Value

Key-Value 具有特定的结构，如图 4-14 所示。Key 部分用来快速检索数据记录，Value 部分用来存储实际的用户数据信息。作为承载用户数据的基本单元，Key-Value 需要保存一些对自身的描述信息(如时间戳、类型等)。

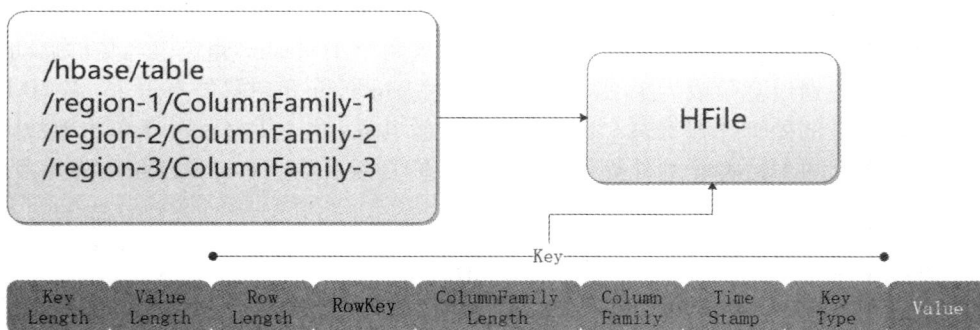

图 4-14　Key-Value 组成结构

区别于传统的数据库和文件系统，HBase 中的 Key-Value 是一起存储的，是通过字段的形式一起以数据的类型存储到实际的存储空间中的。Key-Value 分为三个部分，第一部分记录的是 Key 值的长度(Row Length)和 Value 值的长度(Value Length)；第二部分是 Key 值的具体字段(包含行键值长度、行键值、列族长度、列族值、时间戳、Key 类型等)；最后是实际的 Value 数据。Key 值里面的 RowKey(行键值)、ColumnKey(列族值)以及 Time Stamp(时间戳)就是数据查询的三个重要字段，又称为三维有序存储。

(1) RowKey。RowKey 是行的主键,因为 HBase 只能用一个 RowKey,或者一个 RowKey 范围(即 scan)来查找数据。所以，RowKey 的设计是至关重要的，关系到应用层的查询效率。RowKey 是以字典顺序排序的。例如，两个 RowKey 分别为 RowKey1:aaa222 和 RowKey2:bbb111，那么 RowKey1 是排在 RowKey2 前面的。

(2) ColumnKey。数据按 RowKey 字典顺序后，如果 RowKey 相同，则根据 ColumnKey 来排序的，也是按字典顺序。例如，收件箱有时候需要按主题排序，就可以把主题设置为 ColumnKey，即设计为"ColumnFamily+主题"这样的设置。

(3) Time Stamp。Time Stamp 指时间戳，它是按降序排序的，即最新的数据排在最前面。

HBase 的数据全部存储在 HDFS 中，HDFS 为 HBase 提供高可靠的文件存储服务。HBase 对数据的保护其实都是由 HDFS 的多数据副本机制来实现的。实际上在 HBase 中，很多关于保护的相关操作都是由外部组件来实现的，HBase 实现了一个良好的组件间的协同交互，这样也可以保证相同的功能不会在组件之间产生冗余。

4.2.3　HBase 的读写流程

本节介绍 HBase 的读写流程。首先介绍 HBase 的写流程以及 Compaction(压缩)操作和 Split(分裂)操作，然后介绍 HBase 读流程的具体步骤。

HBase 读写流程

1. HBase 写流程

HBase 写流程的具体步骤如下。

(1) 查找元数据，并通过元数据寻找相关数据的具体存储节点和存储位置。Client 接受客户的请求后，将写请求转发给 ZooKeeper，再通过 Meta 表寻找所要写入的 Region 所在的 RegionServer。写操作分为新写和读改写。如果是新写，那么需要向 ZooKeeper 申请写空间，创建一个元数据；如果是读改写，那么进行查询和改写操作，不需要申请写空间。

(2) 查询到所需的元数据后，随即向 RegionServer 发起请求。RegionServer 会检索对应位置的权限信息，这涵盖了读锁权限和写锁权限的验证。一旦权限确认无误，RegionServer 将进一步获取针对写操作所需的行锁，确保数据的一致性。随后，数据将被写入内存中进行缓存，以加速后续访问。最后，完成写操作后，行锁将被释放，允许其他并发操作继续进行。

(3) 写操作日志，也就是将数据写到 WAL(Write-Ahead-Log)中。

(4) 释放 Region 锁，即对应的读写锁。

先写内存的原因是 HBase 提供了一个 MVCC(多版本并发控制)机制来保障写数据阶段的数据可见性。如果写 WAL 失败的话，MemStore 中的数据会被回滚。写内存可以避免多 Region 情形下过多地分散 I/O 操作。数据在写入到 MemStore 之后，也会依照流程顺序写入到 HLog 中，以保证数据的安全。

当系统满足某些特定要求时，需要将数据从内存中写入到底层系统中，这种情况就被称为 Flush，即刷新写操作。刷新写操作会触发数据从内存中写入到对应的 HFile 中。

以下三种场景会触发一个 Region 的 Flush 刷新写操作。

(1) 当该 Region 的 MemStore 的总大小达到预设的 FlushSize 阈值时，会触发一个 Flush 刷新写操作。这种场景下的 Flush 刷新写操作通常会瞬间堵塞用户的写操作。如果超出预设 FlushSize 阈值过多的话，还可能会引起一小段时间的堵塞。

(2) 当 RegionServer 的总内存大小超出了预设的阈值大小，会触发一个 Flush 刷新写操作。这种场景下，在总内存没有降低到预设的阈值以下之前，可能会造成较长时间堵塞。

(3) 当 WAL 中文件数量达到阈值时，同样也会触发 Flush 刷新写操作。

2. Compaction 压缩操作

HBase 的数据往往是小文件，一般存储在 HDFS 上。在之前的章节中介绍过，HDFS 本身是不支持小文件的写入的，所以在进行 Flush 刷新写操作之前，系统还需要做 Compaction 压缩操作。Compaction 的主要目的是减少同一个 Region 中同一个 ColumnFamily 下的小文件数目，从而提升读取的性能。

Compaction 分为 Minor、Major 两类。

(1) Minor 指小范围的 Compaction。Minor 有最小和最大文件数目限制。通常会选择一些连续时间范围的小文件进行合并。Minor Compaction 选取文件时遵循一定的算法。

(2) Major 指涉及 Region ColumnFamily 下面的所有的 HFile 文件。

Major Compaction 过程中系统会清理被删除的数据。从图 4-15 可以看出 Minor Compaction 与 Major Compaction 的区别。

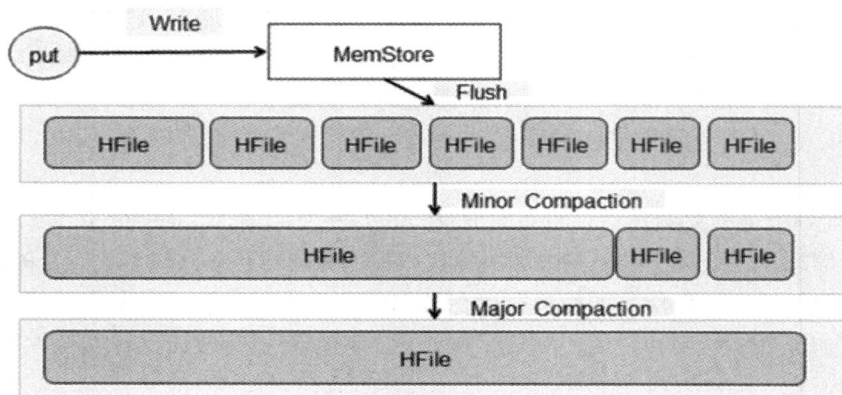

图 4-15　数据压缩示意图

3. Split 分裂操作

随着时间的增加，Region 中维护的数据规模会逐渐增大，最终造成读取延迟增大、性能下降的结果。在这种情况下，系统会对 Region 做 Split 分裂操作，以减小 Region 所维护的数据规模。普通的 Region Split 操作是指在集群运行期间，如果某一个 Region 的数据大小超出了预设的阈值，则将该 Region 自动分裂成为两个子 Region。

在分裂过程中，被分裂的 Region 会暂停读写服务。由于分裂过程中，父 Region 的数据文件不会真正地分裂并重写到两个子 Region 中，而是仅仅通过在新 Region 中创建引用文件的方式来实现快速的分裂。因此，Region 暂停服务的时间比较短，同时客户端侧所缓存的父 Region 的路由信息需要被更新。

4. HBase 读流程

在一般情况下，如果用户已知数据的具体位置，可使用精确查找来查找读取数据。精确查找流程如下。

(1) 用户通过客户端发起请求。

(2) Client 收到用户请求之后通过 ZooKeeper 寻找 Meta 表所在的 RegionServer。Meta 表中记载着各个 UserRegion 信息(包括 RowKey 范围、所在 RegionServer 等),通过 RowKey 查找 Meta 表,获取所要读取的 Region 所在的 RegionServer。

(3) Client 将请求发送到该 RegionServer。

(4) 由该 RegionServer 处理数据读取请求,并在读取到数据后返回客户端。

精确查找数据的流程比较简单,但在用户对数据的了解方面有极高的要求。

一般情况下,用户会给出一个筛选条件进行筛查查询。这时候就需要使用到 Scanner 查询器。Scanner 可以理解为一个栈,即一个 Store 里面有 MemStore 和 HFile。当用户执行查询的时候,就会打开 MemStore 的栈和各个 HFile 的栈,先从各个栈中取出一条数据进行排序,完成排序后再返回排序后的第一个数据,然后该栈继续取出一条数据,继续排序。

在寻找到 RowKey 所对应的 RegionServer 和 Region 之后,需要打开一个查找器 Scanner,由查找器来查找数据。Region 包含内存数据 MemStore 和文件数据 HFile,用户可使用 Open Scanner 读取这两部分数据后,再打开对应不同的 Scanner 做查询操作。在 Open Scanner 的过程中,系统会为 MemStore 以及各个 HFile 创建对应的 Scanner。MemStore 对应的 Scanner 为 MemStore Scanner。HFile 对应的 Scanner 为 Store File Scanner。

除了常用的 Open Scanner,HBase 在进行海量数据筛查的时候还会用到 BloomFilter。BloomFilter 用于优化一些随机读取的场景,即 Get 场景。它可以快速判断一条用户数据在一个大的数据集合(该数据集合的大部分数据都没法被加载到内存中)中是否存在。BloomFilter 在判断一个数据是否存在时,会有一定的误判率,但对于"用户数据×××不存在"的判断结果是可信的。HBase 的 BloomFilter 的相关数据被保存在 HFile 中。

数据在进行写入的时候,HBase 需要针对写入的数据进行反复的哈希计算,并且将对应的映射位改为 1,但该位就是一个置位,没有什么实际意义。一旦有数据需要读取,用户可以针对需要读取的请求进行数据哈希,之后和置位标志进行对比,结果为 1 表示存在,结果不为 1 则表示不存在。

4.2.4　HBase 的增强特性

本节介绍 HBase 的增强特性,包括二级索引、HFS 以及 MOB 文件。

HBase 增强特性

1. 二级索引

二级索引为 HBase 提供了按照某些列的值进行索引的能力。二级索引是把要查找的列与 RowKey 关联成一个索引表。此时列成为新的 RowKey,原 RowKey 成为 Value,其实就是查询了 2 次。在实际应用中,很多场景是查询某一个列值为"×××"的数据。例如,查找手机号"68×××"的记录,没有二级索引时,必须按照 RowKey 做全表扫描,逐行匹配"Mobile"字段,时延很大。有二级索引时,会先查索引表,再定位到数据表中的位置,不用全表扫描,时延小。

2. HFS

在 Hadoop 生态系统中,无论是 HDFS,还是 HBase,在面对海量文件存储的时候都会

存在一些很难解决的问题。如果把海量的小文件直接保存在 HDFS 中，会给 NameNode 带来极大的压力。由于 HBase 接口以及内部机制的原因，一些较大的文件也不适合直接保存到 HBase 中。

HFS 的出现解决了在 HDFS 中既需要存储海量的小文件，又需要存储一些大文件的混合场景。简单来说，就是在 HBase 表中，HFS 解决了既需要存放大量的小文件(10 MB 以下)，又需要存放一些比较大的文件(10 MB 以上)的问题。

3. MOB 文件

在实际应用中，用户需要存储各类数据，比如图像数据、文档等。小于 10 MB 的数据一般都可以存储在 HBase 上。当存储的数据小于 100 KB 时，HBase 的读写性能是最优的。如果存放在 HBase 的数据大于 100 KB 甚至达到 10 MB 时，插入同样个数的数据文件，其数据量过大会导致频繁地压缩和分裂，从而占用很多 CPU，且磁盘 I/O 频率增高，导致性能严重下降。

范围在 100 KB 到 10 MB 之间大小的数据称为 MOB 数据。HBase 把 MOB 文件直接以 HFile 的格式存储在文件系统上(例如 HDFS 文件系统)，然后把这个文件的地址信息及大小信息作为 Value 存储在普通 HBase 的 Store 上，通过工具集中管理这些文件。这样就可以大大降低 HBase 的压缩和分裂频率，提升性能。

图 4-16 为 MOB 模块组成示意图，图中 MOB 模块表示存储在 HRegion 上的 MOBStore，MOBStore 存储的是 Key-Value，Key 即为 HBase 中对应的 Key，Value 对应的就是存储在文件系统上的引用地址以及数据偏移量。读取数据时，MOBStore 会用自己的 Scanner，先读取 MOBStore 中的 Key-Value 数据对象，然后通过 Value 中的地址及数据大小信息，从文件系统中读取真正的数据。

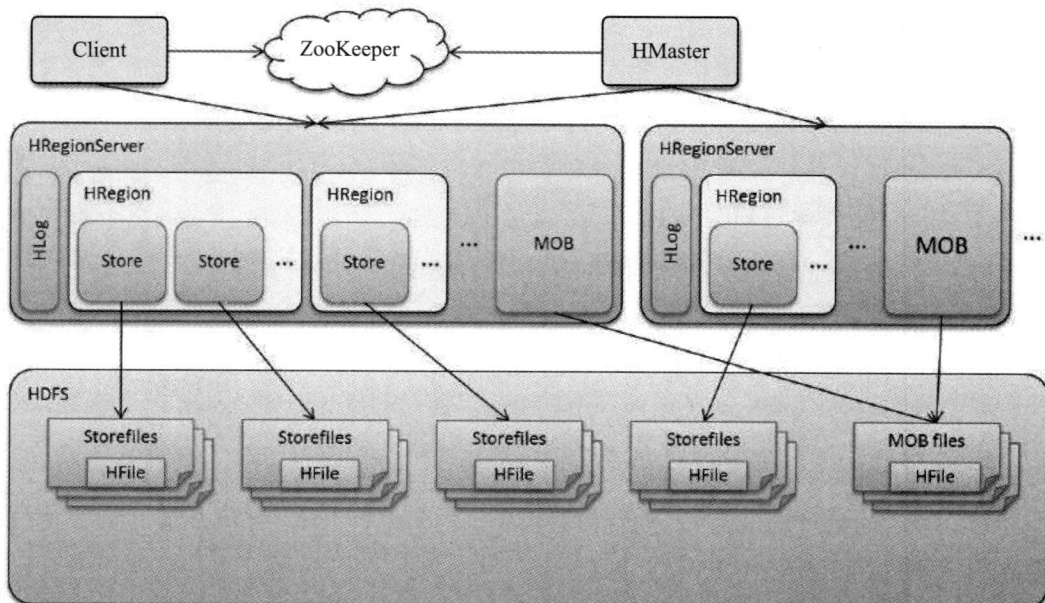

图 4-16　MOB 模块组成示意图

4.3　Hive 数据仓库技术

本节将从 Hive 数据仓库技术的概念、功能、优缺点、架构和增强特性等方面来进行介绍。

4.3.1　Hive 简介

1．Hive 概念

Hive 是基于 Hadoop 的数据仓库软件框架，可以用于数据的提取、转化和加载，是可以存储、查询和分析存储在 Hadoop 中的大规模数据的技术。Hive 可以查询和管理 PB 级别的分布式数据，允许将各种应用系统集成在一起，为统一的历史数据分析提供坚实的平台，并对信息处理提供支持。

Hive 概念

2．Hive 的特点

Hive 是一个面向主题、集成、时变、非易失的数据集合，它支持管理者的决策过程。

(1) 面向主题。数据仓库围绕一些重要主题，如顾客、供应商、产品和销售组织等。数据仓库主要关注决策者的数据模型与分析，而不是单位的日常操作和事务处理。因此，Hive 通常排除对决策无用的数据，提供特定主题的简明视图。

(2) 集成。构造 Hive 通常是将多个异构数据源(如关系型数据库、一般文件和联机事务处理记录)集成在一起，并使用数据清理和数据集成技术以确保命名约定、编码结构、属性度量等的一致性。

(3) 时变。Hive 数据仓库的数据是随时间变化的。这意味着数据仓库中的数据是动态更新的。

(4) 非易失。Hive 总是物理地分离存放数据，这些数据为操作环境下的应用数据。由于这种分离，Hive 不需要事务处理、恢复和并发控制机制。通常，它只需要两种数据访问操作，即数据的初始化装入和数据访问。

相比于传统数据库，Hive 可以提供对于异构多源数据库的支持，它更关注的是哪些数据是挖掘需要的，这些数据都是显隐或带有时间属性的。

Hive 支持使用 SQL 读、写和管理大规模数据集合。Hive 入门简单，功能强大。通常情况下，Hive 只支持数据查询和加载，但后面更新的版本也支持了插入、更新和删除以及流式 API。Hive 具有目前 Hadoop 上最丰富的 SQL 语法，也拥有最稳定的执行，是目前 Hadoop 上较为标准的 ETL 和数据仓库工具。

Hadoop 是一个分布式系统，包含 HDFS 和 Yarn。HDFS 用于执行存储，Yarn 用于资源调度和计算。MapReduce 和 Spark 等都是运行在 Yarn 上的一种计算作业。Hive 通常意义上来说，是把一个 SQL 转化成一个分布式作业，如 MapReduce、Spark 或者 Tez。无论 Hive 的底层执行框架是 MapReduce、Spark 还是 Tez，其原理基本都类似。而目前，由于 MapReduce 稳定，容错性好，大量数据情况下使用磁盘，能处理的数据量大，所以目前 Hive 的主流执行框架是 MapReduce，但性能相比 Spark 和 Tez 较低。图 4-17 为 Hadoop 框架示意图。

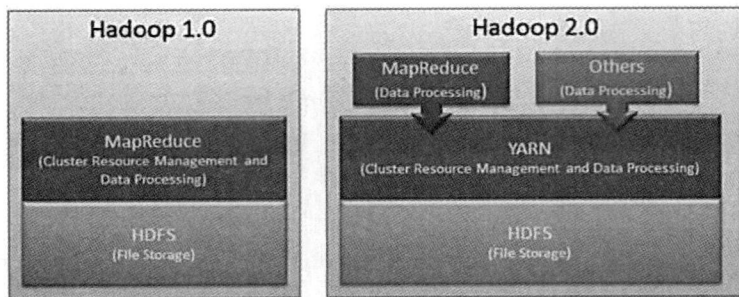

图 4-17　Hadoop 版本框架示意图

4.3.2　Hive 的功能与优缺点

在 Hive 的架构中，ETL(Extract, Transform, Load)和元数据服务是其核心功能。ETL 是抽取、转换、加载三个名词英文首字母的简称，该技术负责从外部源抽取数据，对其进行必要的转换，并将处理后的数据加载到 Hive 内部存储中。元数据服务则在文件被集成到数据仓库之后，为这些文件创建和管理元数据，确保 Hive 能够支持对各类数据的访问。

1. Hive 的功能

Hive 具有以下功能。

1) 灵活方便的 ETL(Extract/Transform/Load)

数据仓库中的数据是直接供给数据分析使用的，所以数据仓库需要将数据收集到本地，并且对数据进行预处理，排除掉数据中一些与分析无关的数据以及一些对分析准确度产生影响的数据。那么为了实现数据的集成，就需要从各个位置收集并且存储数据，并且对原始数据进行预处理。

要实现数据的加载和转换需要足够多类型的相关接口。由于数据仓库中的数据并非是自己产生的，而是数据分析师从各种类型的数据库中将数据下载到本地，所以就需要针对不同类型的数据库提供连接支持，接口作为一个重要部分被加入到了数据仓库中。

数据仓库有了接口和多数据类型的支持之后，下一个需要解决的问题就是如何保证数据成功导入。让大量数据尽快导入数据仓库目前有两种解决方式，第一个是利用数据仓库本身，此时数据仓库需要能够承载海量数据的导入压力；另外一个就是利用外部程序实现，比如 GDS 等。

2) 多种文件格式的元数据服务

数据仓库集成了文件之后，另外一个问题就是如何对这些文件进行读取。在大数据场景下，数据类型非常多，有结构化、非结构化、半结构化等。当这些文件被数据仓库集成后，若想正常读取，是需要数据仓库支持相关的元数据的。使用元数据服务后，Hive 可以允许用户基于结构化的库表信息构建计算框架，而不是直接与底层的文件数据打交道。同时 Hive 的元数据可以被暴露出去，用户可以通过 Thrift 服务获取这些信息，而无需直接访问存储元数据的数据库。

3) 直接访问 HDFS 文件以及 HBase

进行数据集成时，由于 Hive 搭载在 Hadoop 上，其各个组件之间是可以直接交流的，所以 Hive 支持直接读取 HDFS 和 HBase 中的文件，以降低整体数据集成延迟。

4) 支持 MapReduce、Tez、Spark 等多种计算引擎

数据仓库的出现并不是为了数据的存储，而是为了更好地进行分析计算。不同类型的数据有不同类型的计算引擎，所以 Hive 对计算引擎的支持度应该足够大才能满足业务的需求。

2. Hive 的优点

Hive 具有以下优点。

(1) Hive 具有高可靠性和高容错性，采用集群模式保障可靠性。元数据节点同时也采用主备保障，并且在连接超时之后提供重试机制。

(2) 易于维护。

(3) 通过自定义的存储格式和函数可以提供高拓展性。

(4) 对外提供多接口，可以使用户调用多种模式。

3. Hive 的缺点

虽然 Hive 的功能强大，但也存在以下缺点。

(1) Hive 默认使用 MapReduce 作为计算引擎，作为离线计算工具，MapReduce 的延迟较高。

(2) 虽然 Hive 提供了视图的概念，但是不支持在视图上进行操作，也不支持列级别的增删改操作。

(3) 当前版本还不能支持存储过程，只能通过 UDF 来实现一些逻辑的处理。

4.3.3　Hive 的架构

本节介绍 Hive 的组成架构及 Hive 的数据结构模型。

1. Hive 的组成架构

Hive 的组成架构包括 HiveServer、MetaStore、WebHcat 三个角色，如图 4-18 所示。

Hive 的架构

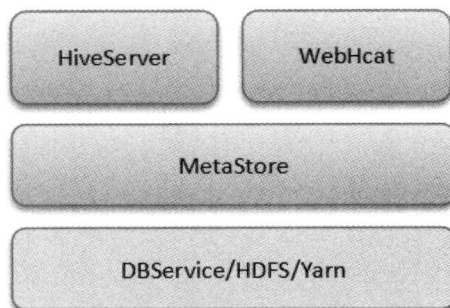

图 4-18　Hive 架构进程图

(1) HiveServer。HiveServer 将用户提交的 HQL 语句进行编译，解析成对应的 MapReduce 任务、Yarn 任务、Spark 任务或者 HDFS 操作，从而完成数据的提取、转换、分析。

(2) MetaStore。MetaStore 提供元数据服务。MetaStore 存储着 Hive 的元数据信息，而

Hive 将自己的元数据存储到了关系型数据库当中，支持的数据库主要有 MySQL 和 Derby。Hive 支持把 MetaStore 独立出来放在远程的集群上面，使得 Hive 更加健壮。

(3) WebHCat。WebHCat 对外提供基于 HTTPS 协议的元数据访问、DDL 查询等服务。WebHCat 的架构如图 4-19 所示。

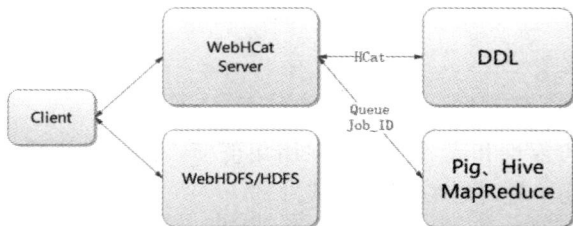

图 4-19　WebHCat 结构示意图

WebHCat 提供 Rest 接口，使用户能够通过安全的 HTTPS 协议执行 Hive DDL 操作，运行 Hive HQL 任务和 MapReduce 任务；

2. Hive 的数据结构模型

Hive 的数据结构模型示意图如图 4-20 所示。

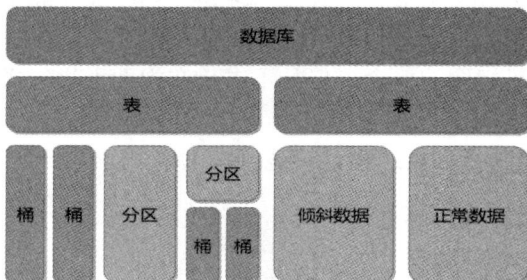

图 4-20　Hive 数据结构模型示意图

(1) 数据库：创建表时如果不指定数据库，则默认为 Default 数据库。

(2) 表：实际对应 HDFS 上的一个目录。

(3) 分区：对应所在表所在目录下的一个子目录。

(4) 桶：对应表或分区所在路径的一个文件。

(5) 倾斜数据：数据集中于个别字段值的场景，比如按照城市分区时，80%的数据都来自某个大城市。

(6) 正常数据：不存在倾斜的数据。

【小贴士】

　　分区：数据表可以按照某个字段的值划分分区。分区数量不固定，每个分区是一个目录。分区下可再有分区或者桶，分区可以提高查询效率。

　　桶：数据可以根据桶的方式将不同数据放入不同的桶中。每个桶是一个文件，建表时指定桶的个数。数据按照某个字段的值 Hash 后放入某个桶中。桶对于数据抽样、特定 join 的优化很有意义。

4.3.4　Hive 的增强特性

Hive 的增强特性包括 Colocation(同分布)、列加密、HBase 记录批量删除、流控特性与指定行分割符。

1. Colocation(同分布)

Colocation 是指将存在关联关系的数据或可能要进行关联操作的数据存储在相同的存储节点上。文件级同分布可实现文件的快速访问，避免了因数据搬迁带来的大量网络开销。

图 4-21 为 Hive 同分布原理图，如将具有关联关系的数据 A、C 与 D 放在同一个节点上。又比如有两份数据，一份为学生表(ID，name，sex)，另一份数据为成绩表(ID，subject，score)，若要查询男女生的平均成绩，则必须对这两份数据进行关联操作(join)。此时采用同分布特性可以减少数据移动等网络开销，直接在本地进行关联操作即可。

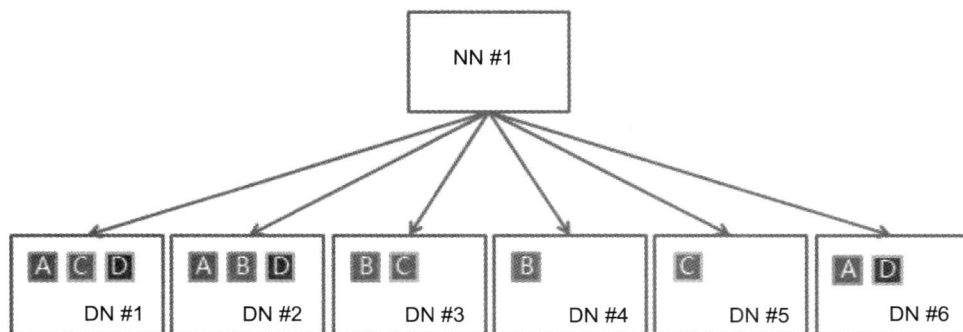

图 4-21　Hive 同分布原理图

2. 列加密

列加密是一种数据库安全技术，它允许对数据库中的特定列进行加密，而不是对整个数据库或表进行加密。这种方式可以更精细地控制数据的安全性，因为只有被加密的列才需要密钥来解密，而其他数据则保持原样。在创建表时可指定相应的加密列和加密算法。可使用 insert 语法向设置列加密的表中导入数据。

3. HBase 记录批量删除

在 Hive on HBase 功能中，FusionInsight HD、Hive 提供了删除 HBase 表的单条数据的功能。通过特定的语法，Hive 也可以将 HBase 表中符合条件的一条或者多条数据清除。

如果想删除某张 HBase 表中的某些数据，可以执行 HQL 语句"remove table HBase_table where expression"，其中，Expression 规定的是要删除数据的筛选条件。

4. 流控特性

流控特性可以实现当前已经建立的总连接数阈值控制、每个用户已经建立的连接数阈值控制以及单位时间内所建立的连接数阈值控制。

4.4　数据存储案例实验

本章案例展现了企业使用大数据存储组件进行海量数据的维护方法和管理方法。案例涉及 HDFS、HBase 和 Hive 三个组件。HDFS 部分的内容主要介绍 HDFS 命令的使用方法和基本操作。HBase 部分的内容介绍企业是如何实现对已有数据的负载均衡。而 Hive 部分的内容探讨如何通过 Hive 合并文件，以及如何对列进行加密操作。

用户的设备与进程架构如图 4-22 所示。

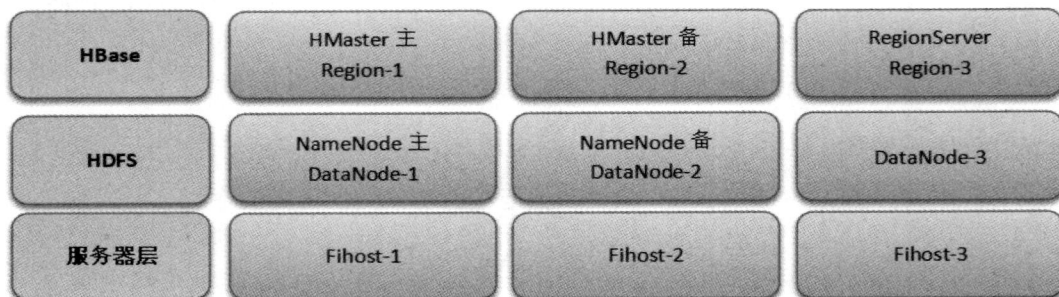

HBase	HMaster 主 Region-1	HMaster 备 Region-2	RegionServer Region-3
HDFS	NameNode 主 DataNode-1	NameNode 备 DataNode-2	DataNode-3
服务器层	Fihost-1	Fihost-2	Fihost-3

图 4-22　设备与进程架构图

4.4.1　HDFS 操作基础

HDFS 极大程度地继承了 Linux 的基础操作命令，所以针对 HDFS 的操作是较容易上手的。以下内容是对 HDFS 常用的命令进行说明和解析。

常用命令的操作如下。

(1) -help 功能：查看命令使用说明。

```
> hdfs dfs -help
Usage: hadoop fs [generic options]
[-appendToFile <localsrc> ... <dst>]
[-cat [-ignoreCrc] <src> ...]
[-checksum <src> ...]
[-chgrp [-R] GROUP PATH...]
[-chmod [-R] <MODE[,MODE]... | OCTALMODE> PATH...]
[-chown [-R] [OWNER][:[GROUP]] PATH...]
[-copyFromLocal [-f] [-p] [-l] <localsrc> ... <dst>]
[-copyToLocal [-p] [-ignoreCrc] [-crc] <src> ... <localdst>]
[-count [-q] [-h] [-v] [-t [<storage type>]] <path> ...]
```

```
[-cp [-f] [-p | -p[topax]] <src> ... <dst>]
[-createSnapshot <snapshotDir> [<snapshotName>]]
[-deleteSnapshot <snapshotDir> <snapshotName>]
[-df [-h] [<path> ...]]
[-du [-s] [-h] <path> ...]
```

(2) -ls 功能：显示目录信息。

```
> hdfs dfs -ls /
-rw-r--r--+   3 wkj       supergroup             13 2018-04-02 16:42 /HDFS
drwxrwxr-x+   - Hive      supergroup              0 2017-07-15 00:43 /apps
drwxr-xr-x+   - admin     supergroup              0 2018-03-13 19:44 /bigdata
drwxr-x---+   - flume     hadoop                  0 2017-07-15 00:39 /flume
drwx------+   - hbase     supergroup              0 2018-03-31 10:28 /hbase
drwxrwxr-x+  -admin       supergroup              0 2018-01-28 15:52 /MapReduceInput
drwxrwxrwx+   - mapred    hadoop                  0 2017-07-15 00:39 /mr-history
```

(3) -mkdir 功能：在 HDFS 文件系统上创建目录。

```
> hdfs dfs -mkdir /tmp/app_user01
> hdfs dfs -ls /
drwxr-xr-x+   - wkj       supergroup              0 2018-04-02 17:20 /0402
drwxr-xr-x+   - wkj       supergroup              0 2018-04-02 16:57 /0810
-rw-r--r--+   3 wkj       supergroup             13 2018-04-02 16:42 /HDFS
drwxr-xr-x+   - user01    supergroup              0 2018-04-04 15:04 /tmp/app_user01
```

(4) -put 功能：上传本地文件到 HDFS 指定目录。

```
编辑 test01.txt 文件，然后上传至 HDFS
> cat test01.txt
01,HDFS
02,ZooKeeper
03,HBase
04,Hive
> hdfs dfs -put test01.txt /tmp/app_user01
> hdfs dfs -ls –h /tmp/app_user01
-rw-r--r--+3 user01 supergroup 2.7G 2018-04-04 14:50 /tmp/app_user01/test01.txt
```

(5) -get 功能：等同于 copyToLocal，就是从 HDFS 下载文件到本地。

```
拷贝/tmp/app_user01/test01.txt 到本地
> hdfs dfs -get /tmp/app_user01/test01.txt   ./
> ll
total 2881728
```

```
drwxr-xr-x 15 user01 hadoop              4096 Apr    4 10:58 1001_hadoopclient
-rw-r--r--    1 user01 hadoop              63 Apr    4 16:30 appendtext.txt
drwxr-xr-x    2 user01 hadoop            4096 Apr    4 10:03 bin
-rw-r--r--    1 user01 hadoop               0 Apr    4 15:28 hdfs
-rwxr-xr-x    1 user01 hadoop 2947983360 Apr   4 10:05 Service_Client.tar
-rw-r--r--    1 user01 hadoop              38 Apr    4 16:27 user01.txt
-rw-r--r--    1 user01 hadoop              38 Apr    4 17:54 test01.txt
```

(6) -moveFromLocal 功能：从本地剪切粘贴到 HDFS。

在 user01 的 home 目录下面创建 abcd 文件。

```
> ll
total 2881716
drwxr-xr-x 15 user01 hadoop              4096          Apr    4 10:58 1001_hadoopclient
drwxr-xr-x    2 user01 hadoop              4096          Apr    4 10:03 bin
-rw-r--r--    1 user01 hadoop                 0          Apr    4 15:28 abcd
-rwxr-xr-x    1 user01 hadoop 2947983360          Apr    4 10:05 Service_Client.tar
```

使用 moveFromLocal 将 abcd 文件移动到 HDFS 文件系统的/tmp/app_user01 目录下：

```
> hdfs dfs -moveFromLocal abcd /tmp/app_user01
```

执行结束后查看 user01 的 home 本地目录，abcd 文件已经没有了。

```
> ll
total 2881716
drwxr-xr-x    2 user01 hadoop              4096 Apr    4 10:03 bin
-rwxr-xr-x    1 user01 hadoop 2947983360 Apr    4 10:05 Service_Client.tar
```

文件已经被移动到 HDFS 文件系统中：

```
> hdfs dfs -ls -h /tmp/app_user01
-rw-r--r--+   3 user01 supergroup              0 2018-04-04 15:04 /tmp/app_user01/hdfs
```

(7) -cat 功能：显示文件内容。

```
> hdfs dfs -cat /tmp/app_user01/user01.txt
01,HDFS
02,ZooKeeper
03,HBase
04,Hive
```

(8) -appendToFile 功能：在文件末尾追加数据。

在本地有文件 appendtext.txt，其内容为：

```
> cat appendtext.txt
10,Spark
11,StoResource Manager
12,Kafka
```

13,Flink

14,ELK

15,FusionInsight HD

将 appendtext.txt 中的内容追加到 user01.txt 末尾：

> hdfs dfs -appendToFile ./appendtext.txt /tmp/app_user01/user01.txt

查看追加结果：

> hdfs dfs -cat /tmp/app_user01/user01.txt

01,HDFS

02,ZooKeeper

03,HBase

04,Hive

10,Spark

11,StoResource Manager

12,Kafka

13,Flink

14,ELK

15,FusionInsight HD

(9) -chmod 功能：更改文件所属权限。

> hdfs dfs -ls /tmp/app_user01

-rw-r--r--+ 3 user01 supergroup 2.7G 2018-04-04 14:50 /tmp/app_user01/Service_Client.tar

-rw-r--r--+　　3 user01 supergroup 0 2018-04-04 15:04 /tmp/app_user01/hdfs

-rw-r--r--+　　3 user01 supergroup　　101 2018-04-04 16:32 /tmp/app_user01/user01.txt

将/tmp/app_user01 user01.txt 文件权限属性改为 755：

>hdfs dfs -chmod 755 /tmp/app_user01/user01.txt

> hdfs dfs -ls /tmp/app_user01/user01.txt

-rwxr-xr-x+　　3 user01 supergroup　　　　101 2018-04-04 16:32 /tmp/app_user01/user01.txt

说明：chown 的使用需要 superuser 权限。

(10) -cp 功能：实现文件的拷贝。

将/tmp/app_user01/user01.txt 拷贝到/tmp 下：

> hdfs dfs -cp /tmp/app_user01/user01.txt /tmp/

> hdfs dfs -ls /tmp

drwxrwxr-x+　- admin　supergroup　　　　0 2018-01-21 20:58 /tmp/checkpoint

-rw-r--r--+　3 user01　supergroup　　　4651 2018-03-19 19:19 /tmp/conf.py

-rw-r--r--+　3 user01　hadoop　　　101 2018-04-04 17:12 /tmp/user01.txt

(11) -mv 功能：移动文件。

将/tmp/app_user01/user01.txt 移动到/user 目录下

> hdfs dfs -mv /tmp/app_user01/user01.txt /user/

```
> hdfs dfs -ls /user
-rwxr-xr-x+   3 user01   supergroup           101 2018-04-04 16:32 /user/user01.txt
```

(12) -Resource Manager 功能：删除文件或文件夹。

```
删除/tmp/app_user01/file01 文件
> hdfs dfs -Resource Manager -f /tmp/app_user01/file01
INFO fs.Trash: Moved: 'hdfs://hacluster/tmp/app_user01/file01' to trash at: hdfs://hacluster/user/user01/.Trash/Current
```

(13) -df 功能：统计文件系统的可用空间信息。

```
> hdfs dfs -df -h /
Filesystem          Size      Used    Available    Use%和
hdfs://hacluster   1.7 T    11.9 G      1.7 T       1%
```

(14) -du 功能：统计文件夹的大小信息。

```
> hdfs dfs -du -h /user
213.1 M          /user/admin
0                /user/hdfs
75               /user/hdfs-examples
213.1 M          /user/Hive
4.3 K            /user/loader
493              /user/mapred
```

(15) -count 功能：统计一个指定目录下的文件数量。

```
> hdfs dfs -count -h /user/
344             494                 3.2 G /user
```

第一列 344 表示/user/下文件夹的数量，第二列 494 表示/user/下文件的个数。3.2G 表示/user/目录下所有文件占用的磁盘容量(不计算副本个数)。

4.4.2 HBase 预分 Region 表

【案例 4-1】 某企业不均衡地使用生产系统设备，导致了生产系统的数据不均衡。由于长期不规则地将数据写入 HBase，所以底层存储服务出现了热点设备。不同服务器之间的负载不均最终导致了访问延迟的增加和系统响应速度的下降。为了解决这个问题，该企业通过配置预分区 Region 表来确保整个集群的数据均匀分布，从而提升操作效率。

HBase 在默认情况下创建表只包含一个 Region，这个 Region 的 RowKey 是没有边界的，即没有 StartKey 和 EndKey。当数据写入时，所有数据都被写入这个默认的 Region。随着数据量的不断增加，这个 Region 可能无法承受不断增长的数据量，因此需要进行分割，即分成两个 Region。在此过程中，会产生以下两个问题：

(1) 数据往一个 Region 上写，会有产生热点问题。

(2) Region Split 会消耗宝贵的集群 I/O 资源。

基于这些问题，HBase 在建表时可以创建多个空 Region，并确定每个 Region 的起始和终止 RowKey，只要 RowKey 的设计能够均匀地命中各个 Region，就不会出现写入热点问题，同时也会大大降低 Split 的概率。HBase 提供了 HexStringSplit 和 UniformResource ManagerSplit 两种预分区算法，前者适用于十六进制字符的 RowKey，后者适用于随机字节数组的 RowKey。

(1) 创建一个新的表"cag_info2"，以 RowKey 切分，划分成 4 个 Region。

```
create '表的名称','列族的名称', { NUMREGIONS => 4 , SPLITALGO => 'UnifoResource ManagerSplit'}
> create 'cga_info2','info',{NUMREGIONS=>4,SPLITALGO=>'UnifoResource ManagerSplit'}
0 row(s) in 0.3720 seconds
=> Hbase::Table - cga_info2
```

(2) 进入 FusionInsight Manager 界面，点击服务管理，然后点击"HBase"，如图 4-23 所示。

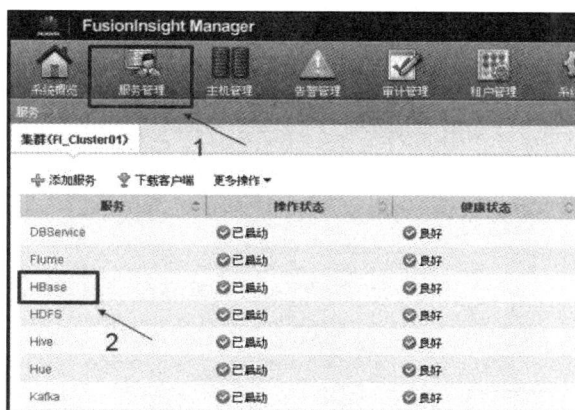

图 4-23　FusionInsight HD 集群界面图

(3) 点击"HMaster(主)"，如图 4-24 所示。

图 4-24　FusionInsight HD——HBase 界面图

(4) 点击"Table Details",如图 4-25 所示。

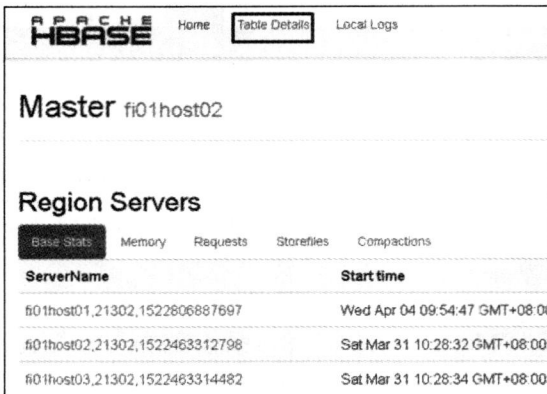

图 4-25　HBase 管理界面图

(5) 找到所创建的新表"cga_info2",如图 4-26 所示。

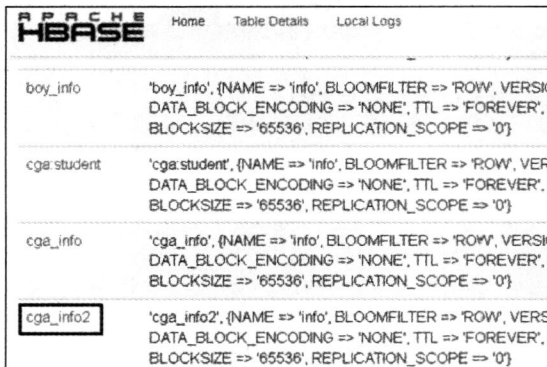

图 4-26　HBase 表格管理界面图

查询 Region 的切分结果,表"cga_info2"确实被分成了 4 个 Region,Name 当中依次包含的是表的名称、StartKey(第一个 Region 没有 StartKey)、Time Stamp(时间戳)以及 Region 的 ID,如图 4-27 所示。

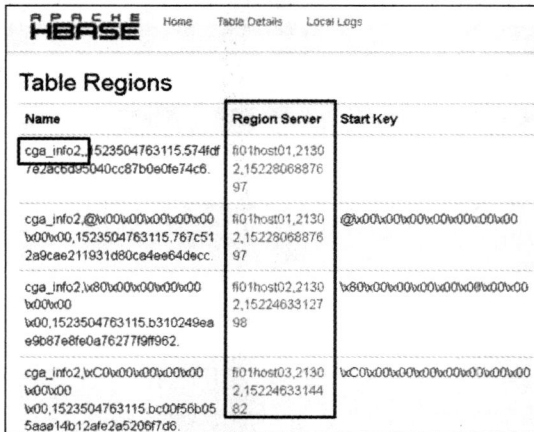

图 4-27　HBase-RegionServer 管理界面图-1

创建表时要指定 Region 的 StartKey 和 EndKey。

create '表的名称', '列族名称', SPLITS => ['第一个 StartKey', '第二个 StartKey', '第三个 StartKey']

示例：创建表名为 'cga_info3', 三个 StartKey 分别为 10 000、20 000、30 000

```
> create 'cga_info3','info',SPLITS => ['10000', '20000', '30000']

0 row(s) in 0.6820 seconds

=> Hbase::Table - cga_info3
```

进入 Table Regions 界面，如图 4-28 所示。

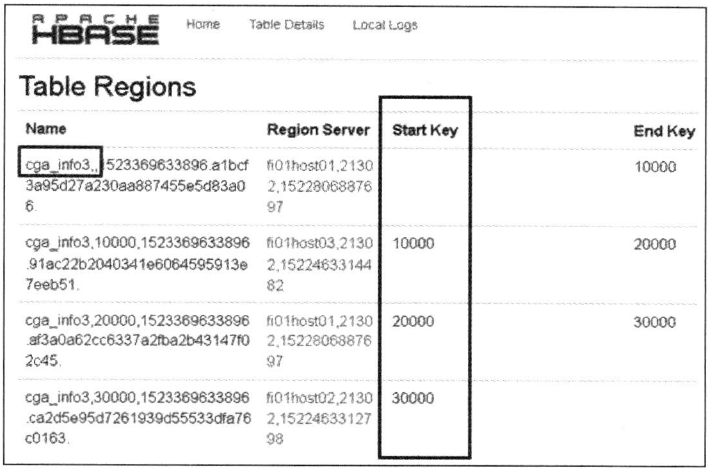

图 4-28　HBase-RegionServer 管理界面图-2

结果表明表"cga_info3"确实按照 Start Key 10 000、20 000、30 000 被分为了 4 个 Region。

4.4.3　Hive 文件合并与列加密

【案例 4-2】某商场拥有多个子门店，每个门店的销售记录会定期同步到总部数据中心的 Hive 数据仓库中。然而，由于销售记录文件较小，将其存储在 HDFS 上的 Hive 数据仓库会影响大数据存储框架的性能。因此，需要使用 Hive 来合并文件。此外，为了保证备份到 Hive 中的历史数据的安全性，还需要对列进行加密操作，以确保数据不会被篡改或泄露。

以下为解决以上问题的步骤。

(1) 查看 HDFS 的文件夹/user/hive/warehouse/cga_info1 中的内容。文件夹/cga/cg 中有 2 个文件。

```
> hdfs dfs -ls -h /user/hive/warehouse/cga_info1

Found 2 items

······ stu01 hive    17 2018-04-13 15:32 /user/hive/warehouse/cga_info1/hive1.log

······ stu01 hive    15 2018-04-13 15:32 /user/hive/warehouse/cga_info1/hive2.log
```

在 Hive 客户端中修改参数，将是否合并 Reduce 输出文件设定为"true"。

```
> set hive.merge.mapredfiles= true;

No rows affected (0.037 seconds)
```

(2) 建立新表"cga_info10"将表"cga_info1"的内容载入其中。

```
> create table cga_info10 as select * from cga_info1;

No rows affected (20.93 seconds)
```

查看表 cga_info10 的数据。

```
> hdfs dfs -ls -h /user/hive/warehouse/cga_info10

18/04/13 15:38:23 INFO hdfs.PeerCache: SocketCache disabled.

Found 1 items

-rw-------+   3 stu01 hive 110 2018-04-13 15:34 /user/hive/warehouse/cga_info10/000000_0
```

结果显示，由于步骤 2 的修改参数设定，本来 Reduce 阶段应该输出的 2 个小文件已经被合并成了一个。

Hive 列加密目前常用 AES 算法进行加密，须在建表时指定，AES 对应加密类名称为"org.apache.hadoop.hive.serde2.AESRewriter"。

(3) 创建表 info11，并对 name 列进行加密。

```
> create table cga_info11 (name string,gender string,time int) ROW
  FORMAT SERDE 'org.apache.hadoop.hive.serde2.lazy.LazySimpleSerDe'
WITH SERDEPROPERTIES ('column.encode.columns'='name',
  'column.encode.classname'='org.apache.hadoop.hive.serde2.AESRewriter')
STORED AS TEXTFILE;

No rows affected (1.097 seconds)
```

(4) 将表 cga_info3 的数据载入表 cga_info11 中。

```
> insert into cga_info11 select * from cga_info3;

No rows affected (21.994 seconds)
```

(5) 查询表"cga_info11"中的内容。

```
> select * from cga_info11;
```

cga_info11.name	cga_info11.gender	cga_info11.time
xiaozhao	female	20
xiaochen	female	28
xiaozhao	female	20
xiaoqian	male	21
xiaosun	male	25
xiaoli	female	40
xiaozhou	male	33

```
7 rows selected (0.346 seconds)
```

(6) 查看加密效果。

```
> hdfs dfs -cat /user/hive/warehouse/cga_info11/000000_0

18/04/13 15:21:52 INFO hdfs.PeerCache: SocketCache disabled.
```

```
jR091mQ/LIKY0XBCJi8dsw==female20
BRaQqw7O46X/L1YH1ujKEA==female28
jR091mQ/LIKY0XBCJi8dsw==female20
t84/+Zo8Pxiidltw8rAyTA==male21
J3y40cz4TMGs2uKJfHHaEA==male25
pz64eOp896fiocKrV0IpoA==female40
g/sTgzi4MYs9Uotztgg+BQ==male33
```

由结果可以看出表中所有人的姓名信息都被加密了。

(7) 使用 SMS4 对"name"列进行加密。

```
> create table cgb_info11(name string,gender string,time int) ROW
FORMAT SERDE 'org.apache.hadoop.hive.serde2.lazy.LazySimpleSerDe'
WITH SERDEPROPERTIES ('column.encode.indices'='0',
'column.encode.classname'='org.apache.hadoop.hive.serde2.SMS4Rewriter')
STORED AS TEXTFILE;
No rows affected (1.097 seconds)
```

◖◗【本章小结】

本章主要介绍了数据存储组件的架构和原理，主要涉及 HDFS 分布式文件系统、HBase 分布式数据库、Hive 分布式数据仓库。其中，HDFS 主要介绍了文件进行存储和维护的组件；HBase 和 Hive 介绍了数据进行维护和存储的组件，重点面向非结构化数据。HBase 的数据时间性要优于 Hive；掌握不同组件的构成和功能以及组件之间的联系是本章的重点内容。

本章的重点知识如下所示：

(1) 数据与元数据的区别。

(2) HDFS 的 HA。

(3) HDFS 的元数据持久化。

(4) HDFS 的副本机制。

(5) HBase 的框架组件。

(6) HBase 的读写操作。

(7) Hive 的基本框架内容和数据维护形式。

◖◗【知识巩固】

【判断题】

(1) 从时间性上理解，HBase 的数据要比 Hive 存储的数据更新。　　　　（　　）

(2) HDFS 是一个分布式文件系统，可以替代 Linux 文件系统进行文件存储。（　　）

(3) 对于有上百台服务器的数据中心来说，服务器、硬件异常是常态。HDFS 需要监测这些异常，并手动恢复数据。　　　　　　　　　　　　　　　　　　　　　　（　　）

【选择题】(单选与多选)

(1) HDFS 架构包含( )三个部分。

A. NameNode

B. DataNode

C. Client

D. ZooKeeper

(2) HBase 在进行数据写入的时候首先需要查询的是( )组件。

A. MetaRegion

B. MataRegion

C. UserRegion

D. ClientRegion

【拓展任务】

(1) 请解释 HDFS 的 HA 关键组件。

(2) 请说明 HDFS 的组件与功能。

(3) 请解释行存与列存的区别。

(4) 请说明 HBase 的列族和 Region 的逻辑关系。

(5) 请概述 Hive 的基本组件与功能。

第5章

大数据计算与处理组件

本章介绍 Hadoop 大数据框架中的计算组件，主要涉及 MapReduce、Spark 和 Streaming(又称 Storm)。其中，MapReduce 是出现时间最早的计算引擎，主要负责离线计算和大文件的流式计算；Spark 是基于内存的计算引擎，内存的特性使 Spark 在迭代计算上具有良好的性能表现；Streaming 是实时计算引擎，流式数据优秀的计算性使 Streaming 经常被用在实时计算的场景中，如天猫成交额实时统计。

◼◯◖【学习目标】

【知识目标】

(1) 学习 Yarn 的框架和技术原理。

(2) 学习 MapReduce 的基本概念。

(3) 学习 Spark 的概念与技术原理。

(4) 学习 Streaming 的基本概念。

【技能目标】

(1) 掌握 Yarn 资源分配原则与容量调度器。

(2) 掌握 MapReduce 的计算方法。

(3) 掌握 Spark 的 RDD 组织方式。

(4) 掌握 Streaming 的执行流程与系统特性。

【素养目标】

(1) 培养严谨的工作作风与工匠精神。

(2) 树立探究问题和解决问题的正确价值观。

◼◯◖【思维导图】

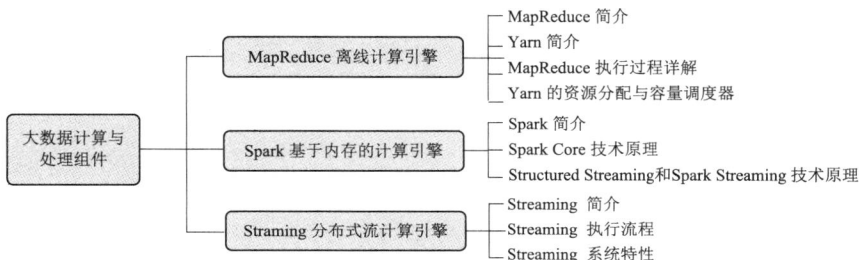

5.1 MapReduce 离线计算引擎

MapReduce 是 Hadoop 大数据平台中最早出现的计算引擎，其设计思想源自 2004 年 Google 公司发布的 MapReduce 论文。自问世以来，MapReduce 计算引擎主要用于处理海量数据的计算请求，它的流式数据处理特点能够满足海量数据的高速计算需求，并且能够与各种其他组件无缝集成。MapReduce 是 Hadoop 框架早期最受欢迎的计算引擎。尽管目前 MapReduce 的使用场景逐渐减少，但它的设计思想以及为解决 MapReduce 问题而提出的 Yarn 框架已经成为 Hadoop 计算引擎的资源共享和数据共享通道。Yarn 框架一直沿用至今，并发挥着重要的作用。

本节将介绍 MapReduce 与 Yarn 的相关概念、MapReduce 的执行过程以及 Yarn 的资源分配与容量调度器。

5.1.1 MapReduce 简介

MapReduce 是一个分布式的计算框架，提供计算的模型、框架和平台，它易于编程，用户在进行功能组件开发的时候只需要通过代码表达需要做什么，具体的计算和操作交由执行框架进行处理。如果平台性能无法满足需求，只要按需通过 Scale-out 来进行性能线性拓展就

MapReduce 的
基本概念

可以解决性能不足的故障。MapReduce 本身提供了高容错性，可以通过计算迁移或者数据迁移等操作实现高容错性。当节点出现故障的时候不会影响现有业务。

1. MapReduce 的定义

MapReduce 包含以下三层含义：

(1) MapReduce 是基于集群的高性能并行计算平台(Cluster Infrastructure)。MapReduce 在 Hadoop 中作为一个组件被使用。MapReduce 在大数据平台中提供了一个离线的分布式计算引擎，其可以和底层的存储相关组件进行交互，对文件进行计算和其他相关的操作。

(2) MapReduce 是一个并行计算与运行软件框架(Software Framework)。作为一个软件框架，MapReduce 是被使用在编程语句中进行相关的软件编译，比如其在 Python 中就作为一个语句被编程者使用。

(3) MapReduce 是一个并行程序设计模型(Programming Model & Methodology)。在早期 Google 提出 MapReduce 的设计思想时，它并没有一个专门的作用领域，而是作为一个概念来使用，即由 MapReduce 提供计算的方法。所以在实际中，用户还可以按照这种设计模型和概念进行相关的开发。

2. MapReduce 的优缺点

1) MapReduce 的优点

MapReduce 主要有以下优点。

(1) 易于编程。程序员仅需描述做什么，具体怎么做可交由系统的执行框架处理。

(2) 良好的扩展性。可通过添加节点以扩展集群能力。

(3) 高容错性。通过计算迁移或数据迁移等策略提高集群的可用性与容错性。

2) MapReduce 的缺点

从诞生到现在，MapReduce 的主要版本包括 MR1.3.0、MR1.3.1、MR1.5.0、MR1.5.1，在 MapReduce V1 中，存在以下缺点。

(1) 扩展性有限。在早期，MapReduce 需要维护节点，虽然 MapReduce 的拓展性很好，但是其拓展是有限的，无法进行无限的拓展。作为一个计算引擎，MapReduce 在早期的设计思路中是独立于所有组件存在的，MapReduce 除了需要进行相关的计算操作，还需要对自身所搭载的平台硬件进行相关的维护。因此，MapReduce 除计算功能消耗的资源外，还需要分配一部分资源对设备进行维护和管理。集群内的服务器设备越多，MapReduce 需要消耗的资源也就越多。集群内设备增多虽然可以提高计算的效率，供给更多的资源，但是当设备数目过多时，维护集群所需要的开销会高于设备所能提供的资源，即达到了资源临界点。由于临界点的存在，MapReduce 能够使用的资源有了上限。

(2) 单点故障。早期的 MapReduce V1 版本是单进程的。MapReduce 部署在单个节点上，一旦出现故障，MapReduce 会直接崩溃。和其他组件不同的是，其他组件针对故障在进程和数据方面都有对应的保护措施，而 MapReduce 早期版本中没有提供任何的保护机制，一旦计算出现问题就直接中断。作为一个离线计算引擎，MapReduce 主要提供的是对大量数据的计算工作，其计算的周期会很长，一旦出现问题导致计算中断，就会让之前的计算全部失效。

(3) 不支持 MapReduce 之外的计算。MapReduce 只支持离线计算，不支持 MapReduce 之外的计算。多计算框架之间无法数据共享，资源利用率低。

在 MapReduce V1 版本中，由于还没有 Yarn 框架的资源协调，各个计算引擎之间都是单独管理自身的平台，其资源和数据互不共享。当用户需要同时调用多个引擎进行协同计算时，需要将一个应用拆分为多个应用下发。将当前引擎计算完成结果将存储到 HDFS 后，其他引擎才可以调用并继续计算。这种计算方式效率低、错误率高、无法直接共享。这也是 MapReduce V2 版本更新和 Yarn 出现的一个主要的原因。

图 5-1 为计算引擎早期框架示意图。在图 5-1 中，存储组件是直接对接计算引擎的，而计算引擎之间无法做相关的共享操作。如果组件与组件之间需要做临时数据共享，或者计算的中间结果共享，就会出现问题。

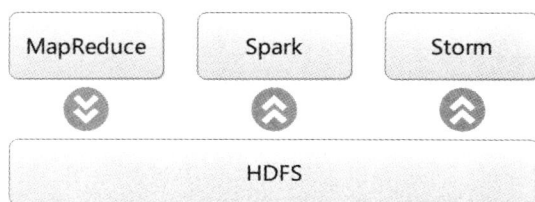

图 5-1 计算引擎早期框架示意图

想一想

MapReduce V1 版本的问题除造成以上故障外，还可能造成什么问题？

5.1.2 Yarn 简介

Yarn(Yet Another Resource Negotiator，是指另一种资源协调者)是 Hadoop 的一种新的资源管理器。它是一个通用资源管理系统，可为上层应用提供统一的资源管理和调度。本节将介绍 Yarn 的优点、架构、通信协议以及 Yarn 的工作方式。

Yarn 简介

1. Yarn 的优点

Yarn 的出现是为了解决 MapReduce V1 版本出现的问题。由于 MapReduce V1 的问题也同样出现在其他的计算引擎中，所以 Yarn 的出现不仅仅解决了 MapReduce 的问题，还将离散的、不关联的各个组件在底层糅合成了一体。Yarn 主要有以下优点。

1) 增大拓展性

Yarn 的第一个作用是增大了拓展性。拓展性的受限主要是因为计算引擎需要自身去维护节点。Yarn 的第一步是将节点的维护作业从引擎上卸载到 Yarn 上进行。Yarn 出现以前，如果一个节点安装了 5 个计算引擎，那么 5 个计算引擎就需要有 5 个节点来维护进程。而现在，Yarn 会将这些维护进程全部卸载并保存到自身上，将它们糅合成一个进程来统一维护，这样就减少了引擎的额外开销。

2) 解决单点故障问题

Yarn 的第二个作用是解决了单点故障的问题。Yarn 将计算引擎的任务管理工作卸载并保存到自身上，这样计算引擎就不需要对计算的任务进行规划和控制，即使计算引擎出现故障，任务也不会丢失。Yarn 可以根据当前执行的进度重新下发任务，这一概念与网络中的断点重传相似。此外，Yarn 将计算引擎的任务管理工作卸载并保存到自身上，一方面可以减小开销，另一方面也会增大各个计算组件之间的兼容性和控制能力，有利于引擎与引擎之间的计算共享。

3) 实现计算框架之间的共享

Yarn 的第三个作用是可实现计算框架之间的共享。图 5-2 为基于 Yarn 的计算引擎共享示意图。该操作主要是从任务、资源以及数据几方面来展开的。资源的屏蔽是指当 Yarn 出现以后，它会整合所有引擎的资源，这样做不仅有利于资源调配，实现高利用率，还节省了计算引擎的开销。此外，传统的计算引擎在数据上无法共享。Yarn 接管了资源和任务相关的管理权限后，所有计算引擎的计算临时结果都会缓存在 Yarn 管理的资源上，临时数据此时不再需要执行写入操作，而是可以直接在内存中进行调用，即其他引擎可以直接调用包含数据的那一部分内存，这样就可以实现内存中的数据转换和跨引擎调用。

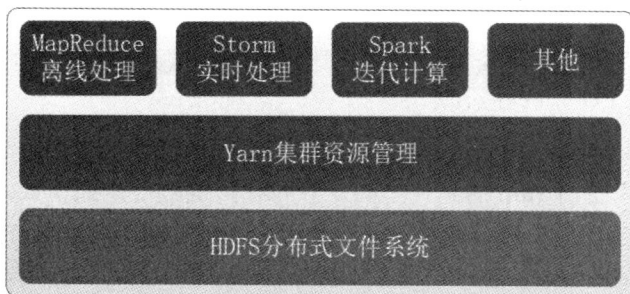

图 5-2　基于 Yarn 的计算引擎共享示意图

Yarn 的出现为集群在利用率、资源统一管理和数据共享等方面带来了巨大好处。

2. Yarn 架构

Yarn 架构包含了 Resource Manager、Node Manager、Application Master 以及 Container。以下将分别对这些组件进程进行说明。

1) Resource Manager

Resource Manager 负责集群中所有资源的统一管理和分配。它接收来自各个节点(Node Manager)的资源汇报信息，并把收集的资源按照一定的策略分配给各个应用程序。

Yarn 架构

作为资源的管理者，Resource Manager 只管理资源，不维护资源。资源主要涉及内存和 CPU。所有的应用被提交后，会根据自身的资源消耗情况向 Resource Manager 申请资源，Resource Manager 会分配资源以及监控资源的回收。

2) Node Manager

Node Manager 是每个节点上的代理，它管理 Hadoop 集群中单个计算节点。Node Manager 的主要工作是监控节点资源管理和管理容器，包括与 Resource Manger 保持通信、监督 Container 的生命周期管理、监控每个 Container 的资源(内存、CPU 等)使用情况、追踪节点健康状况、管理日志和不同应用程序用到的附属服务(Auxiliary Service)等。

需要注意的是，Resource Manager 是资源的管控者，而实际资源是在 Node Manager 上的。Node Manager 需要向 Resource Manager 上报自己的资源拥有情况，Resource Manager 根据相关任务情况对这些资源进行统一的分配操作。

3) Application Master

Application Master 负责一个 Application 生命周期内的所有工作，这些工作包括与 Resource Manager 调度器协商获取资源、将得到的资源进一步分配给内部任务(资源的二次分配)、与 Node Manager 通信以启动/停止任务、监控所有任务运行状态并在任务运行失败时重新为任务申请资源以重启任务。

4) Container(容器)

Resource Manager 为 Node Manager 分配资源，在 Node Manager 上创建一个 CPU 和内存的集合体，这个集合体就是 Container。

Container 是 Yarn 中的资源抽象，它封装了某个节点上的多维度资源，如内存、CPU、

磁盘、网络等。容器是 MapReduce 执行任务的工作单位，其是一个资源的集合体。它是一个逻辑的概念，使用的时候将其分配创建。任务执行完毕之后，容器就会被回收。容器回收指回收容器中的 CPU 和内存资源。

3. Yarn 的通信协议

Yarn 的通信协议是指 Yarn 的组件之间交互时使用的响应沟通协议。通过通信协议传输的方式保证了数据的可靠传递。Yarn 中常用的协议如图 5-3 所示,包括 Application Client Protocol(应用客户端协议)、Resource Manager Administration Protocol(资源管理控制协议)、Application Master Protocol(应用管理协议)、Container Management Protocol(容器管理协议)和 Resource Tracker(资源调配追踪)。接下来将对常用的协议进行具体介绍。

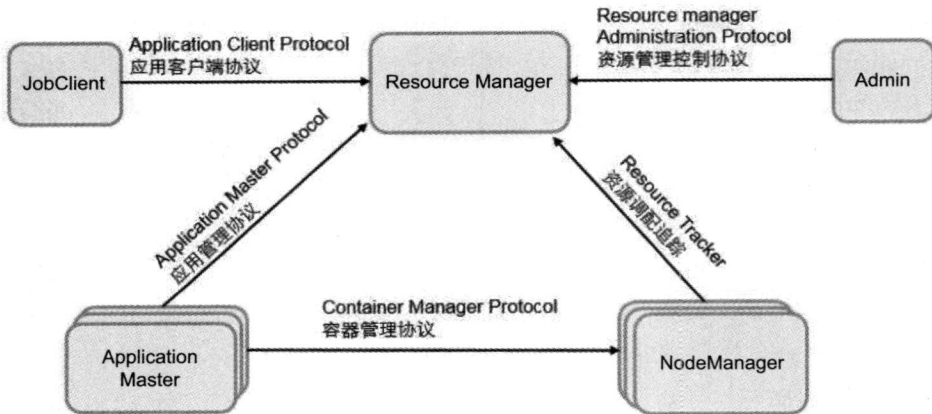

图 5-3　Yarn 协议通信示意图

(1) 应用客户端协议(Application Client Protocol)。Application Client Protocol 是一个 RPC 协议，Job Client 通过该协议提交应用程序、查询应用程序状态等。

(2) 资源管理控制协议(Resource Manager Administration Protocol)。Admin 通过该 RPC 协议更新系统配置文件，比如节点黑白名单、用户队列权限等。

(3) 应用管理协议(Application Master Protocol)。Application Master 通过该 RPC 协议向 Resource Manager 注册和撤销自己，并为各个任务申请资源。

(4) 容器管理协议(Container Management Protocol)。Application Master 通过该 RPC 要求 Node Manager 启动或者停止 Container，获取各个 Container 的使用状态等信息。

(5) 资源调配追踪(Resource Tracker)。Node Manager 通过该 RPC 协议向 Resource Manager 注册，并定时发送心跳信息汇报当前节点的资源使用情况和 Container 运行情况。

4. Yarn 的工作方式

以 MapReduce 为例介绍 Yarn 中的任务调度。基于 Yarn 的 MapReduce 任务调度方法和组件交互流程如图 5-4 所示。接下来结合图 5-4 对相关流程作详细介绍。

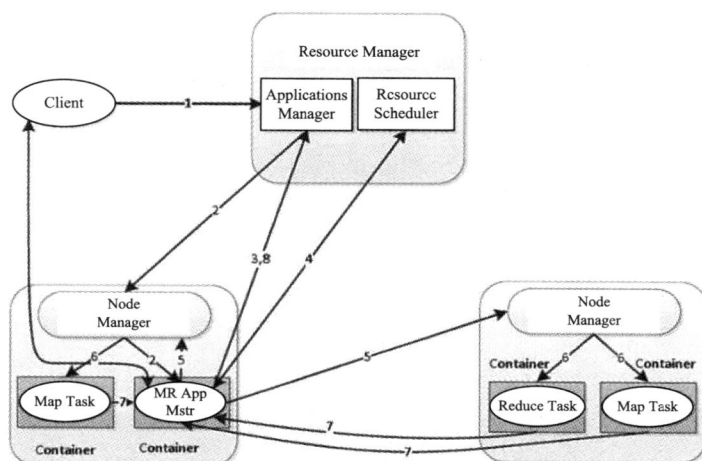

图 5-4 基于 Yarn 的 MapReduce 任务调度方法和组件交互流程示意图

(1) 用户向 Yarn 提交应用程序，包括启动 Application Master 的命令、用户程序等。Client 将应用转发到 Resource Manager 上进行进一步操作。

(2) 任务提交后，Resource Manager 为该应用程序分配第一个 Container，并与对应的 Node Manager 通信，要求它在这个 Container 中启动应用程序的 Application Master。

Resource Manager 中有两个主要的子进程，一个是 Application Manager，一个是 Resource Scheduler。Application Manager 主要是对提交到引擎上的多个应用进行统一集中的管理，保证整体业务的执行。Resource Scheduler 用于管理和监控资源的进程，包括分配资源，管理资源，监控资源和回收资源。用户提交应用之后，Resource Manager 会先根据用户提交的应用中关于 Application Master 的信息，为其分配一部分的内存和 CPU 的资源。然后通过对应的 Node Manager 节点，在其身上拉起一个 Container。由于 Application Master 本身也是一个程序，需要消耗资源，所以其会在 Container 中运行 Application Master。

(3) Application Master 向 Resource Manager 注册，这样用户可以直接通过 Resource Manager 查看应用程序的运行状态。

(4) 然后 Application Master 将为各个任务申请资源，并监控它的运行状态，直到运行结束。

(5) 一旦 Application Master 申请到资源后，它便与对应的 Node Manager 通信，要求它启动任务，并要求 Node Manager 将对应的资源封装为 Container。随后 Application Master 会将对应的任务下发到 Container 中执行计算。

Application Master 会采用轮询的方式，也就是根据任务资源消耗的情况，依次进行申请。Resource Manager 在收到对应的申请请求时，会根据当前 Node Manager 的负载情况(资源的分配情况以及当前计算的开销)选择当前负载最低的 Node Manager，并将其资源分配给 Application Master。

(6) Node Manager 为任务设置好运行环境(包括环境变量、Jar 包、二进制程序等)后，将任务启动命令写到一个脚本中，并通过运行该脚本启动任务。

(7) 各任务通过某个 RPC 协议向 Application Master 汇报自己的状态和进度，以让 Application Master 随时掌握各个任务的运行状态，从而可以在任务失败时重新启动任务。

在任务执行完成之后，Container 会自己关闭，然后 Node Manager 就会感知到资源释放。之后 Node Manager 和 Resource Manager 通信时，就会反馈资源已经处于可分配的状态。

(8) 应用程序运行完成后，Application Master 向 Resource Manager(Application Manager) 注销并关闭自己。

以上为基于 Yarn 的 MapReduce 任务调度流程。

5.1.3　MapReduce 执行过程详解

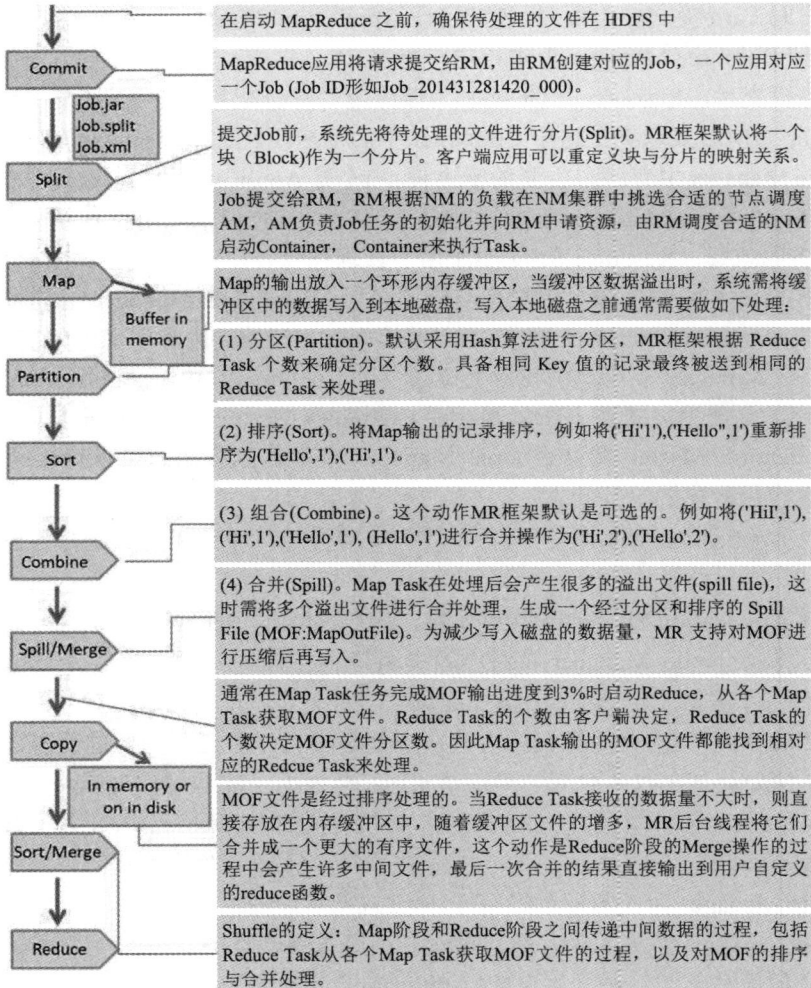

在 MapReduce 的实际执行过程中，除与 Yarn 的进程交互外，还有很大一部分工作是在 MapReduce 内部进行的。接下来将从任务逻辑拆分和 MapReduce 计算两个角度对 MapReduce 的执行过程进行详细说明。图 5-5 为 MapReduce 执行过程详解图。MapReduce 执行过程可以分为 Map 和 Reduce 两个过程。Map 主要任务是完成数据的输入、切分以及计算的操作。Reduce 负责将结果进行分区、排序、组合、合并。

MapReduce
过程详解

图 5-5　MapReduce 执行过程详解图

(1) 在启动 MapReduce 之前，要保证数据在 HDFS 中，避免由于文件不存在导致的处理失败。确认文件存在之后，下一步就需要做任务的提交工作。

(2) 工作提交给 Client 之后，Client 会接收相关的数据并且将数据提交给 Resource Manager。Resource Manager 收到数据之后，会创建一个 Job 并且分配 Job ID。这里的 Job ID 主要是用于区分业务。MapReduce 会记录相关的操作日志。

(3) 分配了 Job ID 之后，在提交 Job 之前，系统会将文件进行分片的操作。MapReduce 框架默认将一个块(Block)作为一个分片。然后将任务打散在不同的设备上去执行，这样也体现了 MapReduce 的分布式的特点。

(4) 分片完成之后，下一步就是提交 Job。Resource Manager 会根据收到的 Job 和 Node Manager 模块的负载选择合适的 Node Manager 去调度 Application Master。Application Master 在收到 Job 之后，会对工作进行初始化，衡量计算所需的资源并向 Resource Manager 申请。Resource Manager 收到申请之后，会针对 Task 任务调度某一些 Node Manager 模块启动 Container 进程来执行 Task 任务。

(5) 以上步骤称为 Map 过程，Map 过程输入的资源在计算完成之后会放在一个环形内存缓冲区。当缓存区写满时，最前端的数据就会溢出。当缓冲区数据溢出时，系统需将缓冲区中的数据写入到本地磁盘中，此时会触发 Reduce 进程。

在数据写入本地磁盘前，通常需要做如下处理：

① 分区。MapReduce 框架会根据 Reduce 进程的个数创建对应个数的分区，并将相同 Key 值的数据存放到同一个分区中。例如，一次计算进程被分为了多个 Job 进行计算，那么每个 Job 都会有一个 Key 值保证其最终的计算结果存储到同一个分区中。分区的主要作用就是将具有相同 Key 值的临时文件存放到同一个分区中，这样有利于减少输出的文件个数和执行结果输出。

② 排序(可选)。根据 Map 的输出顺序，Resource Manager 模块会将 Reduce 计算出来的结果进行排序。

③ 组合(可选)。根据用户的要求，将结果进行组合，最终产生一个总结果。

④ 合并。经过处理后，系统最终将溢出文件合并为 MOF(Map Output File)文件进行输出。MOF 执行过程详解图如图 5-6 所示。

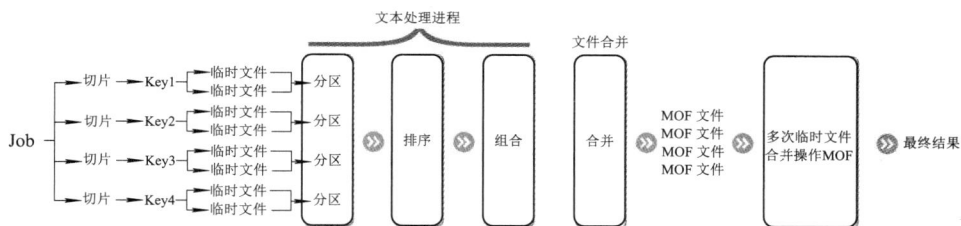

图 5-6　MOF 执行过程详解图

组合和合并有一定的区别，组合是将执行的临时文件的结果进行整理和合并操作，组合会减小文件的大小，但是减小的是单个文件内的内容；合并是针对于溢出文件来进行一个文件级别的合并操作，所以合并操作是减小整体文件所消耗的空间大小。可以理解为组合是对内容作的操作，合并是对文件做的操作。

(6) 输出的 MOF 文件会放置在内存(这里所说的内存并不是之前所提到的内存的缓冲

区，而是独立于环形内存缓冲区的新分配的一块内存区域)中，当 MOF 文件输出占任务总输出的 3%以上时，就会启动 Reduce 进程。

(7) 随着文件数的增加，小的 MOF 文件将逐步整合为大的 MOF 文件，直到最后一次的 MOF 合并生成输出结果。

总体来说，MapReduce 的进程分为 Map 进程和 Reduce 进程，主要进程包括 Commit、Split、Map、Sort/Merge、Reduce。在计算进程中包含了针对临时文件的操作。进程之间相互协作完成对应的任务。

5.1.4 Yarn 的资源分配与容量调度器

Yarn 的资源分配与容量调度器

当前 Yarn 支持内存和 CPU 两种资源类型的管理和分配。

1. Yarn 的资源分配

每个 Node Manager 可分配的内存和 CPU 的数量可以通过配置选项设置(可在 Yarn 服务配置页面配置)，接下来介绍几条配置命令。

(1) "Yarn.Node Manager.resource.memory-mb"命令用于配置当前 Node Manager 上正运行的容器的物理内存的大小，单位为 MB。容量必须小于 Node Manager 服务器上的实际内存大小。

(2) "Yarn.Node Manager.vmem-pmem-ratio"命令用于为容器设置内存限制时的虚拟内存与物理内存的比值。容器分配值是使用物理内存表示的。虚拟内存与物理内存的比值不允许大于当前这个比例。

(3) "Yarn.Node Manager.resource.cpu-vcore"命令可为 Container 分配 CPU 核数。建议配置为 CPU 核数的 1.5~2 倍。

图 5-7 为 Yarn 资源调度器模型图。Yarn 资源调度器维护的是一群队列的信息。用户可以向一个或者多个队列提交应用。每当 Node Manager 发出心跳信息的时候，调度器根据一定的规则选择一个队列，再在队列上选择一个应用，并尝试在这个应用上分配资源。调度器会优先处理本地资源的申请请求，其次是同机架的，最后是任意机器的。

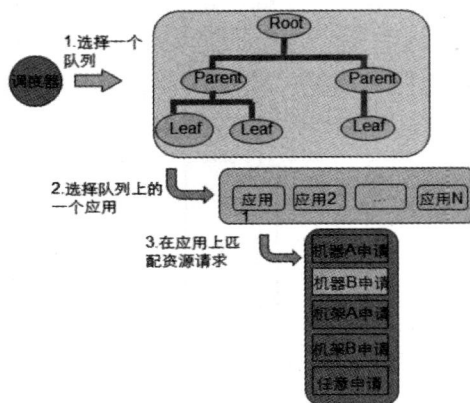

图 5-7　Yarn 资源调度器模型图

队列是封装了集群资源容量的资源集合。队列分为父队列和子队列。任务最终是运行在子队列上的，父队列可以有多个子队列。调度器选择队列上的应用，然后根据一些算法给应用分配资源。

2. 容量调度器

容量调度器使得 Hadoop 应用能够共享地、多用户地、操作简便地运行在集群上，同时最大化集群的吞吐量和利用率。

容量调度器以队列为单位划分资源。每个队列都有资源使用的下限和上限。每个用户可以设定资源使用上限。管理员可以约束单个队列、用户或作业的资源使用。容量调度器支持作业优先级，但不支持资源抢占。

调度时，按以下策略选择队列。

1) 队列选择策略

(1) 资源利用量最低的队列优先。例如同级的两个队列 Q1 和 Q2，它们的容量均为 30，Q1 已使用 10，Q2 已使用 12，则会优先将资源分配给 Q1。

(2) 最小队列层级优先。例如，有队列 QueueA 与 QueueB.child，则 QueueA 优先。

2) 任务选择策略

可以按以下策略选择该队列中一个任务。

(1) 任务优先级；

(2) 提交时间顺序；

(3) 同时考虑用户资源量限制和内存限制。

3) 容量调度器的特点和优势

Yarn 的容量调度器有以下特点和优势。

(1) 容量保证：管理员可为每个队列设置资源最低保证和资源使用上限，所有提交到该队列的应用程序共享这些资源。

(2) 灵活性：如果一个队列中的资源有剩余，可以暂时共享给那些需要资源的队列，当该队列有新的应用程序提交，则其他队列释放的资源会归还给该队列。

(3) 支持优先级：队列支持任务优先级调度(默认是 FIFO)。

(4) 多重租赁：支持多用户共享集群和多应用程序同时运行。为防止单个应用程序、用户或者队列独占集群资源，管理员可为之增加多重约束。

(5) 动态更新配置文件：管理员可根据需要，动态修改配置参数以实现在线集群管理。

5.2　Spark 基于内存的计算引擎*

与 MapReduce 相比，Spark 更适用于数据处理，机器学习和交互式分析。在迭代计算中，Spark 可以提供比 MapReduce 更低的延迟、更高效的处理性能、更高的开发效率以及更好的容错性。Spark 功能丰富、性能强大，现在作为主流的计算引擎用于数据科学计算，受到业界的追捧。

5.2.1　Spark 简介

本节介绍 Spark 的概念、特点以及架构。首先介绍 Spark 的概念。

Spark 概述

1. Spark 的概念

Spark 是一种基于内存的分布式批处理引擎，主要工作是执行以下几种计算。

(1) 数据处理。Spark 可以快速地进行数据计算工作，具备容错性和可拓展性。

(2) 迭代计算。Spark 支持迭代计算，可以对多步数据进行逻辑计算工作。

(3) 数据挖掘。Spark 可以在海量数据基础上进行数据挖掘分析，可以支持多种数据挖掘和机器学习算法。

2. Spark 的特点

Spark 最大的特点是延迟小，具有很高的容错性和可拓展性。

Spark 和其他引擎的最大区别在于，它支持迭代计算。Spark 会将计算中的临时文件或者临时数据存放在内存中。当反复引用时，就不需要从磁盘中进行数据读取，而是选择更快的内存进行操作。相比于传统 Hadoop 架构，当迭代次数非常多的情况下，Spark 理论计算速度会高于 MapReduce 100 倍以上。但是在迭代的层级较少的时候，Spark 与 MapReduce 的差距并不明显，Spark 的计算速度有可能还没有 MapReduce 快。

3. Spark 的架构

Spark 1.0 由 Spark Core、Spark SQL、Spark Streaming、Mllib、GraphX 和 SparkR 等组件构成。Spark 2.0 添加了 Structured Streaming 新功能，如图 5-8 所示。在该架构图中，Standalone、Yarn 和 Mesos 是 Spark 的三种部署模式，分别为独立部署、部署在 Hadoop 集群上和部署在 Mesos 集群上。以下将对 Spark 的各个组件的功能进行说明。

Spark 的组件架构

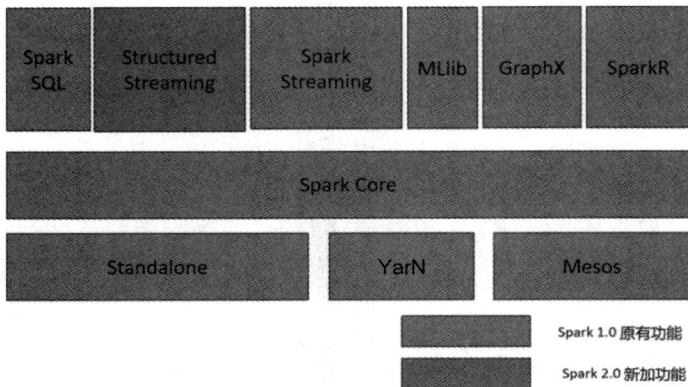

图 5-8　Spark 架构组织图

1) Spark Core

Spark 的架构类似于 MapReduce 的分布式内存计算框架。Core 是 Spark 计算的核心进程。上层的进程按照计算的类型进行区分，用于适应不同层面和不同目的的计算。计算的流程和中间处理过程都是由 Core 来完成的，这样做可以保证所有组件都正常运行，并且达到资源利用的最大化。Core 最大的特点是将中间计算结果直接放在内存中，以提升计算性能。

2) Spark SQL

Spark SQL 是一个用于结构化数据处理和对数据执行类 SQL 查询的 Spark 组件。通过 Spark SQL，可以针对不同数据格式(如 JSON，Parquet，ORC 等)和数据源执行 ETL 操作(如

HDFS、数据库等)完成特定的查询操作。当用户对 SQL 进行操作时，首先需通过 SQL 语句发送对应的请求到达 Spark 的 SQL 执行引擎，SQL 执行引擎将提交的请求作语义执行，再转化为对应的对数据的操作，之后将对应的操作和执行处理任务交给 Core 来进行计算。

3) Spark Streaming

Spark Streaming 是微批处理的流处理引擎，它将流数据分片以后用 Spark Core 进行处理。相对于 Storm，实时性稍差，优势体现在吞吐量上。

4) Mllib 和 GraphX

Mllib 和 GraphX 是算法库，涉及机器学习算法和图计算算法。

5) Structured Streaming

Structured Streaming 为 Spark 2.0 版本之后的独有功能，它是构建在 Spark SQL 上的计算引擎。其将流式数据理解成不断增加的数据库表，这种流式的数据处理模型类似于**数据块处理模型**，可以把静态数据库表的一些查询操作应用在流式计算中。Spark 执行标准的 SQL 查询，从无边界表中获取数据。

5.2.2　Spark Core 技术原理

在学习 Spark Core 的执行方法之前，首先需要了解 Spark Core 的流程角色和基本概念。以下先对 Spark Core 中包含的角色进行说明。

1. Spark Core 中角色说明

1) Client

Client 指用户方，负责提交请求。Client 是一个引擎内的进程，提供了对外访问的接口和对内组件进程的交互。

2) Driver

Driver 是一个新的组件，负责应用的业务逻辑和运行规划(DAG)。由于 Spark 是一个基于内存的处理引擎，其计算数据时有迭代化的计算处理。Driver 需要对任务做相关划分和处理顺序的控制，它将任务的执行规划整合为 DAG 运行规划图来进行下发。DAG 是指一个应用被切分为任务之后执行的相关处理流程，主要用来控制任务的执行顺序和调用的数据。任务执行是有执行顺序的，DAG 是一个有向无环图，这就保证了任务执行的顺序。任务同时又是一定会执行完毕的，即无环性，无环性保证了任务一定会有终止。

3) Application Master

Application Master 负责资源的计算和申请操作。根据应用需要，Application Master 向资源管理部门(Resource Manager)申请资源。这里说的 Application Master 和 MapReduce 执行中的 Application Master 有一定的不同，区别如下：

(1) MapReduce 的 Application Master 需要负责的功能很多，但是 Spark 的 Application Master 功能较单一；

(2) MapReduce 的 Application Master 在创建完成之后需要和 Resource Manager 模块进行注册操作，Spark 的不需要；

(3) 在向 Resource Manager 申请资源之后，MapReduce 的 Application Master 需要自己和 Node Manager 通信要求其拉起 Container，Spark 的则不需要。Executor 是由 Resource

Manager 直接下发创建的;

(4) Container 和 Executor 创建完成之后,如果是 MapReduce 的 Application Master,则会下发 Task 到 Container 中;在 Spark 中,是由 Driver 下发 Task;

(5) 如果用户需要查询相关的处理进度信息,MapReduce 的 Application Master 负责返回执行进度。在 Spark 中,则由 Driver 执行;

(6) 执行完成之后,MapReduce 的 Application Master 需要注销,Spark 的 Application Master 不需要注销;

(7) 如果执行过程中出现故障,那么 MapReduce 的 Application Master 负责重新下发 Task 执行。在 Spark 中这个工作由 Driver 做。

综上所述,MapReduce 和 Spark 的 Application Master 最大的区别在于,MapReduce 的 Application Master 是一个综合管理的进程。但是在 Spark 中,Application Master 只负责资源的计算和申请操作。Driver 是一个固定进程,而 MapReduce 的 Application Master 是一个临时进程。

4) Resource Manager

Resource Manager 负责整个集群资源的统一调度和分配。Resource Manager 是 Yarn 中的组件,和 MapReduce、Spark 没关系。两个引擎只是调用了 Yarn 中的 Resource Manager,没有在自身引擎内创建和维护 Resource Manager。

5) Executor

Executor 负责实际的计算工作。一个应用会拆分给多个 Executor 来进行计算,Executor 是一个更小化的概念。Application Master 在申请资源时申请的是 Container 容器,由 Resource Manager 将对应的资源做封装,之后和 Node Manager 进行通信,要求 Node Manager 启动 Container,在 Container 中,Spark 又将资源做了进一步的切分,最终形成一个个 Executor。Executor 是属于 Container 的,在下发任务时,可以给一个 Executor 下发多个 Task 进行执行。Executor 之间的计算是分布式的。

6) Application

Application 是 Spark 的用户程序,提交一次应用为一个 Application。一个 Application 会启动一个 Spark Context,也就是 Application 的 Driver,来驱动整个 Application 的运行。

7) Job

一个 Application 可能包含多个 Job,每个 Action 算子对应一个 Job。Action 算子有 collect、count 等。Driver 将一个 Application 中提交的计算进程切分为待执行的几个计算工作。例如,用户下发一个做菜的要求,那么 Driver 就会将该请求解析切分为洗菜、切菜、炒菜等 Job 来进行执行。

8) Stage

每个 Job 可能包含多层 Stage,每层 Stage 划分标记为 Shuffle 过程,Stage 按照依赖关系依次执行,每一个 Job 子任务包含很多计算工作。此时,Spark Core 会检查当前需要执行的计算中的数据之间的关联性和相关执行的耦合度,根据数据以及结果之间的依赖关系,将数据分为宽依赖和窄依赖,一旦发现宽依赖,则将其拆分为窄依赖来进行计算,重新规划 DAG,并将上一个计算宽依赖节点到本次计算宽依赖节点的中间计算流程归为一个计算阶段。当所有的 Job 中不存在有宽依赖时,Stage 的拆分流程随之结束。

9) Task

Task 是具体执行任务的基本单位，它被发到 Executor 上执行。Task 是整体计算中的最小单位。只有 Task 的计算是不存在迭代关系的，但是 Task 在执行的时候可能会依赖于其他 Task 的计算结果。

2. Spark 的应用运行流程

图 5-9 为 Spark Core 执行流程图，具体执行流程如下：

(1) 用户通过 Client 向 Driver 发起应用计算请求，启动 Driver，并申请 Job ID，以保证全局应用的唯一合法性。

(2) Driver 根据用户提交的 Application 中关于 Application Master 的控制文件和相关信息计算其所需使用资源，并向 Resource Manager 申请 Application Master。

(3) Resource Manager 在收到请求之后，首先会发送相关的请求到各个 Node Manager。Resource Manager 检查每个 Node Manager 的负载情况，并且选择当前负载最小的 Node Manager 节点进行通信，下发相关的请求给 Node Manager，要求其封装对应的资源，创建一个 Container，并在 Container 创建完成之后打开 Application Master。

(4) Application Master 拉起之后，会根据 Driver 中记录的 DAG 计算当前执行任务所需要消耗的资源，再根据计算的结果向 Resource Manager 发起资源的申请请求。Application Master 会按照轮询式的请求方法计算每一步操作所需要消耗的资源，并以 Task 需要消耗的资源为单位逐个下发资源申请，而不是根据计算所需要消耗的资源总量去进行一次性申请。

(5) Resource Manager 选择合适的节点下发容器，并且在容器上启动 Executor。Resource Manager 按照之前的方式，根据负载在 Node Manager 上拉起 Container，并要求 Container 在创建完成之后在内部继续创建 Executor。Executor 创建完成之后，会向 Driver 进行注册，以保证其合法性。

(6) Driver 会将任务按照 DAG 的执行规划一步步地将 Stage 下发到 Executor 上进行计算。在计算过程中，数据会根据调用的依赖关系，先缓存在内存中。如果内存中的容量不足，则需要根据时间戳将最先写入到内存中的部分数据存放到硬盘中。计算全部结束之后，Executor 就会关闭自身进程，然后 Node Manager 回收资源。

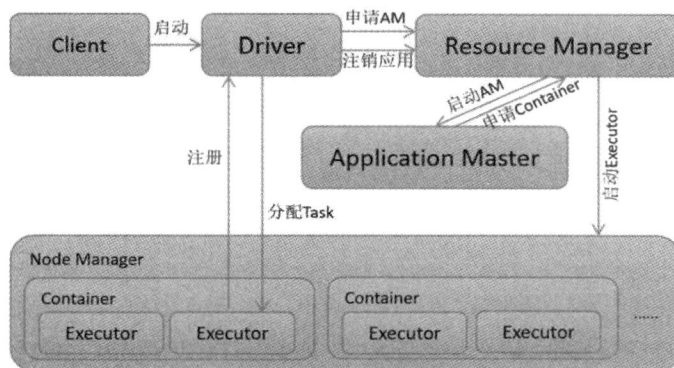

Spark Core
技术原理

图 5-9　Spark Core 执行流程图

(7) 完成任务计算之后，Driver 会向 Resource Manager 进程发送注销信息，完成应用的计算，并向 Client 返回对应的执行结果。如果在执行的过程中有相关的查询操作，请求会通过 Client 下发给 Driver 进行查询，如果 Driver 查询到某一个 Task 执行卡住，或者执行的速度过慢，这个时候就会选择一个 Executor 下发一个相同的任务，哪个任务先执行完，就使用哪一个任务的结果。这样就可以保证在整体执行的时候不会由于某一个进程的执行速度过慢，而导致整体的计算被卡住。

3. RDD(Resilient Distributed Datasets)弹性分布数据集

Spark 的核心建立在统一的 RDD 弹性分布数据集上，这使得 Spark 的各个组件可以无缝地集成，并在同一个应用程序中完成大数据计算任务。

1) RDD 的概念

在实际计算的时候，一个大的数据会按照 DAG 切分成很多小的数据集并被反复调用或者根据依赖关系缓存。这种由阶段性计算产生的小的数据集称为 RDD，它指的是一个只读的、可分区的分布式数据集。这个数据集的全部或部分可以缓存在内存，并在多次计算之间重用。

RDD 的主要创建方式分为 Hadoop 文件系统(或与 Hadoop 兼容的其他存储系统)输入和从父 RDD 转换得到新的 RDD。在实际操作中，业务提交到 Spark 后，在 Driver 中首先会进行 Application 到 Task 的 DAG 切分。这个时候计算的数据会把原先的整体文件切分为一个个的 RDD。计算的时候是按照 DAG 的执行反向顺序来创建的，由一个大的文件，也就是量级比较大的父 RDD 逐步切分为多个子 RDD，直到最终子 RDD 的对应关系可以和 Task 匹配，如图 5-10 所示。

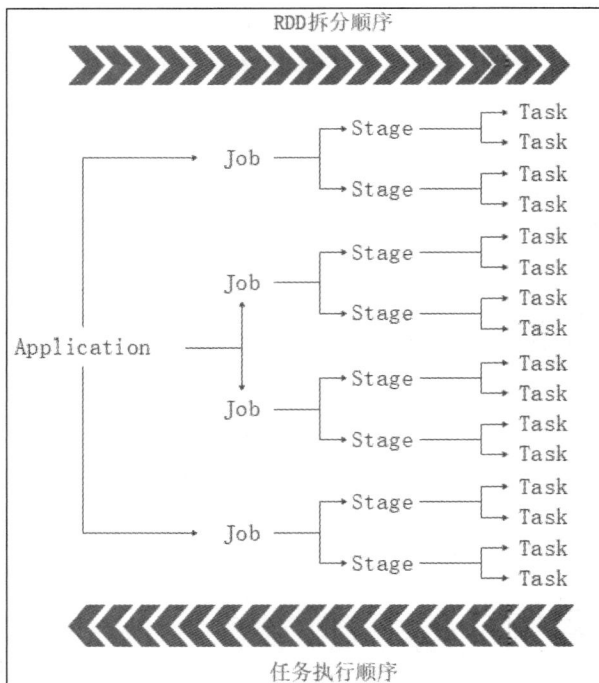

图 5-10　Spark RDD 的拆分顺序

2) RDD 的存储和分区

用户可以选择不同的存储级别(11 种)来存储 RDD，以便能重新使用。当前 RDD 默认存储于内存中，当内存不足时，RDD 会溢出到磁盘中。RDD 在需要分区时会根据每条记录 Key 进行分区，以此保证两个数据集能高效地进行 Join 操作。

3) RDD 的优点

RDD 具有以下优点。

(1) RDD 是只读的，可提供更高容错能力。

(2) RDD 的不可变性可以实现 Hadoop MapReduce 的推测式执行。

(3) RDD 的数据分区特性可以通过本地性能来提高。

(4) RDD 是可序列化的，在内存不足时自动降级为磁盘存储。

4) RDD 的依赖策略

在实际提交计算的时候，计算之间存在相关的依赖关系，各个计算结果相互进行迭代和调用也导致了在转化为 DAG 的过程中，数据与数据之间(包括计算的临时结果之间)是存在相关调用关系的。某些 RDD 算子就会依赖之前计算的 RDD，并产生相关的依赖关系。如果某个 RDD 只依赖于一个 RDD 的运算就可以执行自身的计算,这种依赖称之为窄依赖；如果某一个 RDD 需要多个 RDD 的反馈结果才能够满足执行下一个步骤的条件，就把 RDD 之间的关系叫作宽依赖。在具体的实际执行过程中，窄依赖要远远优于宽依赖，所以我们需要将宽依赖拆分为窄依赖，这样就可以提升整体的执行效率。将宽依赖拆分为窄依赖的阶段可以称为一个新的阶段，也就是 Stage，如图 5-11 所示。

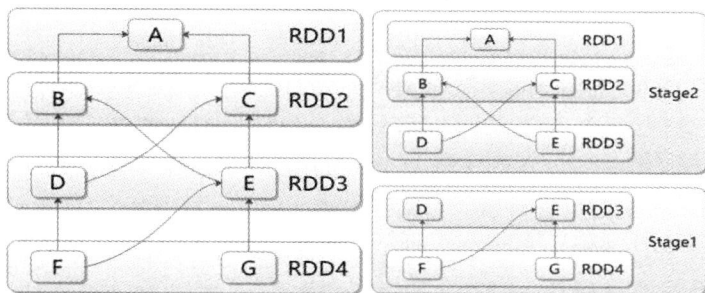

图 5-11　Spark 依赖拆解图

如图 5-11 所示，Spark 依赖拆解本质上并没有真正拆分原本的宽依赖，而是将执行的阶段做了一个划分。Spark 依赖拆解的原理是必须要等待 Stage1 执行完毕，即所有的分区数据都计算完成才能执行 Stage2，数据才能被加载到下一个 Stage 中，这样就节约了内存的占用时间，减小了占用率。从原理性上来说，Spark 依赖拆解问题主要的解决就是内存的占用问题。

💡 想一想

Spark 依赖拆解所做的操作想要解决的核心问题是什么？

4. Spark 应用调度

图 5-12 为 Spark 应用调度图，接下来介绍 Spark 的应用调度流程。

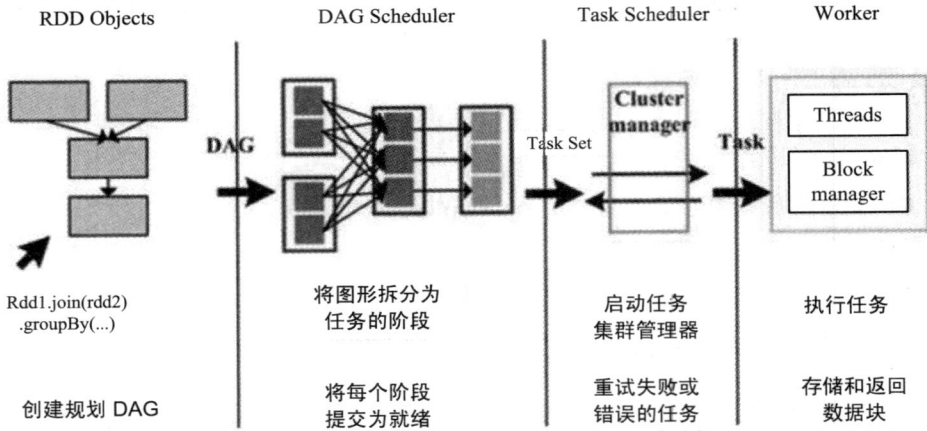

图 5-12　Spark 应用调度图

(1) 首先 RDD Objects 产生 DAG，然后进入 DAG Scheduler 阶段。DAG Scheduler 是面向 stage 的高层次的调度器。

(2) DAG Scheduler 把 DAG 拆分成很多 Task，每组的 Task 都是一个 Stage。每当遇到 Shuffle 就会产生新的 Stage。DAG Scheduler 需要记录 RDD 被存入磁盘等物化动作，同时需寻找 Task 的最优化调度，如数据本地性等；DAG Scheduler 还要监视因为 Shuffle 输出导致的失败。

(3) DAG Scheduler 划分 Stage 后以 Task Set 为单位把任务交给底层的可插拔的调度器 Task Scheduler 来处理；一个 Task Scheduler 只为一个 Spark Context 实例服务。Task Scheduler 收到任务后，它负责把任务分发到集群中 Worker 的 Executor 中去运行，如果某个 Task 运行失败，Task Scheduler 要负责重试；如果 Task Scheduler 发现某个 Task 一直未运行完，就可以启动同样的任务运行同一个 Task，哪个任务先运行完就用哪个任务的结果。

(4) Worker 负责执行任务，并存储和返回数据。

想一想

DataFrame 编译器的不安全体现在什么地方？

5.2.3　Structured Streaming 和 Spark Streaming 技术原理

本节介绍 Structured Streaming 和 Spark Streaming 技术原理。

1. Structured Streaming 技术原理

Structured Streaming 是构建在 Spark SQL 引擎上的流式数据处理引擎。它可以像静态

RDD 数据那样编写流式计算过程。当流数据连续不断地产生时，Spark SQL 将会增量地、持续不断地处理这些数据，并将结果更新到结果集中。

Structured Streaming 的核心是将流式数据看成一张不断增加数据的数据库表，这种流式的数据处理模型如图 5-13 所示。它类似于数据块处理模型，可以把静态数据库表的一些查询操作应用在流式计算中。Spark 执行标准的 SQL 查询，从无界表中获取数据。所谓无界表指的是新数据不断到来，旧数据不断丢弃，实际上是一个连续不断的结构化数据流。

Structured Streaming
技术原理

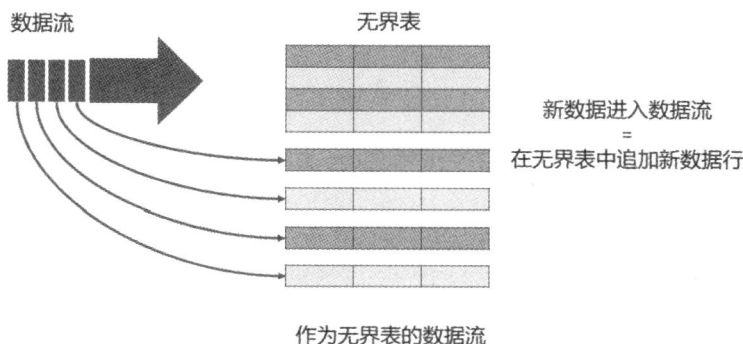

图 5-13　流式数据处理示意图

在流式数据处理流程中，已经计算完成的数据会被不断地丢弃，新的数据持续地被加入到数据集的末尾。这个数据集是一个无头无尾的数据集，体现了流式数据的持续性。

Structured Streaming 是按照时间顺序来进行计算的。每一条查询的操作都会产生一个结果集 Result Table。当新的数据新增到表中，都会更新 Result Table。无论结果集何时更新，变化的结果都要写入一个外部的存储系统。

Structured Streaming 在 OutPut 阶段可以定义不同的数据写入方式，主要有如下三种：

（1）Complete Mode：更新的结果集都会写入外部存储。整张表的写入操作将由外部存储系统的连接器完成。

（2）Append Mode：当时间间隔触发时，只有在 Result Table 中新增加的数据才会被写入外部存储。

（3）Update Mode：当时间间隔触发时，只有在 Result Table 中被更新的数据才会被写入外部存储系统。注意，它和 Complete Mode 方式的不同之处是不更新的结果集不会写入外部存储。

2. Spark Streaming 技术原理

Spark Streaming 计算基于 DataStream，它将流式计算分解成一系列短小的批处理作业。Spark Streaming 本质仍是基于 RDD 计算。当 RDD 的某些 Partition 丢失时，可以通过 RDD 的血统机制重新恢复丢失的 RDD。图 5-14 为 Spark RDD 血统恢复图。

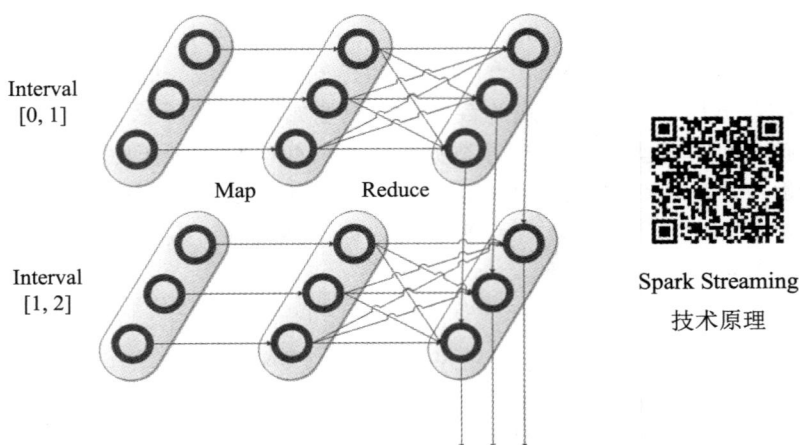

图 5-14 Spark RDD 血统恢复图

Spark Streaming 和 Storm 这两个框架在实时计算领域中都很优秀,只是各自擅长的细分场景不相同。表 5-1 展示了 Storm 与 Spark Streaming 在各个方面的性能比较结果,从该表可以看出 Spark Streaming 仅仅在吞吐量上比 Storm 要优秀。

表 5-1 Storm 与 Spark Streaming 对比

对比点	Storm	Spark Streaming
实时计算模型	毫秒级	秒级
实时计算延迟	低	高
吞吐量	低	高
事务机制	支持且完善	支持,但不够完善
容错性	ZooKeeper、Acker 的容错性非常强	Checkpoint、WAL 的容错性一般
动态调整并行度	支持	不支持

5.3 Streaming 分布式流计算引擎*

本节主要在 Streaming 的理论框架层面上对 Streaming 的运行方式进行解析和说明,需要重点区分和掌握 Streaming 的控制进程和数据计算进程,了解 Streaming 的 Ack 安全机制,并且对流计算有一个基本的认知。

5.3.1 Streaming 简介

本节首先介绍 Streaming 的概念与特点，然后介绍 Streaming 的业务进程和数据进程。

1. Streaming 的概念与特点

Streaming 是在华为 FusionInsight HD 系统内的名称，它源于 Apache 开源框架中的 Storm。Streaming 是一个分布式实时大数据处理框架，被业界称为实时版 MapReduce。Streaming 位于 Hadoop 框架的计算层次，如图 5-15 所示。Hadoop 的 MapReduce 高延迟无法满足越来越多的场景需求，比如网站统计、推荐系统、预警系统、金融系统(高频交易、股票)等。大数据实时处理解决方案(流计算)的应用日趋广泛，目前已是分布式技术领域的最新爆发点，而 Streaming 则是流计算技术中的佼佼者和主流。

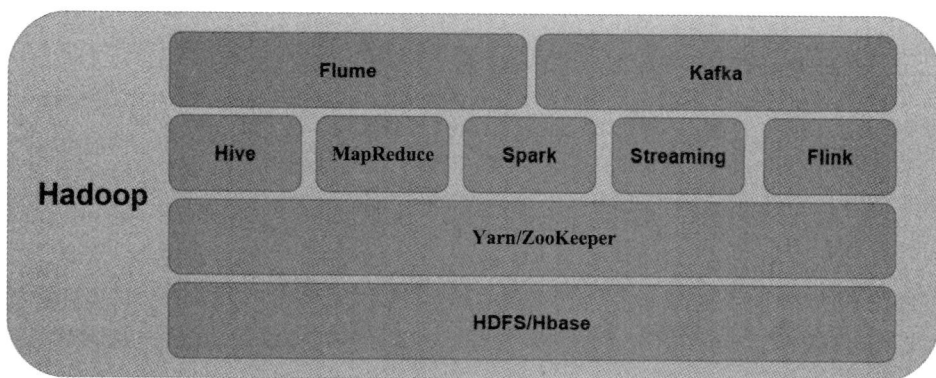

图 5-15　Hadoop 综合框架图

按照 Streaming 作者的说法，Streaming 对于实时计算的意义类似于 MapReduce 对于批处理的意义。MapReduce 提供了 Map、Reduce 原语，使我们的批处理程序变得简单和高效。同样，Streaming 也为实时计算提供了一些简单高效的原语，让开发更加便利和高效。

Streaming 基于开源 Storm，是一个分布式、实时计算框架，具有以下几种特点：

(1) 实时响应。

(2) 低延迟。

(3) 数据不存储，先计算。

(4) 连续查询。

(5) 事件驱动。

2. Streaming 的业务进程

Streaming 的进程分为业务进程和数据进程，其中业务进程有以下几种。

1) Topology

Topology 是 Streaming 中运行的一个实时应用程序。Topology 可以理解为 MapReduce 或者 Spark 中的 Application，它包含了任务的执行逻辑方法以及相关的处理方式。对于传统的 Application，也就是 MapReduce 或 Spark 中的应用，在提交数据的处理逻辑时，必须要同时提交文件的位置，而且文件必须在 HDFS、HBase 或 Hive 中。Streaming 只需要提交对数据的处理逻辑，而实际的数据是托管给其他的组件来导入的。由于 Streaming 处理的一般都是无法预先定义的实时数据，所以只能预先定义好处理框架，等待数据的引入，然后根据框架计算结果并反馈。

2) Nimbus

Nimbus 负责资源分配和任务调度。Nimbus 在功能上类似于 Yarn 中的 Application Master。在 MapReduce 中，Application Master 如果想要分配一个任务给 Container，该任务便会直接分配给 Container。但是在 Streaming 中，任务的下发是由 Nimbus 先行给 ZooKeeper，然后再由 ZooKeeper 转发。

3) Supervisor

Supervisor 负责接收 Nimbus 分配的任务，以及启动和停止属于自己管理的 Worker 进程，其功能类似于 Yarn 中的 Node Manager。和 Node Manager 不同的是，Node Manager 负责的是拉起容器，下发任务，但是不负责管理任务的执行进度和执行情况。Supervisor 除下发任务外，还需要对任务进行管理和监控。

4) Worker

Worker 是 Topology 运行时的物理进程。每个 Worker 是一个 JVM 进程。Worker 架构类似于 Yarn 中的 Container。Container 是 CPU 和内存的封装体，而 Worker 是一个 JVM 进程。在实际的 Streaming 计算过程中，用户提交的 Topology 是一个大的 JVM 进程，JVM 被 Nimbus 拆分成多个子任务，然后每一个子任务都通过 ZooKeeper 下发到 Supervisor 上，Supervisor 接收到该任务之后，会将该任务交给 Worker，然后 Worker 会将子 JVM 进程进一步拆分，拆分成执行的 Task，每一个 Task 都给 Executor 计算。

5) ZooKeeper

ZooKeeper 为 Streaming 服务中各进程提供分布式协作服务。主备 Nimbus、Supervisor、Worker 将自己的信息注册到 ZooKeeper 中，Nimbus 据此感知各个角色的健康状态。ZooKeeper 为 Streaming 监控整个集群的资源使用率，相当于代理了 Resource Manager 中资源管理器的工作，还负责任务的下发。

6) Task

Task 是运行了 Worker 中的每一个 Spout/Bolt 的线程。

3. Streaming 的数据进程

Streaming 的数据进程有以下几种。

(1) Spout。Spout 是在一个 Topology 中产生源数据流的组件，是一个数据输入进程。

(2) Bolt。Bolt 是在一个 Topology 中接受数据然后执行处理的组件，是数据输出进程。

(3) Tuple。Tuple 是 Streaming 的核心数据结构，是消息传递的基本单元。这些 Tuple 会以一种分布式的方式进行创建和处理。Tuple 指代为 Streaming 每次收到的一个数据或一组数据，它是数据处理的基本单位。

(4) Stream。Stream 是一个无边界的连续 Tuple 序列，也叫作流。它是由多个连续 Tuple 组成的一个带有顺序性的序列，其遵循先进先出的原则，执行输入计算和输出。

5.3.2 Streaming 执行流程

图 5-16 为 Streaming 任务执行流程图。Streaming 执行流程包含如下步骤：

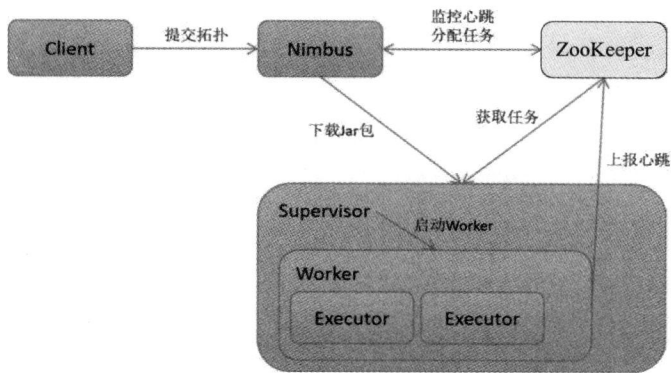

图 5-16　Streaming 任务执行流程图

(1) 当 Client 接收到用户请求后，它会将拓扑信息迅速发送至 Nimbus。

(2) 一旦 Nimbus 获取到请求，它会立即下载并解压用户提交的 Jar 包，同时，将 Java 进程中即将执行的任务摘要信息实时发送给 ZooKeeper。ZooKeeper 基于集群的综合负载情况，为任务分配做好前期准备。

(3) ZooKeeper 根据集群状态，智能地将任务分派给 Supervisor。Supervisor 在接收到 ZooKeeper 分发的任务后，会主动与 Nimbus 通信，下载对应任务的 Jar 包。

(4) Supervisor 解压 Jar 包并创建 Worker 进程。Worker 启动后，会封装 Executor，并立即将任务派发至 Executor 执行。

(5) Executor 完成计算任务后，会及时逐层反馈计算结果，最终由 Nimbus 整合并反馈给 Client。

由于 Executor 需要定期上报心跳，因此，一旦 Executor 出现异常情况，ZooKeeper 能够迅速捕捉信息，并通知 Supervisor 进行相应的故障处理，如重启 Worker 或特定任务。若 Supervisor 发生故障，ZooKeeper 将直接调度其他可用的 Supervisor 来执行未完成的任务，确保系统的高可用性。同时，Nimbus 采用主备进程设计，一旦主进程出现故障，备 Nimbus 可以迅速进行故障切换，保障系统的稳定运行。

5.3.3　Streaming 系统特性

Streaming 的系统特性分为 Nimbus-HA、Streaming 消息可靠性。

1. Nimbus-HA

Nimbus HA 的实现是使用 ZooKeeper 分布式锁，通过主备争抢模式完成 Leader 选举和主备切换。主备 Nimbus 之间会周期性地同步元数据，保证在发生主备切换后拓扑数据不丢失，业务不受损。

2. Streaming 消息可靠性

1) Acker 介绍

Streaming 里面有一类特殊的 Task 称为 Acker，它们负责跟踪 Spout 发出的每一个 Tuple 的 Tuple Tree。当 Acker 发现一个 Tuple 树已经处理完成了，它会发送一个消息给产生这个 Tuple 的 Task。Spout 提供 Ack() 和 Fail() 接口方法用于处理 Acker 的反馈结果。一般在 Fail()

方法中实现消息重发逻辑。

Acker 的工作流程如下：

(1) Spout 创建一个新的 Tuple 时，会发一个消息通知 Acker 去跟踪。

(2) Bolt 在处理 Tuple 成功或失败后，也会发一个消息通知 Acker。

(3) Acker 会找到发射该 Tuple 的 Spout，回调其 Ack 或 Fail 方法。

2) 保证 Streaming 消息可靠性的方式

Streaming 要求低延迟处理，保证数据的计算准确性有以下三种方式。

(1) 最多一次。在整个数据输入到输出的阶段中，只需要进行最多一次准确性确认。一般来说，做准确性确认需要消耗系统的相关资源。最多一次确认消耗的开销最小，这样就可以保证在海量数据计算的情况下，尽可能多地节省资源。

(2) 最少一次。在整个数据输入到输出阶段中，必须至少进行一次准确性确认。一般来说，最少一次的确认机制都不会等于 1 次。这种确认机制会消耗较多的资源，那么计算可以消耗的资源就会减少。这种方式下，计算处理的数据量一般不会很大。

(3) 精确一次。精确一次方式是通过程序调用 API 接口进行精细化确认。精细化确认消耗的资源是最大的，所以计算所能处理的资源也就最少。

> **想一想**
>
> 三种 Acker 确认机制适合在什么场景使用？

3) 可靠性机制关闭方法

可靠性的机制关闭方法一共有以下三种：

(1) 通过关闭 Acker 的角色，使整个确认信息失效且无法使用。

(2) 发送信息的时候不携带 Message ID，那么 Acker 就无法对确认信息进行回复。

(3) 不构建 Tuple tree 的方法。这会使 Acker 认为数据从 Spout 到达第一级 Bolt 之后就已经完成了，之后就不会反馈 Ack 了。

4) Streaming 确认机制

图 5-17 为 Streaming 确认机制图。Streaming 确认流程如下：

(1) Spout 发送任意一个消息时，会通知 Acker 一个新的根消息产生了。Acker 会创建一个新的流程树，图 5-17 即为创建出的流程树，并初始化校验和为 0。

(2) Bolt 发送消息时向 Acker 发送确认消息，刷新消息树。并在发送成功后向 Acker 反馈结果。如果成功则重新刷新校验和，如果失败 Acker 会立即通知 Spout 处理失败。

(3) 当消息树被完全处理(校验和为 0)，

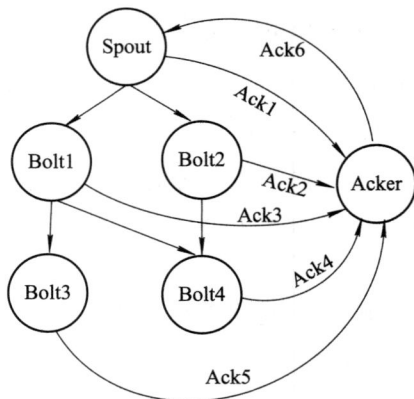

图 5-17　Streaming 确认机制图

Acker 会通知 Spout 处理成功。

5.4 大数据计算与处理案例实验

【案例 5-1】某企业使用大数据计算组件 MapReduce 对用户提交的论文数据进行词频统计。一旦完成词频统计，系统将与文库中已有文献的词频进行比对，使用余弦相似性算法进行计算。接下来，系统会导出与已有文献相似性最高的若干篇论文，然后，进一步对这些查重文章和疑似重复文章进行逐字段比对，以实现查重的功能。

【案例 5-2】某互联网公司使用大数据计算组件 Streaming 来实时统计当前的热点事件。

5.4.1 基于 MapReduce 的词频统计代码开发

词频统计的开发工作主要分为几个流程：首先读取原文件中每行数据；然后用指定分隔符(空格)将这一行数据分成若干个单词；分割完成之后，进行词频统计并输出<单词，Key>值对，例如<huawei，1>；统计完成之后，需要汇总并输出各个值对的个数，例如<huawei，3>；最终将值对转换成文本格式，输出到指定目录。

1. 开发流程

1）创建 Package

在 mapreduce-example-normal 的 src 源文件下创建一个名为"com.mr.test"的 Package，如图 5-18、5-19 所示。

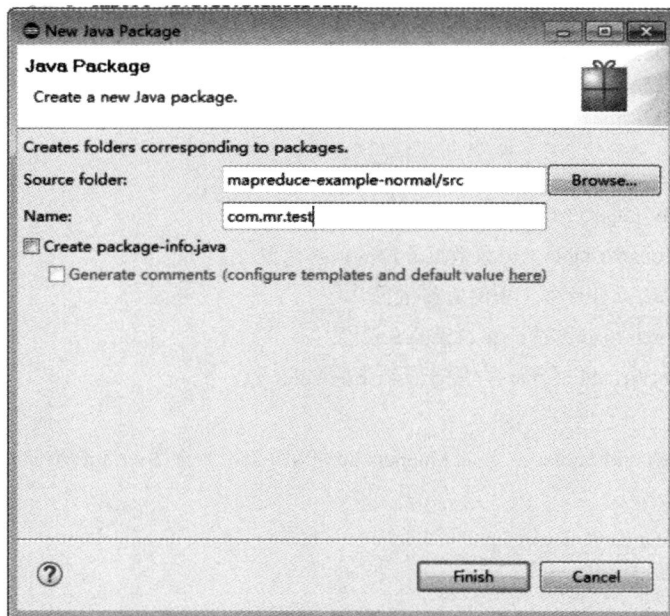

图 5-18 package 创建 1

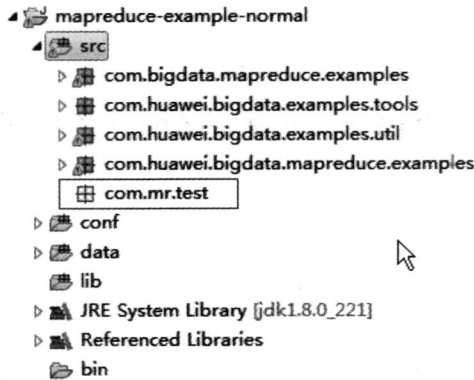

图 5-19   package 创建 2

2) 编写 Mapper 类

在"com.mr.test"包下创建 WordCountMapper 类，如图 5-20 所示。该类从 Context 中接收数据，此时数据以<LongWritable, Text>键值对的形式来接收。通过重写 Map 方法，以一行一行的方式读取数据，并以<Text, IntWritable>键值对的形式进行输出，如<huawei,1><huawei,1><xunfang,1><BigData,1>。

代码如下：

```
package com.mr.test;
import java.io.IOException;
import org.apache.hadoop.io.IntWritable;
import org.apache.hadoop.io.LongWritable;
import org.apache.hadoop.io.Text;
import org.apache.hadoop.mapreduce.Mapper;
/*
 * map 阶段
 *
 * Mapper<LongWritable, Text, Text, IntWritable>
 * 第 1 个参数 LongWritable：记录数据分片的偏移位置
 * 第 2 个参数 Text：分片中文本的偏移位置
 * 第 3 个参数 Text: map 方法计算结果的 Key 值
 * 第 4 个参数 IntWritable：map 方法计算结果的 value 值
*/
public class WordCountMapper extends Mapper<LongWritable, Text, Text, IntWritable>{
Text k = new Text();
IntWritable v = new IntWritable(1) ;
@Override
protected void map(LongWritable Key, Text value, Context context)
        throws IOException, InterruptedException {
```

```
        System.out.println(Key.toString());
        // 1  获取一行数据
        String line = value.toString();
        // 2  切割单词
        // 将每一行数据拆分成单个单词放入数组 words 中
        String[] words = line.split(" ");
        // 3  循环写出
        for (String word : words) {
            // 每个单词的内容当作 k，并为 v 赋值 1
            k.set(word);
            context.write(k, v);
        }
    }
}
```

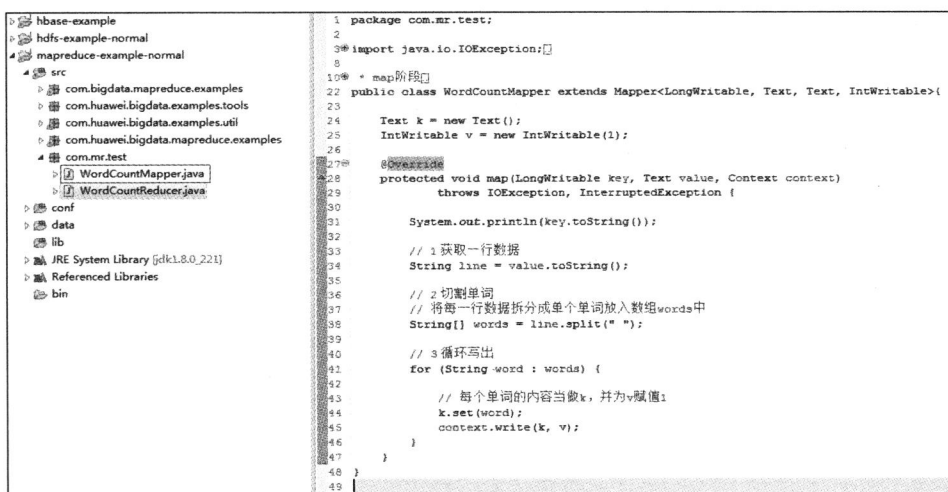

图 5-20　编写 mapper 类

3) 编写 Reducer 类

在"com.mr.test"包下创建 WordCountReducer 类，如图 5-21 所示。该类的作用是接收 WordCountMapper 输出的键值对<Text，IntWritable>，然后将具有相同单词的值相加。

代码如下：

```
package com.mr.test;
import java.io.IOException;
import org.apache.hadoop.io.IntWritable;
import org.apache.hadoop.io.Text;
import org.apache.hadoop.mapreduce.Reducer;
// KEYIN, VALUEIN    map 阶段输出的 Key 和 value
public class WordCountReducer extends Reducer<Text, IntWritable, Text, IntWritable>{
```

```
        IntWritable v = new IntWritable();
        @Override
        protected void reduce(Text key, Iterable<IntWritable> values,
                Context context) throws IOException, InterruptedException {
            int sum = 0;
            // 1 累加求和
            for (IntWritable value : values) {
                sum += value.get();
            }
            v.set(sum);
            // 2 输出
            context.write(Key, v);
        }
    }
}
```

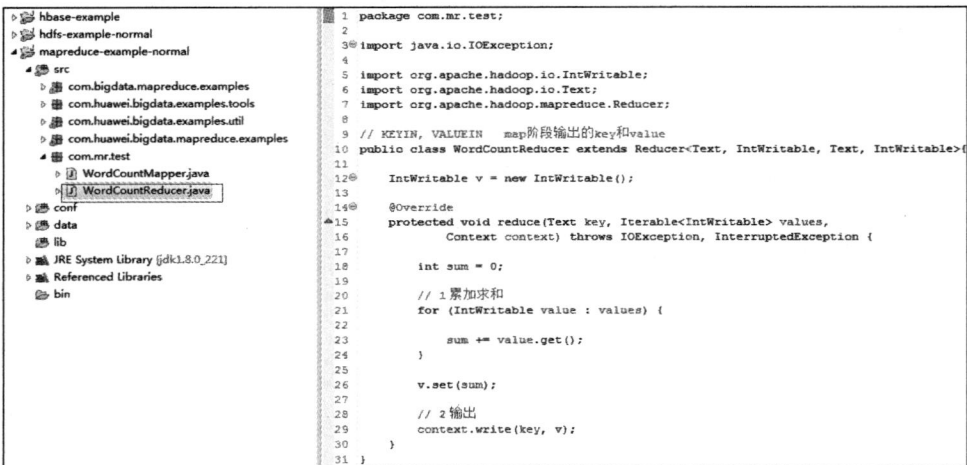

图 5-21　编写 reducer 类

4) 编写 Driver 类

在 "com.mr.test" 包下创建 WordCountDriver 类，如图 5-22 所示，该类用于关联 Mapper 和 Reduce 业务、指定最终输出的数据类型以及提交 MapReduce 作业。

代码如下：

```
package com.mr.test;
import java.io.IOException;
import org.apache.hadoop.conf.Configuration;
import org.apache.hadoop.fs.Path;
import org.apache.hadoop.io.IntWritable;
import org.apache.hadoop.io.Text;
import org.apache.hadoop.mapreduce.Job;
```

```
import org.apache.hadoop.mapreduce.lib.input.FileInputFormat;
import org.apache.hadoop.mapreduce.lib.output.FileOutputFormat;
public class WordCountDriver {
    public static void main(String[] args) throws IOException, ClassNotFoundException, InterruptedException {
        // 1 获取配置信息以及封装任务
        Configuration configuration = new Configuration();
        Job job = Job.getInstance(configuration);
        // 2 设置 jar 加载路径
        job.setJarByClass(WordCountDriver.class);
        // 3 设置 map 和 reduce 类
        job.setMapperClass(WordCountMapper.class);
        job.setReducerClass(WordCountReducer.class);
        // 4 设置 map 输出
        job.setMapOutputKeyClass(Text.class);
        job.setMapOutputValueClass(IntWritable.class);
        // 5 设置最终输出 kv 类型
        job.setOutputKeyClass(Text.class);
        job.setOutputValueClass(IntWritable.class);
        // 6 设置输入和输出路径
        FileInputFormat.setInputPaths(job, new Path(args[0]));
        FileOutputFormat.setOutputPath(job, new Path(args[1]));
        // 7 提交
        boolean result = job.waitForCompletion(true);
        // 8 退出程序
        System.exit(result ? 0 : 1);
    }
}
```

图 5-22 编写 Driver 类

2. 代码调试与执行

在代码开发完成后，代码的编译与调试主要分为两个主要部分：第一部分涵盖了代码的导出和执行；而第二部分则涉及结果的查看。接下来，将详细说明这两个部分的相关操作。

(1) 导出 MapReduce 应用可执行包。首先，在"com.mr.test"包上右键单击，然后选择"Export"。接下来，在导出向导中选择"导出 JAR file"选项，如图 5-23 所示，然后点击"下一步"。

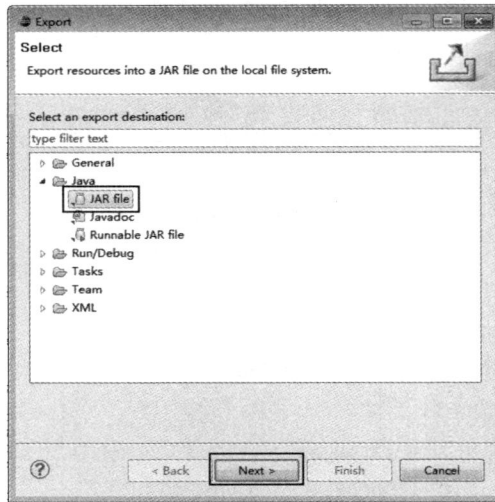

图 5-23　代码导出-1

(2) 选择包的导出路径，如图 5-24 所示，单击"Finish"。这样就导出了 MapReduce 应用可执行包。

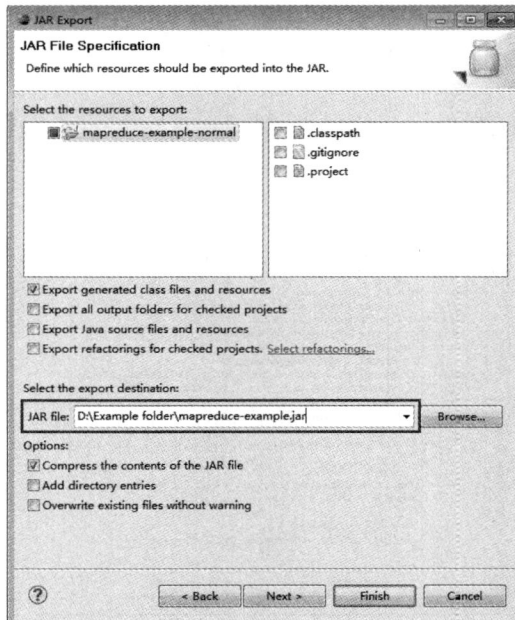

图 5-24　代码导出-2

(3) 可执行包上传运行。上传已生成的应用包“mapreduce-example.jar”到大数据存储节点，然后使用 Hadoop 客户端将该文件传输到 HDFS 的指定位置，比如“/srv/client/conf”。

接下来，使用 SecureCRT 登录到 fihosts-1 节点，并运行样例工程。执行以下命令来设置参数和提交 Job：

```
cd /srv/client/conf
Yarn jar mr-example.jar com.mr.test.WordCountDriver /tmp/input /tmp/output
```

3. 查看调测结果

图 5-25 为调测结果图。

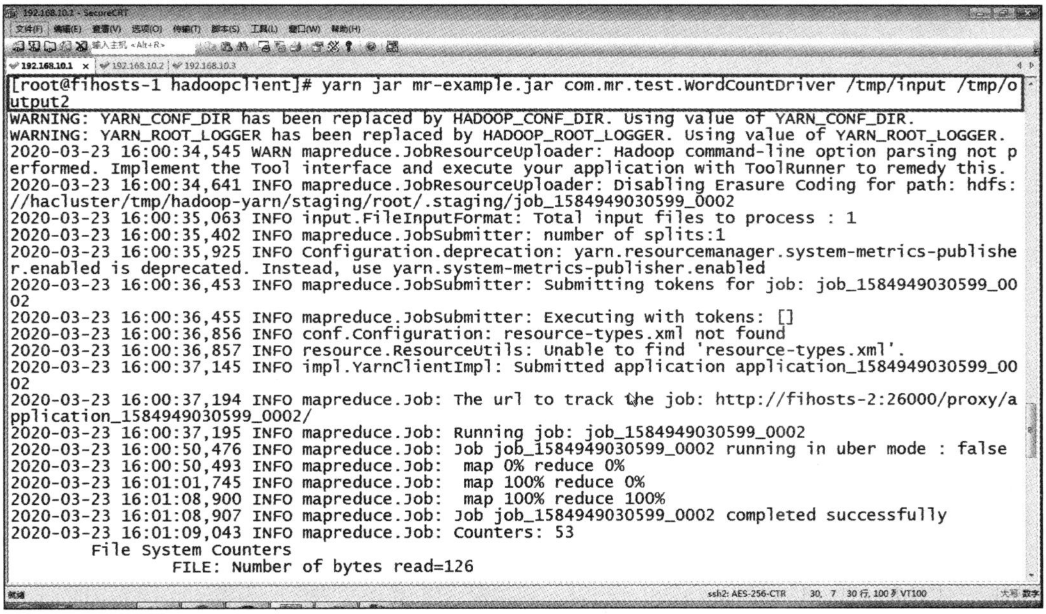

图 5-25　调测结果

要查看分析结果文件，可通过 shell 命令或 Hue Web 界面查看，图 5-26 为用 shell 执行查看结果界面。

```
[root@fihosts-1 conf]# hdfs dfs -ls /tmp/output
Found 2 items
-rw-r--r--   3 root hadoop          0 2020-07-10 10:34 /tmp/output/_SUCCESS
-rw-r--r--   3 root hadoop        151 2020-07-10 10:34 /tmp/output/part-r-00000
[root@fihosts-1 conf]# hdfs dfs -cat /tmp/output/part-r-00000
CaiXuyu,female,50       6
FangBo,female,50        4
FangBo,female,60        2
GuoYijun,male,5 2
GuoYijun,male,50        2
LiuYang,female,20       4
Liyuan,male,20  2
YuanJing,male,10        4
[root@fihosts-1 conf]#
```

图 5-26　shell 执行结果

通过 MapReduce 服务的 WebUI 查看结果，可以在进入 Web 界面后，参照如下方法查看任务执行状态，如图 5-27 所示。

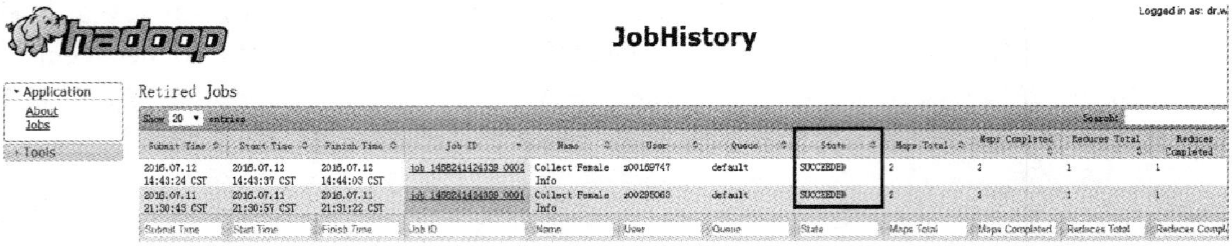

图 5-27　MapReduce-web 执行结果

通过 Yarn 服务的 WebUI 查看执行结果，如图 5-28 所示。

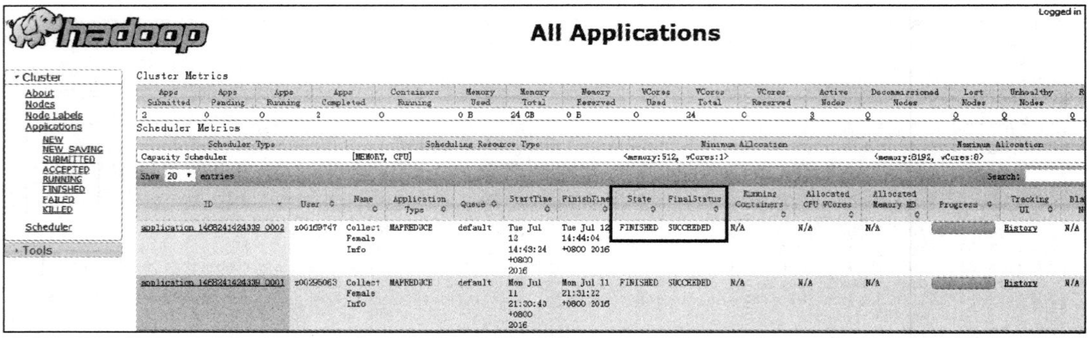

图 5-28　Yarn-web 执行结果

5.4.2　基于 Steaming 的词频分析和统计

某互联网公司需要进行统计热点事件。该公司的任务是对用户发表的评论以及搜索结果中的文本进行实时统计，以便跟踪当前的热点事件。数据源不断地发送随机文本，这些文本会经过文本拆分逻辑。该逻辑会将每条文本按空格进行拆分。然后，每个单词会被逐一传递给单词统计逻辑，这个逻辑会对每个单词执行加 1 操作，并将实时统计结果打印输出。

考虑到以上需求，用户需要一个实时性较强的计算引擎。此外，用户的搜索和评论数据以文本为主，因此数据量不大。基于这两个原因，选择 Streaming 作为开发引擎来实现这一功能。以下是实现方案。

1. 创建 Spout

Spout 是 Storm 的消息源，它是 Topology 的消息生产者。通常情况下，消息源会从一个外部源读取数据，并将其作为消息(Tuple)发送到 Topology。

一个消息源可以发送多条消息流 Stream。可以使用 Output Fields Declarer. Declarer Stream 来定义多个 Stream，然后使用 Spout Output Collector 来发射指定的 Stream。

以下为功能实现的代码段：

```
/**
 * {@inheritDoc}
 */
@Override
```

```
public void nextTuple()
{
Utils.sleep(100);
String[] sentences =
new String[] {"the cow jumped over the moon",
"an apple a day keeps the doctor away",
"four score and seven years ago",
"snow white and the seven dwarfs",
"i am at two with nature"};
String sentence = sentences[random.nextInt(sentences.length)];
collector.emit(new Values(sentence));
    }
```

下面代码用于统计收到的每个单词的数量。

```
@Override
    public void execute(Tuple tuple, BasicOutputCollector collector)
    {
        String word = tuple.getString(0);
        Integer count = counts.get(word);
        if (count == null)
        {
            count = 0;
        }
        count++;
        counts.put(word, count);
        System.out.println("word: " + word + ", count: " + count);
    }
```

2. 创建 Topology

一个 Topology 是 Spout 和 Bolt 组成的有向无环图。

如果是通过 Storm Jar 提交应用程序，那么需要在 main 函数中调用创建拓扑的函数，并在 Storm Jar 命令的参数中指定 main 函数所在的类。

下面代码段用于构建应用程序并提交。

```
public static void main(String[] args)
        throws Exception
    {
        TopologyBuilder builder = buildTopology();
        /*
* 任务的提交认为三种方式
* 1.命令行方式提交，这种需要将应用程序 jar 包复制到客户端机器上执行客户端命令提交
```

```
 * 2.远程方式提交，这种需要将应用程序的 jar 包打包好之后在 Eclipse 中运行 main 方法提交
 * 3.本地提交 ，在本地执行应用程序，一般用来测试
 * 命令行方式和远程方式安全和普通模式都支持
 * 本地提交仅支持普通模式
 *
 * 用户只能选择一种任务提交方式，默认命令行方式提交，如果是其他方式，请删除代码注释即可
    */
    submitTopology(builder, SubmitType.CMD);
  }
  private static void submitTopology(TopologyBuilder builder, SubmitType type) throws Exception
  {
    switch (type)
    {
      case CMD:
      {
        cmdSubmit(builder, null);
        break;
      }
      case REMOTE:
      {
        remoteSubmit(builder);
        break;
      }
      case LOCAL:
      {
        localSubmit(builder);
        break;
      }
    }
  }
  /**
   * 命令行方式远程提交
   * 步骤如下：
   * 打包成 Jar 包，然后在客户端命令行上面进行提交
   * 远程提交的时候，要先将该应用程序和其他外部依赖(非 excemple 工程提供，用户自己程序依
赖)的 jar 包打包成一个大的 jar 包
   * 再通过 storm 客户端中 storm -jar 的命令进行提交
   *
   * 如果是安全环境，客户端命令行提交之前，必须先通过 kinit 命令进行安全登录
```

```
    *
    * 运行命令如下：
    * ./storm jar ../example/example.jar com.huawei.storm.example.WordCountTopology
    */
    private static void cmdSubmit(TopologyBuilder builder, Config conf)
throws AlreadyAliveException, InvalidTopologyException, NotALeaderException, AuthorizationException
    {
        if (conf == null)
        {
            conf = new Config();
        }
        conf.setNumWorkers(1) ;
    StormSubmitter.submitTopologyWithProgressBar(TOPOLOGY_NAME,conf,builder.createTopology());
    }
    private static void localSubmit(TopologyBuilder builder)
        throws InterruptedException
    {
        Config conf = new Config();
        conf.setDebug(true);
        conf.setMaxTaskParallelism(3) ;
        LocalCluster cluster = new LocalCluster();
        cluster.submitTopology(TOPOLOGY_NAME, conf, builder.createTopology());
        Thread.sleep(10000);
        cluster.shutdown();
    }
    private static void remoteSubmit(TopologyBuilder builder)
        throws  AlreadyAliveException,  InvalidTopologyException,  NotALeaderException,  Authorization
Exception,
        IOException
    {
        Config config = createConf();
        String userJarFilePath = "替换为用户 jar 包地址";
        System.setProperty(STORM_SUBMIT_JAR_PROPERTY, userJarFilePath);
        //安全模式下的一些准备工作
        if (isSecurityModel())
        {
            securityPrepare(config);
        }
        config.setNumWorkers(1) ;
```

```
        StormSubmitter.submitTopologyWithProgressBar(TOPOLOGY_NAME, config, builder.create
Topology());
    }
    private static TopologyBuilder buildTopology()
    {
    TopologyBuilder builder = new TopologyBuilder();
    builder.setSpout("spout", new RandomSentenceSpout(), 5);
        builder.setBolt("split", new SplitSentenceBolt(), 8).shuffleGrouping("spout");
        builder.setBolt("count", new WordCountBolt(), 12).fieldsGrouping("split", new Fields
("word"));
    return builder;
    }
```

3. 打包 Eclipse 代码

在 Export 面板中选择"JAR file",然后点击"Next",如图 5-29 所示。

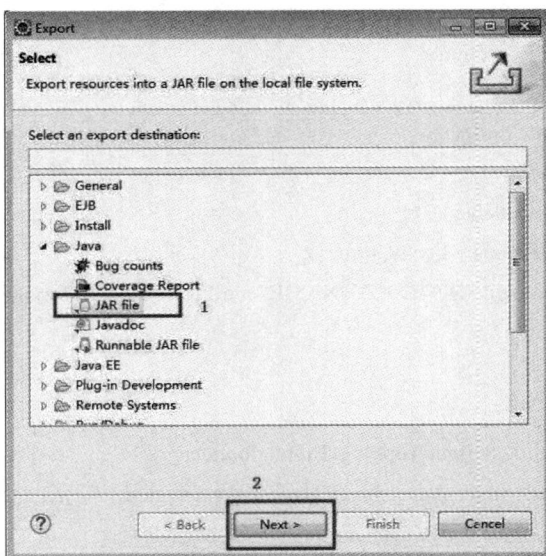

图 5-29　导出示例工程

(1) 准备依赖的 Jar 包和配置文件。在 Linux 环境新建目录,例如"/opt/test",创建子目录"lib"和"src/main/resources/"。将样例工程中"lib"文件夹下的 Jar 包上传到 Linux 环境的"lib"目录。将样例工程中"src/main/resources"文件夹下的配置文件上传到 Linux 环境的"src/main/resources"目录。

在 Eclipse 工程中修改 WordCountTopology.java 类,使用 remoteSubmit 方式提交应用程序,并替换用户 Keytab 文件名称、用户 principal 名称和 Jar 文件地址。

(2) 使用 remoteSubmit 方式提交应用程序。

(3) 在 Storm UI 中点击 word-count 应用,查看应用程序运行情况。

Topology stats 统计了最近不同时间段的算子之间发送数据的总数据量。Spouts 中统计了 Spouts 算子从启动到现在发送的消息总量。Bolts 中统计了 Count 算子和 Split 算子的发送消息总量，如图 5-30 所示。

Spouts (All time)

Id	Executors	Tasks	Emitted	Transferred	Complete latency (ms)	Acked	Failed	Last error
spout	5	5	20940	20940	0.000	0	0	

Bolts (All time)

Id	Executors	Tasks	Emitted	Transferred	Capacity (last 10m)	Execute latency (ms)	Executed	Process latency (ms)
count	12	12	0	0	0.006	0.105	133920	0.086
split	8	8	133880	133880	0.005	0.670	20940	0.648

图 5-30 算子发送数据总量统计

【本章小结】

本章主要介绍了大数据中数据计算与处理的相关引擎，主要涉及 MapReduce 离线计算引擎、Spark 基于内存的计算引擎以及 Streaming 分布式流计算引擎。学习本章需要对每个组件的执行原理、组件运行方式、数据处理方法和 Yarn 的交互以及安全性保证进行深入的了解。不同组件对数据和计算的处理差异是本章的重点内容。

本章的重点知识点如下所示：

(1) Yarn 的概念与技术原理。

(2) Yarn 资源分配原则与容量调度器原理。

(3) MapReduce 的执行流程。

(4) Spark 的 RDD、DataSet、DataFrame 原理。

(5) Spark Streaming 与 Structured Streaming 的区别。

(6) Streaming 系统架构。

(7) Streaming 执行流程。

其中难点主要集中在以下知识点上，分别为：

(1) Yarn 的概念与技术原理。

(2) Yarn 的容量调度器原理。

(3) Spark 的 RDD、DataSet、DataFrame 原理。

(4) Streaming 系统架构。

【知识巩固】

【判断题】

1. Streaming 对 ZooKeeper 弱依赖，即使 ZooKeeper 故障 Streaming 可以正常提供服务。

(   )

2. Spark On Yarn 模式下的 driver 只能运行在客户端。   (   )

【选择题】(单选与多选)

1. Streaming 的 Supervisor 描述正确的是？（　　　）

A. Supervisor 负责资源的分配和任务的调度

B. Supervisor 负责接受 Nimbus 分配的任务，启动停止管理的 Worker 进程

C. Supervisor 是运行具体处理逻辑的进程

D. Supervisor 是在 Topology 中接收数据然后执行处理的组件

2. Hadoop 中 MapReduce 组件擅长处理哪种场景的计算任务？（　　　）

A. 迭代计算

B. 离线计算

C. 实时交互计算

D. 流式计算

【拓展任务】

(1) 请说出 Yarn 中组件的名称和功能。

(2) 请说出 RDD、DataSet、DataFrame 的区别。

(3) 请解释 Spark Streaming 与 Structured Streaming 的区别。

(4) 请说出 MapReduce V1 版本的缺陷问题。

第三篇　大数据实践篇

第 6 章

大数据综合实验案例*

前面 5 章介绍了大数据的采集组件、存储组件、计算与处理组件。本章将综合运用前述知识，进行集群综合实验。

6.1　集群综合实验 1

在大数据业务中，通常需要将多个组件整合成一个业务系统，以满足上层业务的需求。

【案例 6-1】 某位金融客户需要对其股票数据进行分析，该需求的特点是数据量较小，但需要低延迟。从功能的角度来看，客户需要将外部数据引入到 Hadoop 系统中进行数据转换和分析，并希望整个过程都能够自动执行。

6.6.1　方案 1

针对案例 6-1 的情况，本方案将不同组件有机组合在一起，构建了一个大数据分析和实时查询平台。首先，定期使用 Loader 将 MySQL 数据库的数据迁移到 Hive 中。由于 Hive 的数据存储在 HDFS 中，因此用户需使用 Loader 将 HDFS 中的数据导入到 HBase 中。这样用户便能利用 HBase 实时查询数据，并借助 Hive 的大数据处理能力来分析相关结果。以下为实现方案。

1. 登录 MySQL 服务器

使用 SecureCRT 登录到 fihosts-1 服务器上，执行以下命令：

```
> mysql -uroot -p123456
Welcome to the MySQL monitor.    Commands end with ; or \g.
Your MySQL connection id is 135
Server version: 5.5.48 MySQL Community Server (GPL)
Type 'help;' or '\h' for help. Type '\c' to clear the current input statement.
```

新建数据库 loadertest。

```
mysql> create database loadertest;
mysql> use loadertest;
```

新建表 socker，并命名 time 为主键。

```
mysql> DROP TABLE IF EXISTS `socker`;
mysql> CREATE TABLE `socker` (
    `time` varchar(50) DEFAULT NULL,
    `open` float DEFAULT NULL,
    `high` float DEFAULT NULL,
    `low` float DEFAULT NULL,
    `close` float DEFAULT NULL,
    `volume` varchar(50) DEFAULT NULL,
    `endprice` float DEFAULT NULL
) ENGINE=InnoDB DEFAULT CHARSET=utf8mb4;
```

2. 将数据导入到 socker.cvs

使用 WinSCP 从 windows client 节点的 c:\user\Administrator\DownLoads\MySQL 目录下将 socker.csv 文件拷贝到本地 root 目录，socker.csv 数据的位置如图 6-1 所示。

图 6-1　socker.csv 数据位置

在 MySQL 客户端工具下将 socker.csv 数据导入到表 socker。

mysql> LOAD DATA LOCAL INFILE "/root/socker.csv" INTO TABLE socker

fields terminated by ',' optionally enclosed by "" lines terminated by '\r\n' IGNORE 1 LINES (time,open,high,low,close,volume,endprice);

查看 socker 数据，图 6-2 所示为 socker.csv 数据内容。

图 6-2　socker.csv 数据内容

3. 将 MySQL 数据导入到 Hive

配置 Loader 基本信息。点击"编辑"将 JDBC 连接字符串的数据库配置为：

jdbc:mysql://192.168.10.1:3306/loadertest，如图 6-3、图 6-4 所示。

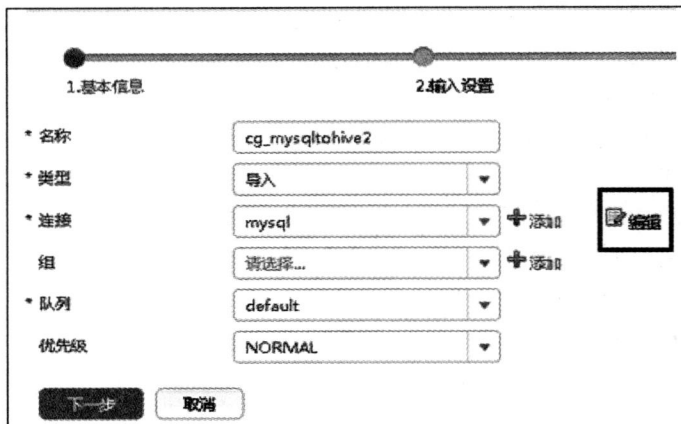

图 6-3　Loader 数据导入设置

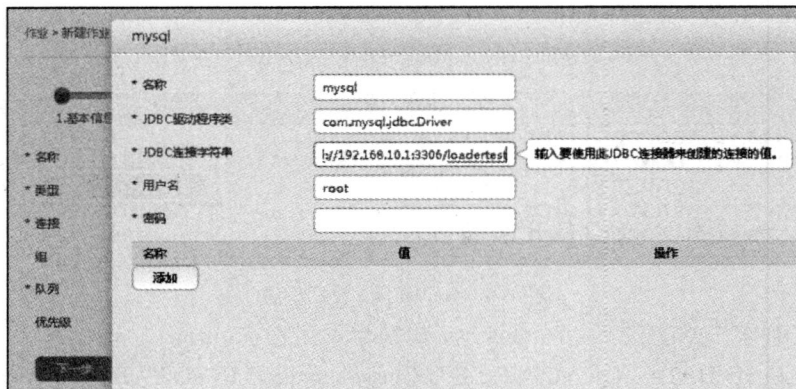

图 6-4　MySQL-JDBC 设置

　　然后配置输入设置。将"表名"设置为"socker"，然后单击"下一步"，如图 6-5 所示。

图 6-5　Loader 输入设置(1)

　　继续配置"输入设置"。将"表输入"按钮拖到右侧，如图 6-6 所示。

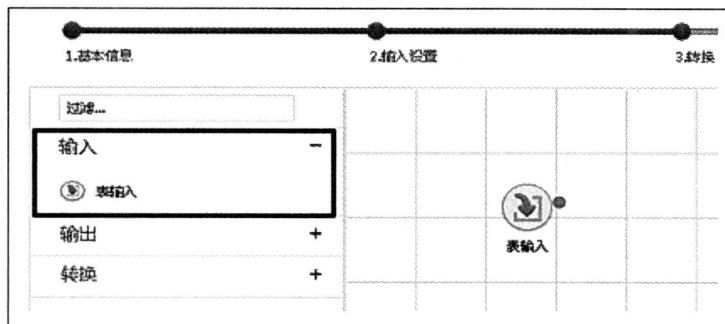

图 6-6 Loader 输入设置(2)

双击"表输入"，输入配置中与 MySQL 关联的相关属性，字段为 MySQL 对应字段，如图 6-7 所示。

图 6-7 Loader 输入设置(3)

接下来，配置"Hive 输出"。将"Hive 输出"按钮拖到右边空白处，如图 6-8 所示。

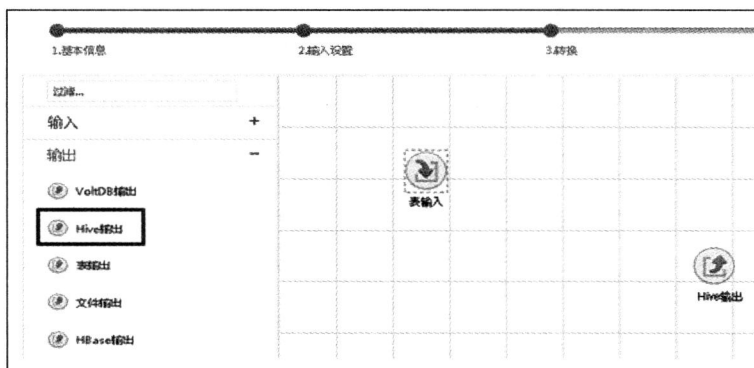

图 6-8 Loader 输出设置(1)

下一步对输出表参数进行配置。双击"Hive 输出"按钮。根据提示填写参数，其中"输出分隔符"配置为"，"，并添加"输出字段"，如图 6-9 所示。

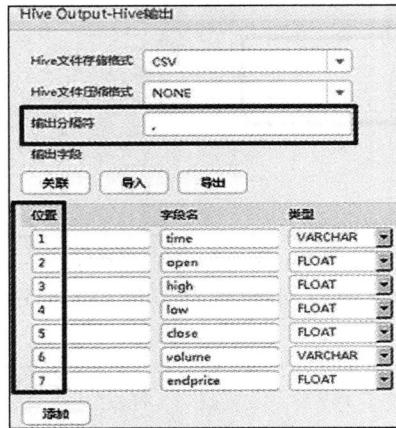

图 6-9　Loader 输出设置(2)

连接"表输入"与"Hive 输出"，如图 6-10 所示。

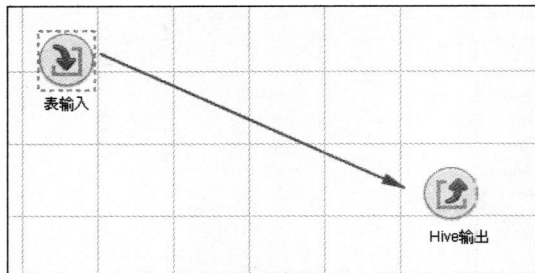

图 6-10　Loader 输出设置(3)

在 HDFS 中新建路径为/user01/hive/warehouse/socker2。

```
> hdfs dfs -mkdir /user01/hive/warehouse/socker2
```

在 Hive 数据仓库中新建 socker2。

```
> create table socker2(time string,open float,high float,low float,close float,volume string,endprice float)
row format delimited fields terminated by ',' stored as textfile
location '/user01/hive/warehouse/socker2';
```

进行输出配置，存储类型为"HIVE"，输出目录为/user01/hive/warehouse/socker2，如图 6-11 所示。

图 6-11　Loader 输出设置(4)

保存并运行 Loader，结果如图 6-12 所示。

图 6-12 Loader 运行结果

查看运行结果，如图 6-13 所示。

图 6-13 Socker 数据导入结果

> hdfs dfs -ls /user01/hive/warehouse/socker2

18/04/15 22:23:45 INFO hdfs.PeerCache: SocketCache disabled.

Found 2 items

-rw-rw----+ 3 user01 supergroup 0 2018-04-15 22:13 /user/hive/warehouse/socker2/_SUCCESS

-rw-rw----+ 3 user01 supergroup 559000 2018-04-15 22:13 /user/hive/warehouse/socker2/part-m-00000

4. 使用 Hive 进行分析查询

获取最新的涨幅数据，然后将结果保存到一张新建的表中。

```
>beeline
>select socker2.time, socker2.open, socker2.endprice from socker2 where socker2.endprice> socker2.open
sort by socker2. endprice desc;
```

socker2.time	socker2.open	socker2.endprice
1971/6/6	167.65	170.58
1971/6/9	169.81	170.16
1971/6/8	168.39	169.92
1971/6/5	164.64	168.28

1971/6/4	163.44	166.21	
1971/6/14	163.7	165.07	
1970/6/1	164.18	164.84	
1971/6/2	161.54	164.27	
1970/5/30	159.18	164.0	
1970/6/4	161.6	162.43	
1970/6/6	157.64	162.18	
1970/5/29	155.42	159.21	
1970/5/28	149.82	155.5	
1970/5/27	147.0	150.0	
1970/5/26	147.21	147.93	
1971/2/22	109.24	115.41	
1971/2/18	109.54	113.12	

……

+------------------+-------------------+------------------------+--+

371 rows selected (30.544 seconds)-rw-rw----+　3 user01 supergroup 559000 2018-04-15 22:13 /user/hive/warehouse/socker2/part-m-00000

获取最新的涨幅股票。

>select socker2.time, socker2.open, socker2.endprice from socker2 where socker2.endprice> socker2.open sort by socker2.time desc;

socker2.time	socker2.open	socker2.endprice	
1972/1/9	83.86	84.68	
1972/1/2	54.97	55.72	
1972/1/17	80.22	82.63	
1972/1/16	80.22	81.57	
1972/1/13	86.29	87.98	
1972/1/12	83.11	86.36	
1972/1/10	84.26	85.95	
1971/9/9	92.29	93.47	
1971/9/7	95.3	96.01	
1971/9/5	93.91	97.21	
1971/9/4	91.94	93.92	
1971/9/30	25.1	25.52	
1971/9/28	25.45	26.07	
1971/9/25	35.03	35.39	
1971/9/20	36.11	37.08	
1971/9/2	92.68	93.22	

……

```
+------------------+------------------+----------------------+--+
5,228 rows selected (26.738 seconds)
```

获取增长的股票总数。

```
>select count(*) from socker2 where socker2.endprice> socker2.open;
+-------+--+
|  _c0  |
+-------+--+
|371    |
+-------+--+
```

可以发现，增长的股票总数与步骤1、步骤2输出的行数一致。

创建一个表格来获取股票的涨幅数据，并在下一部分将数据导入到 HBase 中。

创建表格：

```
>create table upsocker2 like socker2;
```

导入数据：

```
>insert into upsocker2 select * from socker2 where socker2.endprice
>socker2.open sort by socker2.endprice desc;
```

查看数据：

```
>select * from upsocker2;
```

5. 将 HDFS 数据导入到 HBase

在 HBase 中新建名为"cg_hdfstohbase2"的数据表。

```
hbase(main):002:0> create 'cg_hdfstohbase2','info';
0 row(s) in 0.3900 seconds
=> Hbase::Table - cg_hdfstohbase2
hbase(main):002:0> list
```

配置 Loader 基本信息。填写相关项参数，如图 6-14 所示。

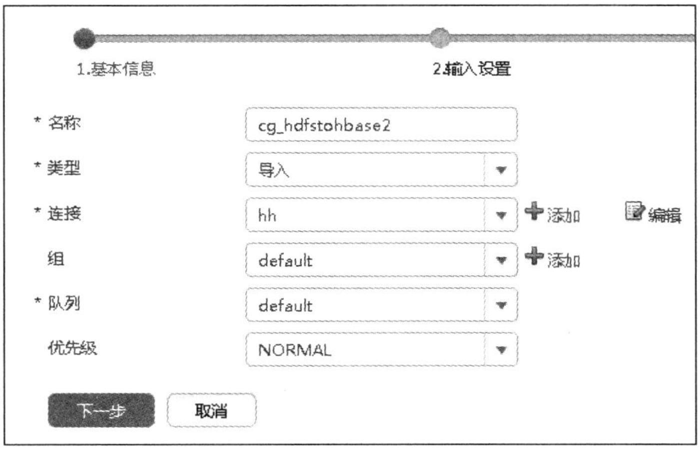

图 6-14　Loader 基本设置

配置好后，单击"下一步"进入配置"输入设置"界面。设置 HDFS 输入数据文件的路径及编码类型，如图 6-15 所示。

图 6-15　设置 HDFS 编码类型

配置"转换"。分别选择"CSV 文件输入"和"HBase 输出"，将它们拖至右侧空白处并连接，如图 6-16 所示。

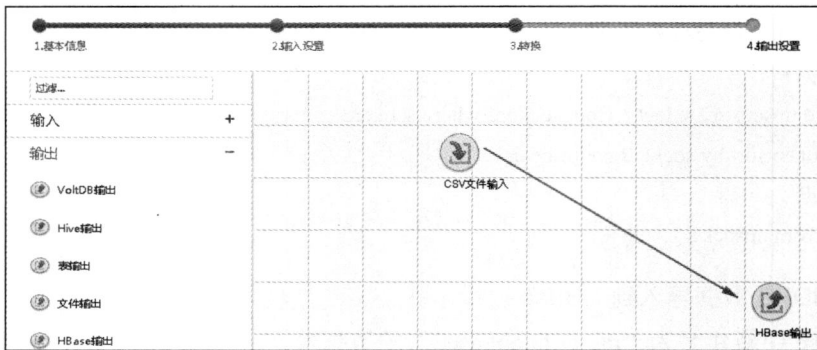

图 6-16　设置 HBase 输出

配置"CSV 文件输入"，依据 HDFS 中存储数据的格式设置输入数据列。分隔符配置为"，"，并添加输入字段，如图 6-17 所示。

图 6-17　设置 CSV 输入属性

配置"HBase 输出"按钮，并设置 HBase 输出表的列和列簇，如图 6-18 所示。

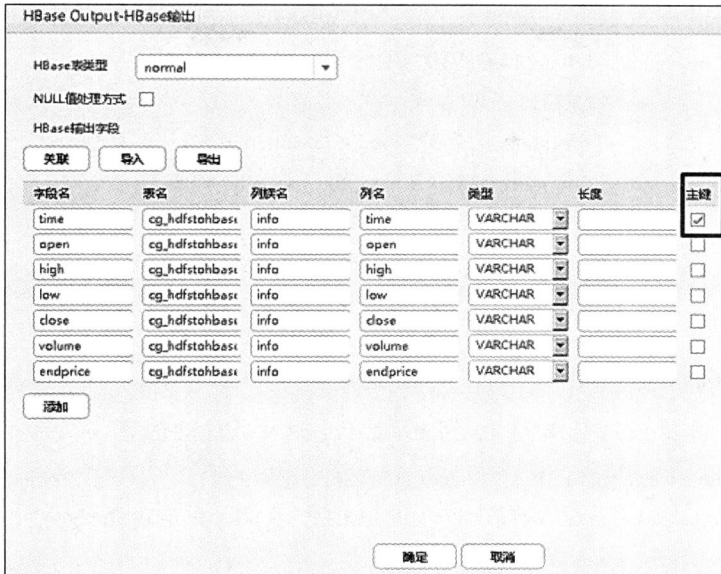

图 6-18　设置 HBase 输出属性

然后进行输出配置。存储类型配置为"HBASE_PUTLIST"，HBase 实例选择"HBase"，个数设置为"1"，如图 6-19 所示。

图 6-19　保存并执行工作流

查看运行结果，即查看 HBase 表 cg_hdfstohbase2 的内容。

```
hbase(main):005:0> scan 'cg_hdfstohbase2'

...
1972/1/8      column=info:volume, timestamp=1560737665951, value=75602550
 1972/1/9     column=info:close, timestamp=1560737665951, value=84.68
 1972/1/9     column=info:endprice, timestamp=1560737665951, value=84.68
 1972/1/9     column=info:high, timestamp=1560737665951, value=84.94
 1972/1/9     column=info:low, timestamp=1560737665951, value=82.61
 1972/1/9     column=info:open, timestamp=1560737665951, value=83.86
 1972/1/9     column=info:volume, timestamp=1560737665951, value=77569311
750 row(s) in 1.5070 seconds
```

6．HBase 数据实时查询

在 HBase shell 客户端下，查询表"cg_hdfstohbase2"中指定行"1972/1/15"的信息。

```
hbase(main):003:0> get 'cg_hdfstohbase2','1972/1/15'
COLUMN                  CELL
 info:close              timestamp=1560737665951, value=80.87
 info:endprice           timestamp=1560737665951, value=80.87
 info:high               timestamp=1560737665951, value=83.76
 info:low                timestamp=1560737665951, value=79.42
 info:open               timestamp=1560737665951, value=83.01
 info:volume             timestamp=1560737665951, value=99678100
6 row(s) in 0.0150 seconds
```

查询指定时间段 1971 年 8 月 15 到 1972 年 1 月 9 日内的信息。

```
> scan 'cg_hdfstohbase2',{FILTER => "ValueFilter(>,'binary:979')"
}COLUMN=>'info:endprice',STARTROW=>'1971/08/15',STOPROW=>'1972/1/9'}
ROW                     COLUMN+CELL
......
1972/1/2    column=info:endprice, timestamp=1560737665951, value=55.72
1972/1/20   column=info:endprice, timestamp=1560737665951, value=79.02
1972/1/21   column=info:endprice, timestamp=1560737665951, value=76.78
1972/1/3    column=info:endprice, timestamp=1560737665951, valu=55.29
1972/1/4    column=info:endprice, timestamp=1560737665951, value=54.7
1972/1/5    column=info:endprice, timestamp=1560737665951, value=53.66
1972/1/6    column=info:endprice, timestamp=1560737665951, value=52.72
1972/1/7    column=info:endprice, timestamp=1560737665951, value=52.82
1972/1/8    column=info:endprice, timestamp=1560737665951, value=52.41
385 row(s) in 0.2710 seconds
```

查询大于某个值的所有列(系统会把数值当成字符串进行比较)。

```
> scan 'cg_hdfstohbase2',{FILTER => "ValueFilter(>,'binary:979')"}
...
1971/3/25   column=info:low, timestamp=1560737665951, value=99.57
1971/3/26   column=info:close, timestamp=1560737665951, value=99.67
1971/3/26   column=info:endprice, timestamp=1560737665951, value=99.67
1971/3/26   column=info:low, timestamp=1560737665951, value=98.98
1971/3/27   column=info:close, timestamp=1560737665951, value=99.17
1971/3/27   column=info:endprice, timestamp=1560737665951, value=99.17
1971/3/28    column=info:open, timestamp=1560737665951, value=98.88
1972/1/15    column=info:volume, timestamp=1560737665951, value=99678100
21 row(s) in 0.1830 seconds
```

查询以 endprice 结尾且字符串值大于 979 的所有信息。

```
hbase(main):005:0*    scan    'cg_hdfstohbase2',{FILTER=>"ValueFilter(>,'binary:979')    AND    Column
PrefixFilter('endprice')"}
 ROW                      COLUMN+CELL
 1970/2/23        column=info:endprice, timestamp=1560737665951, value=99.59
 1970/3/21        column=info:endprice, timestamp=1560737665951, value=98.72
 1970/3/24        column=info:endprice, timestamp=1560737665951, value=99.93
 1971/3/26        column=info:endprice, timestamp=1560737665951, value=99.67
 1971/3/27        column=info:endprice, timestamp=1560737665951, value=99.17
5 row(s) in 0.0190 seconds
```

6.6.2 方案 2

【案例 6-2】 随着工作负载和用户数量的逐渐增加,传统的定时导出和分析方法已经无法满足该金融客户的需求。因此,客户需要一个能自动化分析的实时自动数据采集系统。因此,根据客户的要求,实现全自动化执行成为了本次任务的重中之重。

为了解决客户的需求,工程师提出了以下解决方案:监控服务器本地文件路径下的文件,通过 Flume 将数据采集到 HDFS 中,然后使用 Loader 工具将数据从 HDFS 上传到 Hive。最后,通过 Hue 进行查询和统计分析。

以下为实现方案的操作步骤:

1. 在 Hive 中创建一个表格

在 Hive 中创建一个表格,将其指向存储在 HDFS 文件目录中的数据,具体步骤如下。

(1) 通过如下命令创建表格:

```
create table over_socker(time string,open float,high float,low float,close float,volume string,endprice float)
partitioned by (pt string) row format delimited fields terminated by ',' stored as textfile;
```

(2) 通过以下步骤来修改表的位置:

① 进入 fihosts-1 服务器的/home/omm/test 目录,并删除该目录下的所有文件。然后启用 Hive 模拟客户端用户。在 Hive 的"服务配置"中,选择参数类别为"全部配置",将"hive.server2.enable.doAs"参数设置为"true",如图 6-20 所示。

图 6-20 Hive 服务配置

② 修改完成后点击"保存配置"。

③ 勾选"重新启动受影响的服务或实例"后，点击"确定"，如图 6-21 所示。该步骤为更新配置和重启角色实例。

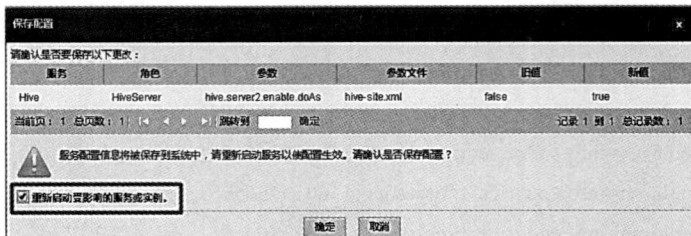

图 6-21　重启 Hive 实例

④ 在 HDFS 中创建一个目录，用于存放 Hive 的数据。

```
hdfs dfs -mkdir /flume/hive_add
```

⑤ 在 Hive 中执行命令：

```
alter table over_socker add partition(pt='2018-03-30')
location 'hdfs://hacluster/flume/hive_add ';
```

⑥ 创建一个 Hive 的表分区，分区时间为 HDFS 目录的创建日期，分区文件指向 HDFS 的/flume/hive_add。

```
0:jdbc:hive2://192.168.20.2:21066/>alter    table    over_socker    add    partition(pt=    '2019-08-05')
1ocation`hdfs :ihacluster7fTume/hive_add' ;
No rows affected (o.463 seconds)
0:idbc:hive2 :77192.168.20.2:21066/>
```

2. 使用 Flume 采集数据

接下来配置 Flume 从 fihosts-1 的/home/omm/test 目录采集数据到 HDFS 文件系统的/flume/add 路径下。图 6-22 为 FLume 实例配置图，图 6-23 和图 6-24 分别为 Flume Source 和 Flume Sink 配置图。

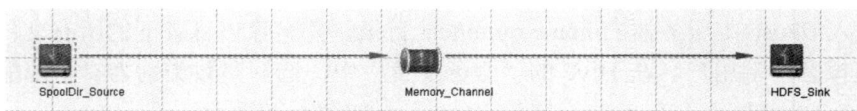

图 6-22　Flume 实例配置

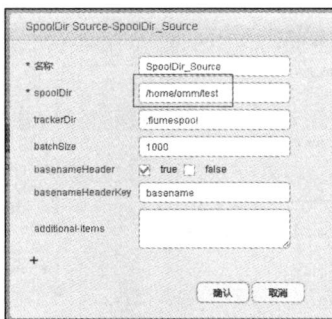

图 6-23　Flume Source 配置

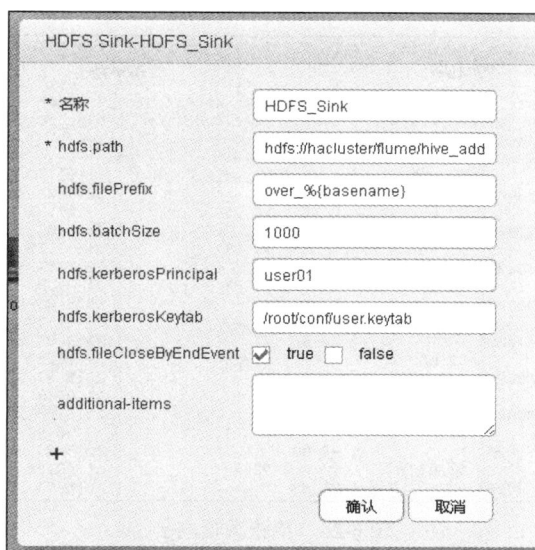

图 6-24　Flume Sink 配置

点击"导出"生成配置文件，即产生 properties.properties 文件；然后，将生成的 properties.properties 上传到 FlumeClient 的 conf 目录/opt/FlumeClient/fusioninsight-flume-1.6.0/conf/下。

重新配置客户端文件后，需要重新启动 Flume 客户端。使用以下命令可停止 Flume 客户端(假设 Flume 客户端的安装路径为/opt/FlumeClient)：

```
cd /opt/FlumeClient/fusioninsight-flume-1.6.0/bin
./flume-manage.sh stop
```

执行以下命令可启动 Flume 客户端：

```
./flume-manage.sh start force
```

上传数据文件并进行测试。使用 WinSCP 工具，将位于 Windows 下 "C:\Users\Administrator\Downloads\MySQL"目录中的 sp500-2.csv 文件上传至 fihosts-1 服务器的 /home/omm/test 目录中，如图 6-25 所示。

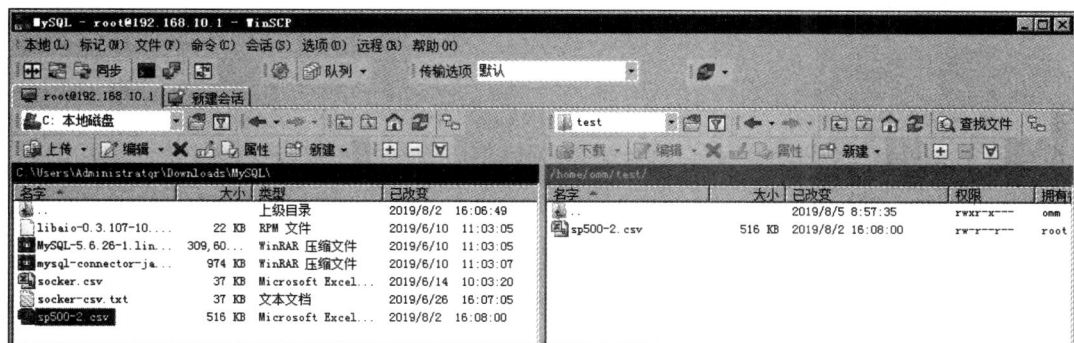

图 6-25　数据模拟上传

检查数据，查看 Hive 的结果数据，如图 6-26 所示。

```
0: jdbc:hive2://192.168.0.10:2181/> select * from over_socker limit 10;
+------------------+------------------+------------------+-----------------+------+
| over_socker.timestr | over_socker.open | over_socker.high | over_socker.low | over_
socker.close | over_socker.volume | over_socker.endprice | over_socker.pt |
+------------------+------------------+------------------+-----------------+------+
| 1970-01-02      | 92.06            | 93.54            | 91.79           | 93.0
              | 8050000          | 93.0             | 2018-03-30      |
| 1970-01-05      | 93.0             | 94.25            | 92.53           | 93.46
              | 11490000         | 93.46            | 2018-03-30      |
| 1970-01-06      | 93.46            | 93.81            | 92.13           | 92.82
              | 11460000         | 92.82            | 2018-03-30      |
| 1970-01-07      | 92.82            | 93.38            | 91.93           | 92.63
              | 10010000         | 92.63            | 2018-03-30      |
| 1970-01-08      | 92.63            | 93.47            | 91.99           | 92.68
              | 10670000         | 92.68            | 2018-03-30      |
| 1970-01-09      | 92.68            | 93.25            | 91.82           | 92.4
              | 9380000          | 92.4             | 2018-03-30      |
| 1970-01-12      | 92.4             | 92.67            | 91.2            | 91.7
              | 8900000          | 91.7             | 2018-03-30      |
| 1970-01-13      | 91.7             | 92.61            | 90.99           | 91.92
              | 9870000          | 91.92            | 2018-03-30      |
| 1970-01-14      | 91.92            | 92.4             | 90.88           | 91.65
              | 10380000         | 91.65            | 2018-03-30      |
```

图 6-26 检查数据同步

3. Hue 数据查询

打开 Hue 界面，在界面中找到 Hive 窗口，如图 6-27 所示。

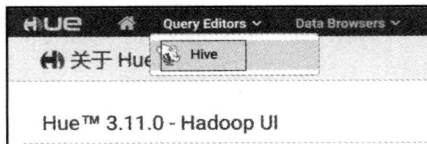

图 6-27 Hue 配置界面

执行 HQL 语句查询：

```
select   *   from   over_socker
```

如图 6-28 所示，Hue 查询结果为 1。

图 6-28 Hue 查询结果-1

上传增量数据，即再次将 windows 中 C:\Users\Administrator\Downloads\MySQL 目录下的 socker.csv 上传到 fihosts-1 的/home/omm/test 的目录下。由于之前的自动化采集配置，Flume 会进行自动化数据采集。

到 Hue 中执行查询语句，查询增量数据，并观察目前的数据与之前的数据的区别，结果如图 6-29、图 6-30 所示。

```
select  *  from  over_socker order by time
select count(*)  from  over_socker
```

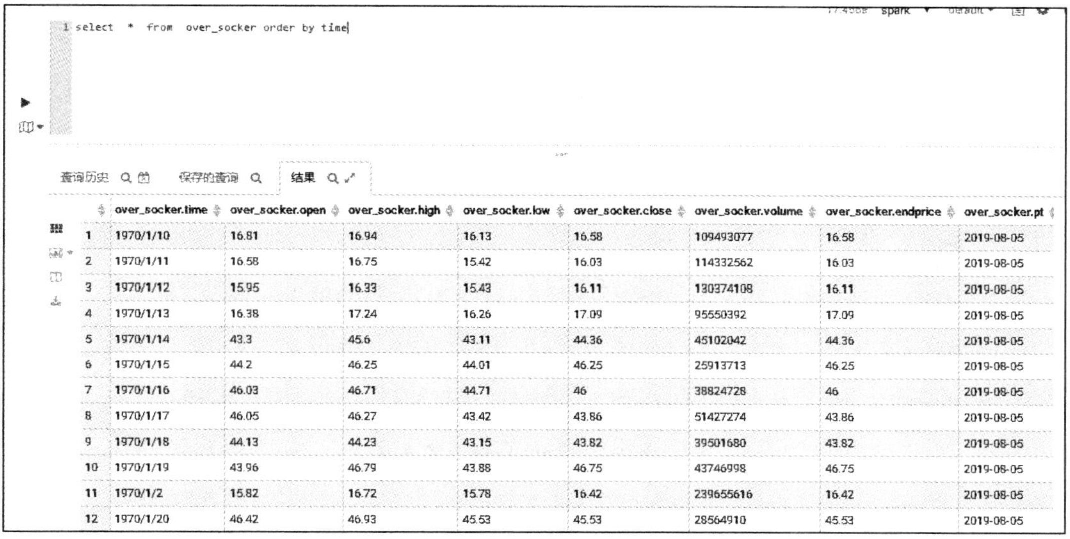

	over_socker.time	over_socker.open	over_socker.high	over_socker.low	over_socker.close	over_socker.volume	over_socker.endprice	over_socker.pt
1	1970/1/10	16.81	16.94	16.13	16.58	109493077	16.58	2019-08-05
2	1970/1/11	16.58	16.75	15.42	16.03	114332562	16.03	2019-08-05
3	1970/1/12	15.95	16.33	15.43	16.11	130374108	16.11	2019-08-05
4	1970/1/13	16.38	17.24	16.26	17.09	95550392	17.09	2019-08-05
5	1970/1/14	43.3	45.6	43.11	44.36	45102042	44.36	2019-08-05
6	1970/1/15	44.2	46.25	44.01	46.25	25913713	46.25	2019-08-05
7	1970/1/16	46.03	46.71	44.71	46	38824728	46	2019-08-05
8	1970/1/17	46.05	46.27	43.42	43.86	51427274	43.86	2019-08-05
9	1970/1/18	44.13	44.23	43.15	43.82	39501680	43.82	2019-08-05
10	1970/1/19	43.96	46.79	43.88	46.75	43746998	46.75	2019-08-05
11	1970/1/2	15.82	16.72	15.78	16.42	239655616	16.42	2019-08-05
12	1970/1/20	46.42	46.93	45.53	45.53	28564910	45.53	2019-08-05

图 6-29　Hue 查询结果-2

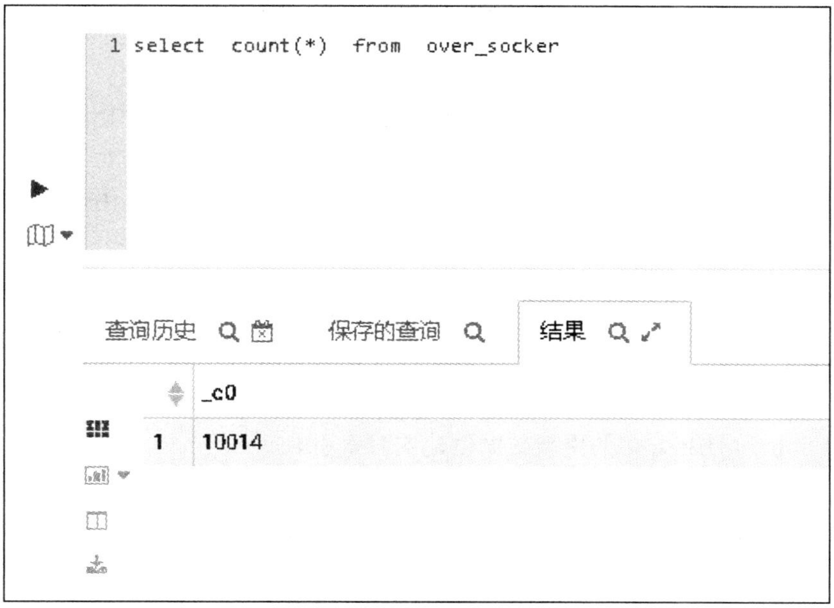

图 6-30　Hue 查询结果-3

获取最新涨幅的股票并执行查询，结果如图 6-31 所示。

select over_socker.time, over_socker.open, over_socker.endprice from over_socker where over_socker.endprice> over_socker.open sort by over_socker.endprice desc;

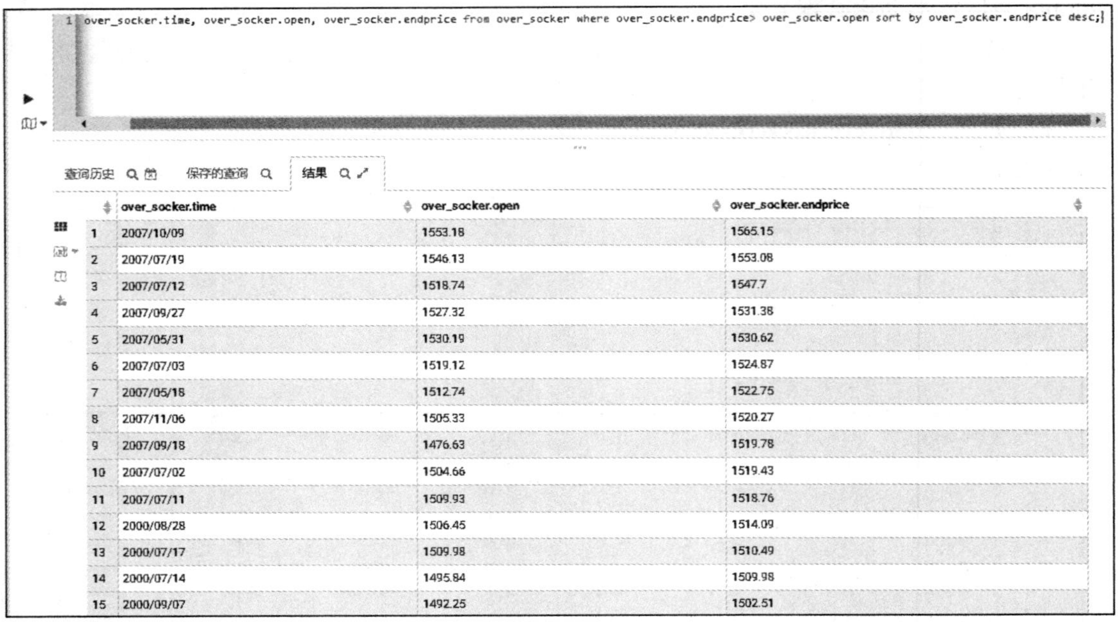

	over_socker.time	over_socker.open	over_socker.endprice
1	2007/10/09	1553.18	1565.15
2	2007/07/19	1546.13	1553.08
3	2007/07/12	1518.74	1547.7
4	2007/09/27	1527.32	1531.38
5	2007/05/31	1530.19	1530.62
6	2007/07/03	1519.12	1524.87
7	2007/05/18	1512.74	1522.75
8	2007/11/06	1505.33	1520.27
9	2007/09/18	1476.63	1519.78
10	2007/07/02	1504.66	1519.43
11	2007/07/11	1509.93	1518.76
12	2000/08/28	1506.45	1514.09
13	2000/07/17	1509.98	1510.49
14	2000/07/14	1495.84	1509.98
15	2000/09/07	1492.25	1502.51

图 6-31　Hue 查询结果-4

6.2　集群综合实验 2

【案例 6-3】　某企业的主要业务是票务系统。为了保证用户能够快速检索航班信息和铁路信息，企业票务系统需要实时与官方网站的线路和票务信息进行对接，将数据实时拉取到本地，并为这些数据建立索引，以确保客户能够进行快速查询。由于本次业务对延迟和信息的效率要求都非常高，因此必须采用全自动化的工作流程，而不是以手动配置的方式来进行更新。

根据上述情况，工程师提出了以下解决方案：首先，使用 Flume 来静态采集新创建的日志文件内的数据，然后通过 Loader 将数据批量导入 HBase，并建立 Solr 索引。之后，使用 Flume 来动态采集日志文件内的更新数据，并通过 Loader 将更新数据定时导入 HBase 中，同时由 Solr 为 HBase 中的更新数据创建实时索引。

以下为实现方案的操作步骤：

1. 准备测试文件与数据表

首先要准备本地日志文件路径，在 fihosts-1 中创建 Flume 的 SpoolDir Source/spoolDir 路径，用于监控采集日志。

```
> mkdir -p /home/omm/test/
```

　　由于 Flume 的 SpoolDir Source 只监控并传输目录下新增的文件，所以在此只创建日志读取路径，而不提前创建日志文件。

　　准备 HDFS-sink 输出目录，即在 HDFS 中创建/flume/static 目录，用于存放 Flume 采集好的日志数据：

```
> hdfs dfs -mkdir /flume/static
```

　　在 HBase 中预先创建好一张数据表：

```
$ HBase shell
HBase> create 'cga_info', { NAME => 'info',REPLICATION_SCOPE => '1' }
```
Solr 的实时索引要求此处必须设置 table 属性 REPLICATION_SCOPE => '1'

2. Flume 静态采集日志数据

　　设置 Flume，将从本地采集的静态日志保存到 HDFS，并配置 Flume 角色客户端参数，如图 6-32、图 6-33 所示。

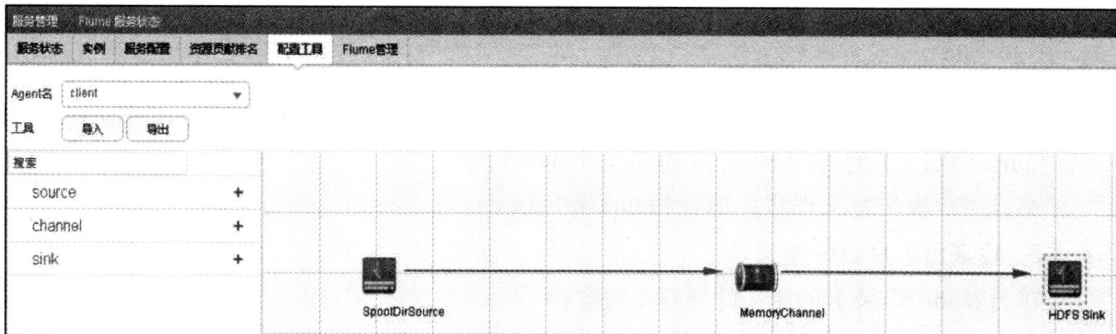

图 6-32　Flume 工作流设置

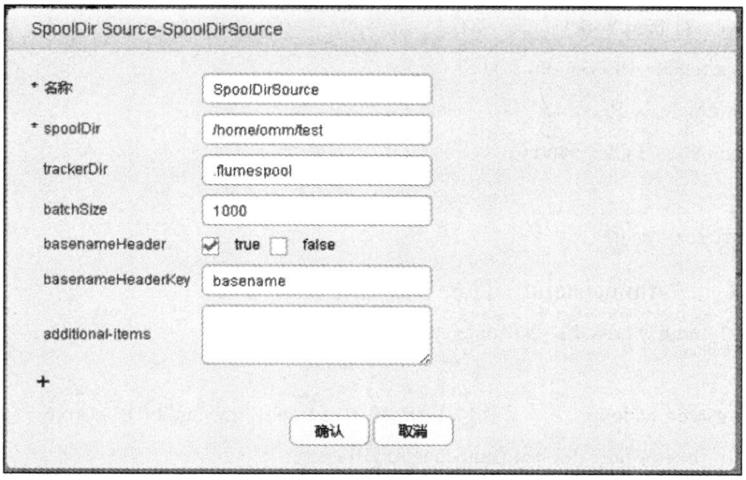

图 6-33　Flume Source 配置

　　将 hdfs.path 设置为提前创建好的 HDFS-sink 文件输出目录(/flume/static)。

　　hdfs.filePrefix 文件名称的前缀与 hdfs.fileSuffix 文件名称的后缀可以自行定义，但注意不要添加变量，如图 6-34 所示。

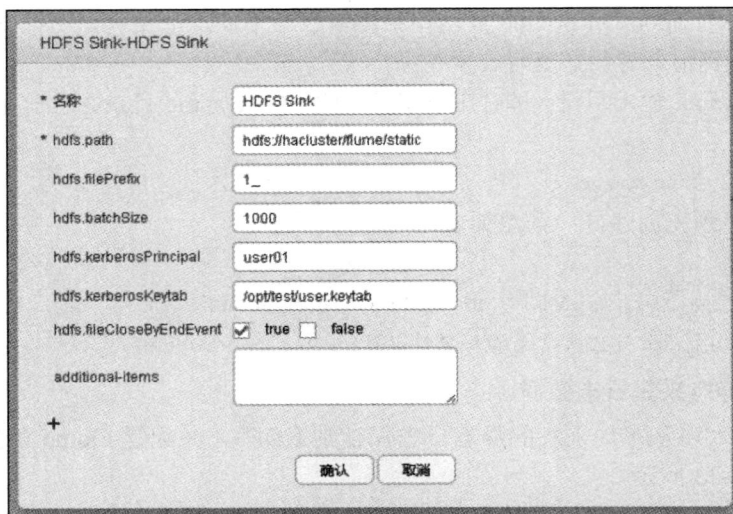

图 6-34 Flume Sink 配置

单击"导出",将配置文件"properties.properties"保存到本地。

使用 WinSCP 工具将"properties.properties"文件上传到 Flume 客户端安装目录 /opt/FlumeClient/下的 fusioninsight-flume-1.6.0/conf/中。

重设客户端配置文件后,重启 Flume 客户端。

3. 验证日志是否传输成功

在 spooldir 目录下创建文件并写入内容:

```
[root@fihosts-1 ~]# cd /home/omm/test
[root@fihosts-1 test]# vim 1.txt
123001.Ben.male.31.NewYork
123002.Victoria.female.40.London
123003.Taylor.female.30.Redding
123004.LeBron.male.33.Cleveland
:x 保存退出
```

4. 观察是否产生数据

观察 HDFS 上"/flume/static"目录下是否有数据产生:

```
[root@fihosts-1 client]# hdfs dfs -ls /flume/static
Found 1 items
-rw-r--r--   3 user01 hadoop         124 2019-07-10 14:56 /flume/static/HBase.txt
[root@fihosts-1 client]# hdfs dfs -cat /flume/static/HBase.txt
123001.Ben.male.31.NewYork
123002.Victoria.female.40.London
123003.Taylor.female.30.Redding
123004.LeBron.male.33.Cleveland
```

5. 设置 Solr 实时创建索引

使用 Solr 用户进行客户端认证：

> kinit solr

Password for solr@HADOOP.COM：默认密码 Solr@123

Password expired.   You must change it now.

Enter new password: 修改密码为 Huawei!@34

Enter it again:重新输入要修改的密码 Huawei!@34 创建 HBaseIndexer 所需配置文件

进入客户端安装目录 Solr/HBase-indexer/conf，执行 vi user.xml，创建文件"user.xml"：

```
[root@fihosts-1 ~]# cat /opt/hadoopclient/Solr/HBase-indexer/conf/user.xml
<?xml version="1.0"?>
<indexer table="cga_info" mapping-type="row" read-row="never">
<field name="address_s" value="info:address"/>
<field name="age_i" value="info:age"/>
<field name="gender_s" value="info:gender"/>
<field name="name_s" value="info:name"/>
<param name="ZooKeeper.znode.parent" value="/HBase"/>
</indexer>
```

:x 保存退出

创建 Solr collection、HBaseIndexer Indexer，并执行以下命令显示 collection 的 node 信息：

```
solrctl collection --stat name，name 为需要显示信息的某个 collection 的名称
[root@fihosts-1 client]# solrctl collection --stat coll-indexdemo
coll-indexdemo/leader_elect/shard2/1297036717790199834-core_node2-n_0000000002 (0)
coll-indexdemo/leader_elect/shard3/14411519059993523269-core_node1-n_0000000002 (0)
coll-indexdemo/leader_elect/shard1/14411519059993523249-core_node3-n_0000000002 (0)
以上信息表示名称为 coll-indexdemo 的 HBase collection 创建成功
```

执行以下命令查看当前建立的 indexers 状态：

```
[root@fihosts-1 client]# HBase-indexer list-indexers
……
Number of indexes: X
……
能看到 HBase-indexer 表示 indexers 创建成功
```

collection 与 HBase Indexer 创建完成后，使用 Loader 以 putlist 的方式向 HBase 导入数据，Solr 就会实时地创建索引。

6. Loader 导入 HBase 数据

创建 Loader 作业，HDFS 的输入路径为 Flume 的 HDFS-Sink 输出文件，如图 6-35 所示。

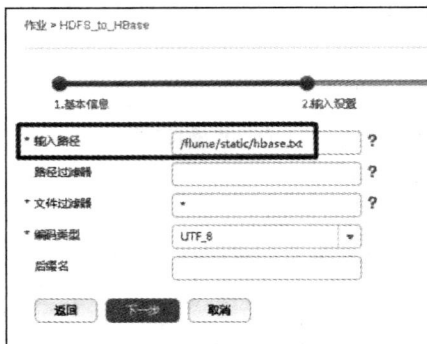

图 6-35　Loader 作业输入设置

使用 hdfs dfs -cat 查看 Flume HDFS-Sink 输出文件(/flume/static/HBase.txt)，确定分隔符是逗号，如图 6-36 所示。

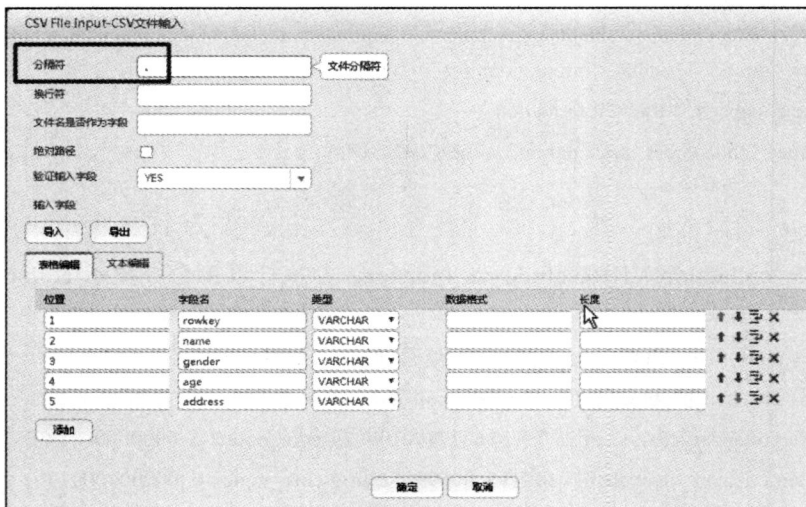

图 6-36　查看文件分隔符

查看 HBase 的数据表信息，确定表名和列族名，如图 6-37 所示。

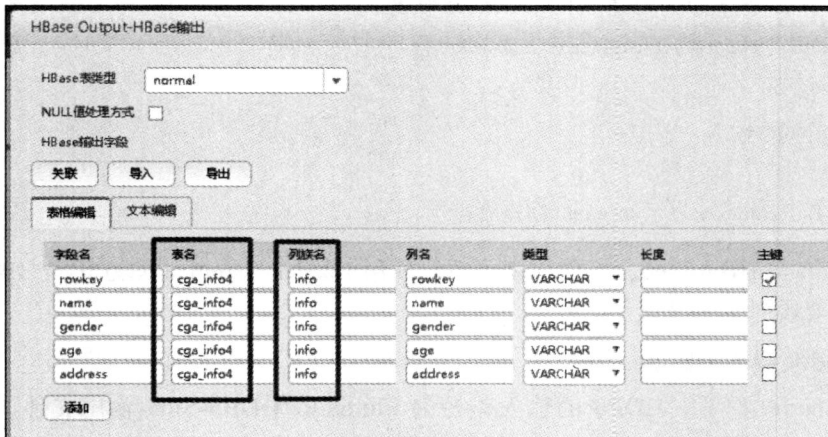

图 6-37　检查 HBase 表信息

Solr 实时索引要求存储类型必须为"HBASE_PUTLIST"，如图 6-38 所示。

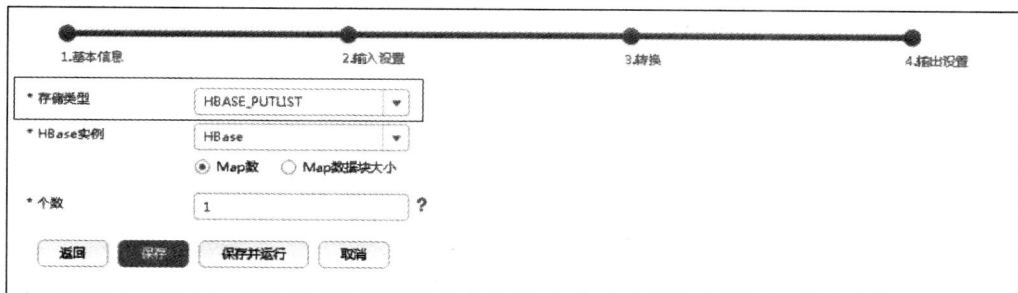

图 6-38　检查 Solr 存储类型

保存并运行 Loader 作业后，查看作业执行状态。进度执行为 100%，并且状态为"成功"就进行下一步操作，如图 6-39 所示。

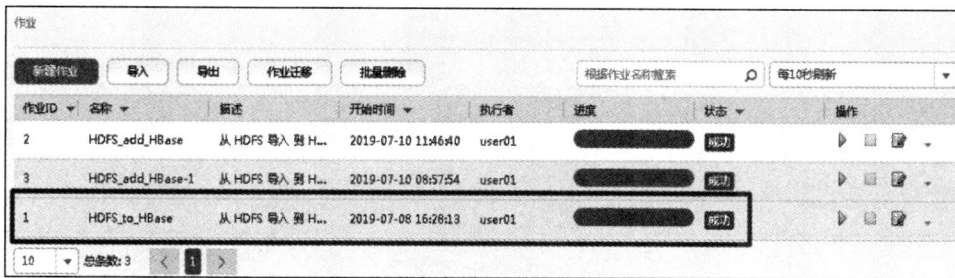

图 6-39　Loader 作业执行进度

在 HBase 中查询数据导入情况：

```
HBase(main):001:0> scan 'cga_info4'
ROW                    COLUMN+CELL
123001     column=info:address, timestamp=1562574507169, value=NewYork
123001     column=info:age, timestamp=1562574507169, value=31
123001     column=info:gender, timestamp=1562574507169, value=male
123001     column=info:name, timestamp=1562574507169, value=Ben
123002     column=info:address, timestamp=1562574507169, value=London
123002     column=info:age, timestamp=1562574507169, value=40
123002     column=info:gender, timestamp=1562574507169, value=female
123002     column=info:name, timestamp=1562574507169, value=Victoria
123003     column=info:address, timestamp=1562574507169, value=Redding
123003     column=info:age, timestamp=1562574507169, value=30
123003     column=info:gender, timestamp=1562574507169, value=female
123003     column=info:name, timestamp=1562574507169, value=Taylor
123004     column=info:address, timestamp=1562574507169, value=Cleveland
123004     column=info:age, timestamp=1562574507169, value=33
123004     column=info:gender, timestamp=1562574507169, value=male
123004     column=info:name, timestamp=1562574507169, value=LeBron
```

7. 查看 Solr 索引创建情况

执行 Solr 查询命令，然后在 Solr Admin 界面中查找已创建的 Collection。通过执行查询命令，可以在 Solr 集合中看到从 HBase 表索引到 Solr 集合中的数据，如图 6-40 所示。

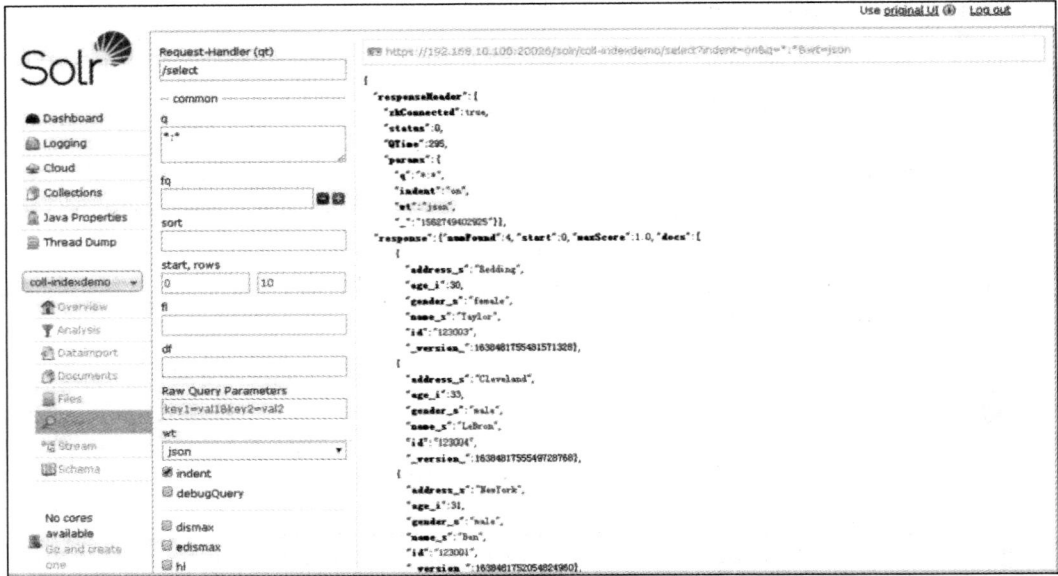

图 6-40　Solr 索引查询

8. Flume 动态采集日志数据

首先，需要准备 HDFS-Sink 输出文件。

在 HDFS 中创建/flume/dynamic 目录，用于存放 Flume 收集到的新增日志数据：

```
> hdfs dfs -mkdir /flume/dynamic
```

准备本地日志文件，即在 Flume 的客户端节点中，创建/home/omm/test/add_data.txt 文件，用于录入新增日志数据。

```
[root@fihosts-1 ~]# touch /home/omm/test/add_data.txt

[root@fihosts-1 ~]# ls /home/omm/test

txt    add_data.txt
```

配置 Flume 角色客户端参数，如图 6-41 所示。图 6-42 为 Flume Source 配置图。

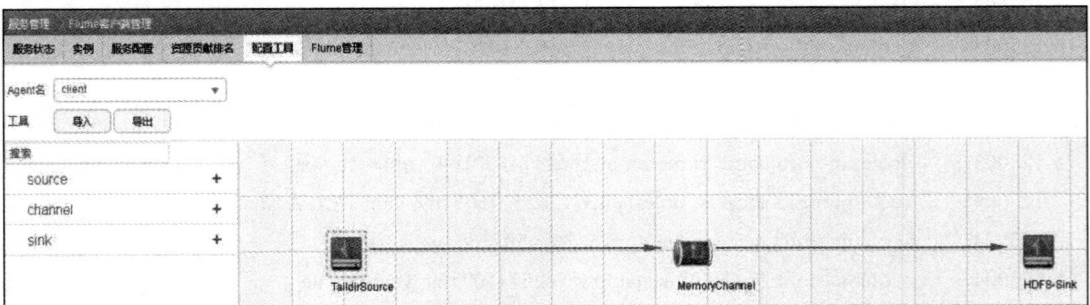

图 6-41　Flume 角色客户端参数配置

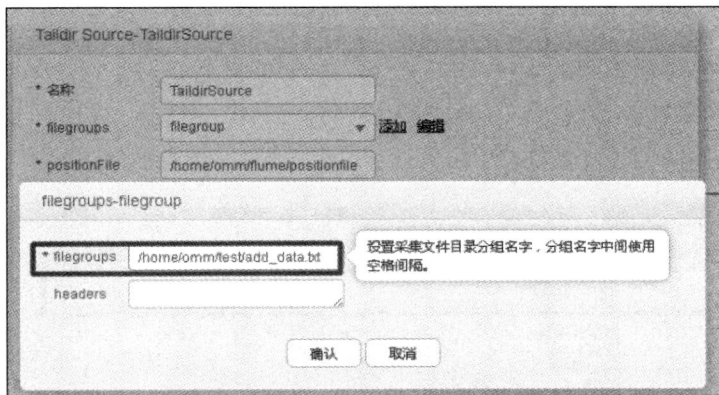

图 6-42 Flume Source 配置

填写 HDFS 的输出路径，设置 HDFS 文件写入完成后的前缀名称与后缀，并设置正在写入的 HDFS 文件的后缀，如图 6-43 所示。

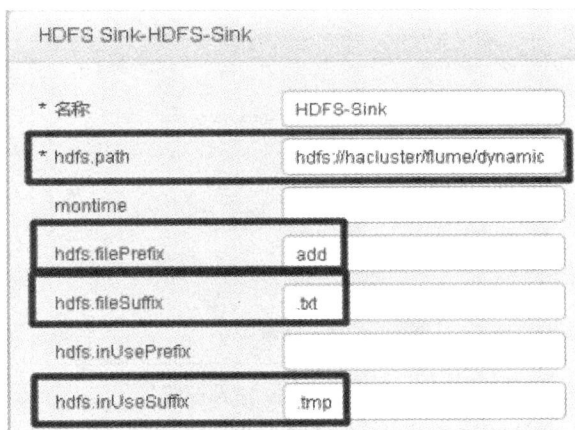

图 6-43 Flume Sink 配置

单击"导出"，将配置文件 properties.properties 保存到本地。使用 WinSCP 工具将 properties.properties 文件上传到 Flume 客户端安装目录"/opt/FlumeClient/"下的"fusioninsight-flume-1.6.0/conf/"中。重设客户端配置文件后，重启 Flume 客户端。

验证日志是否传输成功，在 filegroup 文件中写入新内容：

[root@fihosts-1 ~]# cd /home/omm/test

[root@fihosts-1 test]# vim add_data.txt

123005.Amanda.male.55.Tokyo

:x 保存退出

观察 HDFS 上"/flume/dynamic"目录下是否有产生数据：

[root@fihosts-1 client]# hdfs dfs -ls /flume/dynamic

Found 1 items

-rw-r--r--   3 user01 hadoop   124 2019-07-10 15:06 /flume/ dynamic/add.txt

[root@fihosts-1 client]# hdfs dfs -cat /flume/ dynamic/add.txt

123005.Amanda.male.55.Tokyo

9. 设置定时任务

通过 Oozie 定时调用 Loader 作业，将 HDFS 中的更新数据导入到 HBase 中，并设置 Loader 更新数据的作业，将 HDFS 数据导入 HBase，如图 6-44 和 6-45 所示。

图 6-44　Loader 新建作业

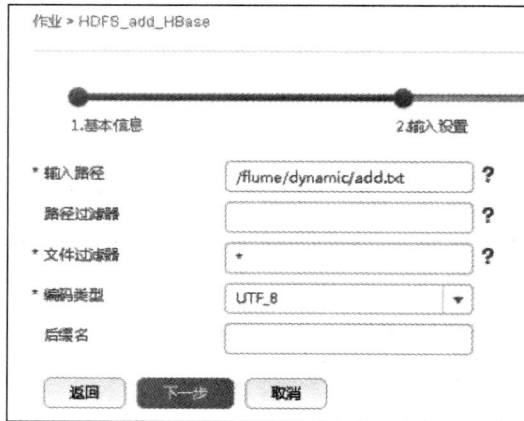

图 6-45　Loader 输入设置

最后点击"保存"，值得注意的是，这里只保存而不运行作业。

10. 设置 Oozie Workflow 调度 Loader 作业

设置 Oozie Workflow 调度 HDFS 作业，图 6-46 为 Hue 新建作业图。

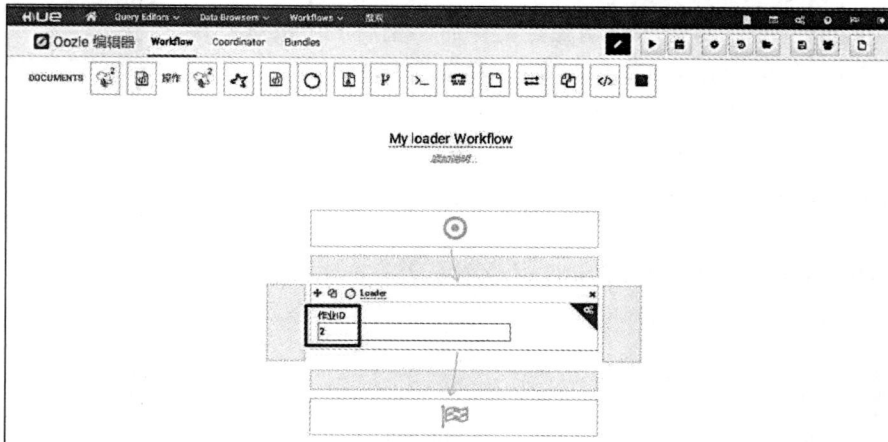

图 6-46　Hue 新建作业-1

在 Loader 将新增数据导入 HBase 后，应删除 HDFS Sink 的输出文件，即/flume/dynamic/add.txt(如图 6-47 所示)，以避免旧数据的残留，从而防止 Loader 重复导入。因此，我们需要创建一个额外的 HDFS workflow，用于在 Loader Workflow 执行完成后清除遗留的旧数据。

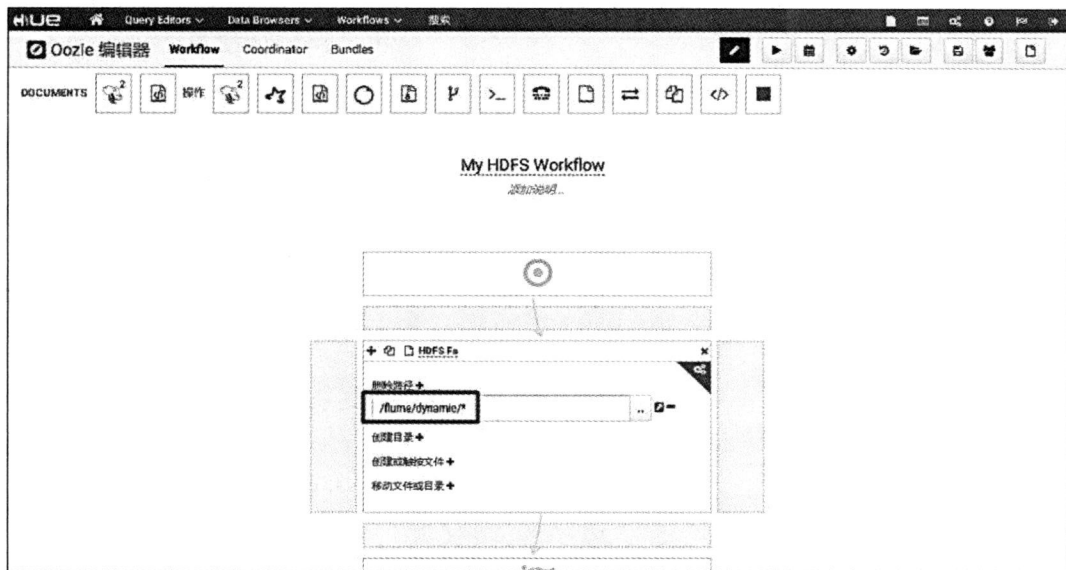

图 6-47　Hue 新建作业-2

创建 Oozie 协调任务，以关联 Loader 和 HDFS 工作流，并启用它。

首先，关联 Loader 和 HDFS 的 Workflow，以确保 Loader Workflow 执行完后能够顺利执行 HDFS Workflow。打开 Loader Workflow 作业的编辑界面，在其中添加一个子 Workflow 任务，并选择之前创建的 My HDFS Workflow，如图 6-48 所示。

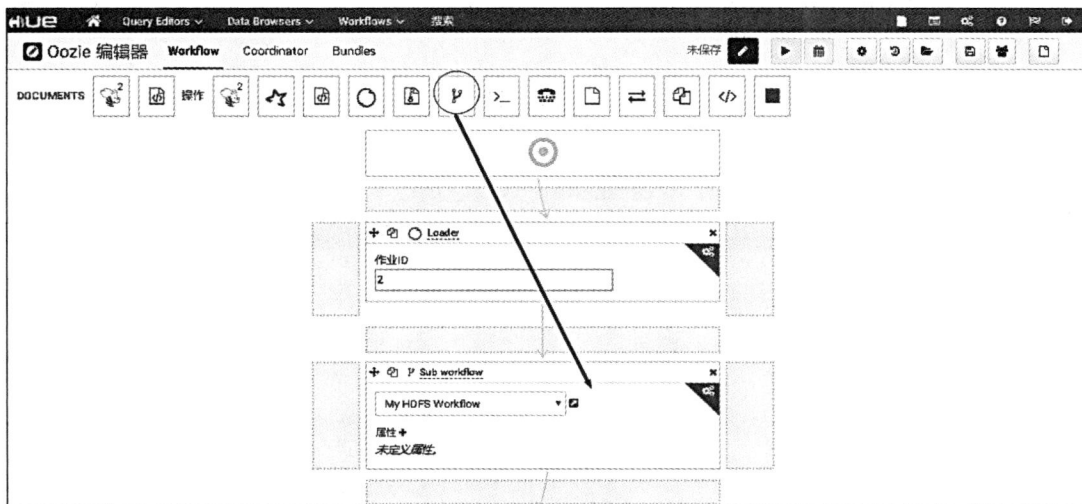

图 6-48　Hue 新建子任务

然后，创建 Coordinator 定时任务，如图 6-49 所示。

图 6-49　Hue 新建定时任务

配置 Coordinator 任务，选择计划执行 Loader Workflow，将执行频率设置为每"小时"在"全部"超过小时的分钟数，如图 6-50 所示。这样，Coordinator 任务将每分钟执行一次。

图 6-50　Hue 设置定时任务

参数调试完毕后按"保存"。

11. 查看 Coordinator 执行结果

打开 Coordinator 仪表板查看 Coordinator 任务执行状态，如图 6-51 所示。

图 6-51　查看定时任务执行结果

打开查看 Coordinator 执行的详细信息，如图 6-52 所示。

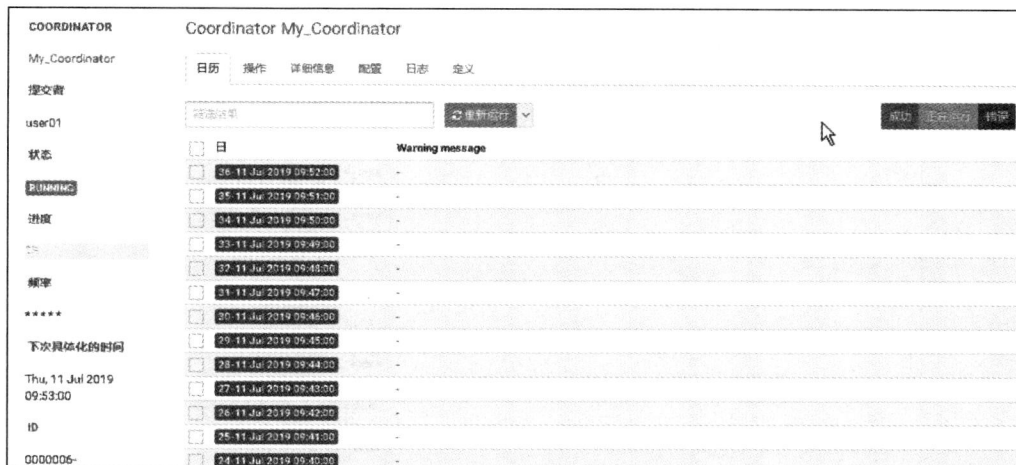

图 6-52 查看定时任务详细信息

接下来，查看 HBase 中是否有导入新的数据：

```
HBase(main):001:0> scan 'cga_info4'
ROW                    COLUMN+CELL
123001                 column=info:address, timestamp=1562574507169, value=NewYork
123001                 column=info:age, timestamp=1562574507169, value=31
123001                 column=info:gender, timestamp=1562574507169, value=male
123001                 column=info:name, timestamp=1562574507169, value=Ben
123002                 column=info:address, timestamp=1562574507169, value=London
123002                 column=info:age, timestamp=1562574507169, value=40
123002                 column=info:gender, timestamp=1562574507169, value=female
123002                 column=info:name, timestamp=1562574507169, value=Victoria
123003                 column=info:address, timestamp=1562574507169, value=Redding
123003                 column=info:age, timestamp=1562574507169, value=30
123003                 column=info:gender, timestamp=1562574507169, value=female
123003                 column=info:name, timestamp=1562574507169, value=Taylor
123004                 column=info:address, timestamp=1562574507169, value=Cleveland
123004                 column=info:age, timestamp=1562574507169, value=33
123004                 column=info:gender, timestamp=1562574507169, value=male
123004                 column=info:name, timestamp=1562574507169, value=LeBron
123005                 column=info:address, timestamp=1562641876658, value=Tokyo
123005                 column=info:age, timestamp=1562641876658, value=55
123005                 column=info:gender, timestamp=1562641876658, value=male
123005                 column=info:name, timestamp=1562641876658, value= Amanda
5 row(s) in 0.3120 seconds
```

查看 Solr 是否实时为 HBase 数据创建索引，如图 6-53 所示。

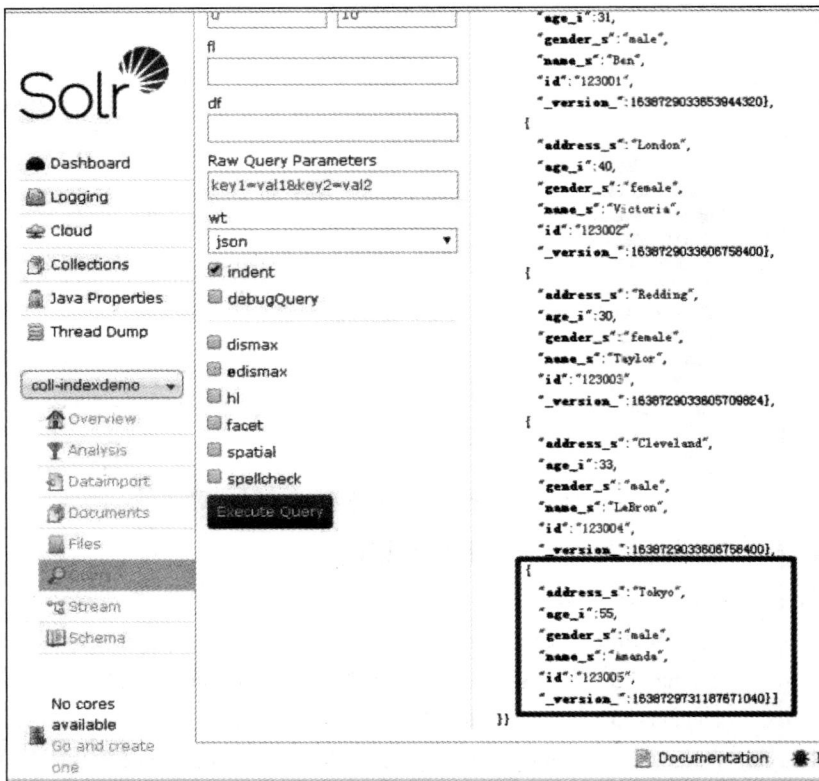

图 6-53　Solr 索引摘要信息

最后，重新查询索引，发现已有新添加数据的索引信息。

附　　录

序号	重点英文单词	解析与说明
1	Hadoop	由 Google 开发的大数据综合框架引擎的名称
2	HDFS(Hadoop Distributed File System)	Hadoop 分布式文件系统
3	HBase(Hadoop DataBase)	Hadoop 分布式数据库
4	MapReduce	离线计算引擎
5	Streaming	分布式流计算引擎
6	Kafka	订阅消息系统
7	Volume	容量、体量
8	Variety	多样化
9	Velocity	处理速度
10	Value	价值
11	FusionInsight HD	华为企业级 Hadoop 大数据环境
12	FusionInsight LibrA	华为基于 MPP 结构设计的数据库，现已独立为 GaussDB
13	FusionInsight FaResource Managerer	华为企业级的大数据应用开发容器
14	FusionInsight Manager	华为企业级大数据操作运维系统
15	FusionInsight Miner	华为企业级数据分析平台
16	OLAP(Online Analytical Processing)	联机分析处理
17	OLTP(Online Transaction Processing)	联机事务处理
18	Flume	轻量日志采集工具
19	Scribe	开源日志采集工具
20	Spool directory source	一种本地数据导出的方法
21	Taildir	Flume1.7.0 加入了 tail dir Source 作为 Agent 的 Source，可以说是 spooling directory source+exec Source 的结合体
22	Thrift	一种接口描述语言和二进制通信协议，它被用来定义和创建跨语言的服务
23	Avro	一个数据序列化系统，设计用于支持大批量数据交换的应用

续表一

序号	重点英文单词	解析与说明
24	Syslog	系统日志
25	Client	客户端
26	Agent	代理端
27	Source	数据源,即是产生日志信息的源头,Flume 会将原始数据模型抽象成自己处理的数据对象 event
28	Channel Pocessor	通道处理器,主要作用是将 Source 发过来的数据放入通道中
29	Interceptor	拦截器,主要作用是将采集到的数据根据用户的配置进行过滤修饰
30	Channel Selector	通道选择器,主要作用是根据用户配置将数据放到不同通道中
31	Channel	通道,主要作用是临时缓存数据
32	Sink Runner	Sink 运行器,主要作用是通过它来拉起 Sink 进程
33	Sink Processor	Sink 处理器,它主要是根据配置使用不同的策略驱动 Sink 从 Channel 中取数据,目前策略有负载均衡、故障转移、直通
34	Sink	主要作用是从 Channel 中取出数据并将数据放到不同的目的地
35	event	一个数据单元,带有一个可选的消息头,Flume 传输的数据的基本单位是 event,如果是文本文件,通常是一行记录,这也是事务的基本单位
36	Scala	Scala 是一种类似 Java 的纯面向对象的函数式编程语言
37	Consumer Group	消费者组,负责在 Kafka 中拉取数据到目的端
38	Broker	Kafka 集群包含一个或多个服务实例,这些服务实例被称为 Broker
39	Topic	每条发布到 Kafka 集群的消息都有一个类别,这个类别被称为 Topic
40	Partation	分区,主要用于对 Kafka 的数据进行 Topic 下的细分
41	Message	Kafka 的消息,是 Kafka 获取与存储数据的基本单位
42	Offset	Kafka 数据读取的偏移指针
43	Ack(Acknowledge)	确认信息
44	Leader	在 Hadoop 中主要代表主节点
45	Follower	在 Hadoop 中主要代表从节点或者备份节点

续表二

序号	重点英文单词	解析与说明
46	Segment File	段文件，Kafka 对于一个容量较大的分区文件分割后的名称
47	NameNode	元数据节点，用于 HDFS 存储维护元数据的节点进程
48	DataNode	数据节点，用于 HDFS 存储和维护数据的节点进程
49	JDBC(Java DataBase Connectivity　standard)	Java 面向对象的应用程序接口(API)
50	ODBC(Open Database Connectivity，开放数据库互联)	微软公司建立的一组规范，提供了一组对数据库访问的标准 API
51	ZooKeeper	Hadoop 分布式协调组件
52	Editlog	HDFS 数据编辑日志
53	ZKFC(ZooKeeper Failover Controller)	ZooKeeper 故障切换控制组件
54	JN(Journal Node)	HDFS 日志传输共享进程
55	Distance	距离
56	FSimage	HDFS 元数据镜像文件，全称 FSimage.iso
57	Rebalanceing Server	负责均衡服务器
58	NameSpace	命名空间，用于在一个 HDFS 组件中逻辑隔离开不同的 HDFS 进程
59	HMaster(HBase Master)	HBase 管理进程
60	Region	区域，负责在 HBase 中维护一个数据表的部分数据
61	RegionServer	负责 Region 的实际读写操作代理
62	MetaRegion	用于存储元数据的 Region，实际在 ZooKeeper 维护
63	UserRegion	用于存储数据的 Region，即一般情况下的 Region
64	Column	列
65	Row	行
66	Column Family	列族
67	KeyValue	HBase 的数据组成结构
68	Qualifier	HBase 中的一种全局唯一标识符
69	Time Stamp	时间戳，一般用于区分相同的数据存储位置不同时刻的数据
70	Store	Region 存储和维护数据的基本单位
71	MemStore	Store 中的一段内存空间，用于缓存数据
72	StoreFile	HBase 的数据在 Region 上进行维护时，被称为 StoreFile

续表三

序号	重点英文单词	解析与说明
73	HFile	HBase 的数据存储到 HDFS 后，被称为 HFile
74	Minor & Major	HBase 做数据合并的两种方法
75	Scanner	筛选器，用于 HBase 筛选数据使用
76	Hive	分布式数据仓库
77	Tez	Tez 是 Hontonworks 开源的支持 DAG 作业的计算框架，它可以将多个有依赖的作业转换为一个作业从而大幅提升 MapReduce 作业的性能
78	HiveServer	Hive 的核心服务进程
79	WebHcat	Hive 的 web 控制界面，现版本只能查看，无法配置
80	MetaStore	Hive 元数据存储维护节点
81	MapReduce	离线计算引擎
82	Yarn	Yet another resource negotiator，另一种资源协调者
83	Resource Manager	资源管理器
84	Node Manager	节点管理进程，负责最终应用运行
85	Application Master	应用负责进程，主要控制应用内部的调控
86	Application Manager	应用管理器，管理全局应用进程
87	Container	容器
88	Resource Scheduler	资源分配进程，负责实际的资源调控和分配
89	MOF	Map Out File，Map 阶段输出文件
90	Commit	提交
91	Spilt	溢出
92	Sort	排序
93	Merge	合并
94	Reduce	输出
95	Label based scheduling	基于标签的调度
96	Spark Core	Spark 计算核心
97	Spark SQL	Spark SQL 执行引擎
98	Spark Streaming	Spark 微批处理引擎
99	Structured Streaming	Spark 流处理引擎
100	Driver	Spark 的运行规划与任务控制引擎
101	DAG	执行调度规划
102	Stage	Spark 任务执行的阶段，一般是由宽依赖拆分以后得到

序号	重点英文单词	解析与说明
103	Executor	Container 容器的进一步资源抽象，是 Spark 执行任务的最终引擎
104	RDD	弹性分布式数据集，Spark 的数据组织形式
105	Transformation	Spark 中的逻辑计算算子
106	Action	Spark 中的实际操作算子，一般指代 print 等具有实际动作的算子
107	Narrow	Spark 的窄依赖，指父 RDD 的每一个分区最多被一个子 RDD 的分区所用
108	Wide	Spark 的宽依赖，指子 RDD 的分区依赖于父 RDD 的所有分区，是 Stage 划分的依据
109	fork	分叉，一般指代 Spark 的计算迭代或分枝
110	Barrier	一般指代计算应用的分支或分界
111	Pipline	管道、传输，此处特指 Spark 的计算优化方式
112	Scheduler	调度、控制
113	Shuffle	此处指代 Spark 的宽窄依赖拆分动作
114	DataSet	基于 RDD 转化的一种数据形式，基于 DataSet 进行计算无需进行序列化和反序列化
115	DataFrame	基于 RDD 转化的一种数据形式，相较于 RDD 和 DataSet，DataFrame 拥有属性摘要信息
116	Case class	样本类
117	Schema	摘要信息，此处特指 DataFrame 内自带的属性摘要信息，也称为设计信息
118	Filter	过滤操作
119	Hashing	散列法(Hashing)或哈希法是一种将字符组成的字符串转换为固定长度(一般是更短长度)的数值或索引值的方法
120	Result Table	结果数据表
121	Complete Mode	Structured Streaming 输出阶段完整模式
122	Append Mode	Structured Streaming 输出阶段追加模式
123	Update Mode	Structured Streaming 输出阶段更新模式
124	Partition	可以指代 Spark Streaming 的数据分区，也可以指代 Kafka 的数据分区
125	Checkpoint	检查点，主要用于计算引擎恢复数据或计算使用
126	Acker	Acknowledge，一般用于 Hadoop 中的确认机制，保证执行完成，或某一阶段执行结束
127	WAL	Write ahead log，先写日志，一般用于保护数据安全使用

序号	重点英文单词	解析与说明
128	Topology	指代 Streaming 中的应用程序,同 MapReduce 或 Spark 中的 Application
129	Nimbus	Streaming 中的资源分配以及任务调度引擎
130	Supervisor	Streaming 中的任务管理与控制进程
131	Worker	Streaming 中执行任务的管理进程,功能类似 MapReduce 的 NodeManager
132	Spout	在一个 Topology 中产生源数据流的组件,是数据输入进程
133	Bolt	在一个 Topology 中接受数据然后执行处理的组件,是数据输出进程
134	Tuple	指代为 Streaming 每次收到的一个数据或一组数据。它是数据处理的基本单位
135	Stream	一个无边界的连续 Tuple 序列,也叫作流
136	Tuple tree	可译为数据树,是 Streaming 在执行中,数据处理的一个逻辑执行流程
137	Micro-batch Processing	微批处理
138	Exactly Once	提供异步快照机制,保证所有数据真正只处理一次
139	Flink Local Runtime	表示运行进程,所有的 Flink 计算都是在 Runtime 上完成的
140	Common API	命令开发接口
141	Scala API	Scala 语言开发接口
142	Java API	Java 语言开发接口
143	Single node execution	单机部署
144	Standalone	此处特指 Flink 基于独立集群部署
145	Yarn Cluster	此处特指 Flink 基于 Yarn 即 Hadoop 部署
146	Flink Optimizer	对用户提交的应用构建工作流执行规划
147	Flink Stream Builder	将输入的数据转化为数据流的形式,转发到 Flink Local Runtime 进行计算
148	Joined Stream	进行 Stream 之间的 join 操作,类似于数据库中的 join,可以通过 join 函数等进行关联
149	Co Grouped Stream	Stream 之间的联合,类似于关系数据库中的 group 操作,可以通过 co Group 函数进行关联
150	Keyed Stream	主要是对数据流依据 Key 进行处理,可以通过 Key By 函数进行处理
151	Task Manager	Flink 系统的业务执行节点,执行具体的用户任务
152	Job Manager	Flink 系统的管理节点,管理所有的 Task Manager,并决策用户任务在哪些 Task Manager 执行

续表六

序号	重点英文单词	解析与说明
153	Dataflow	此处特指 Flink 的数据流图，类似于 DAG 的执行规划
154	Operator	指代 Flink 中的一个操作或一个动作
155	Operator Chain	动作链，在数据层面上具有关联关系的 Operator 会经过优化串联成 Operator Chain
156	Time Window	时间窗口，Flink 中时间驱动的计时类型
157	Count Window	事件窗口，Flink 中由某种动作或事件驱动的计时类型
158	Tumbling Window	无时间重叠的窗口机制，由固定时间划分或者固定事件个数划分
159	Sliding Window	有时间重叠的窗口机制
160	Session Window	将事件聚合到会话窗口中，由非活跃的间隙分隔开
161	Check point Coordinator	检查点协调进程，主要用于控制 Flink 的快照保证数据和计算安全
162	Lucene	搜索引擎
163	NoSQL	泛指非关系型的数据库
164	Hue	大数据分析交互平台
165	Custom	定制的
166	ConfigSet	是 Solr 的工作配置文件
167	Solr Cloud	相当于是 Solr 在进程一端的最高进程
168	Solr	此处特指 Solr 实例，即 SolrCloud 在进行工作时创建的一个个针对于不同的应用的实际工作进程
169	Replica	此处特指 Solr 的从节点
170	Leader Replica	此处特指 Solr 的主节点
171	HDFS Indexer	HDFS 的文件索引功能
172	Merge index	索引合并
173	Workflow	工作流
174	Work flow Engine	工作流引擎，以 Action 的方式运行工作流 Job，用来执行 Map/Reduce 与 Pig 等 Job
175	Coordinator Engine	协调员引擎，基于时间和数据触发器运行工作流
176	Bundle Engine	管道引擎，提供了更高级别的 Oozie 抽象，用户可以批量设置 Coordinator 应用
177	SDK	软件开发工具包 Software Development Kit
178	Tomcat	Tomcat 服务器是免费的开放源代码的 Web 应用服务器

续表七

序号	重点英文单词	解析与说明
170	Servlet	小服务程序或服务连接器
180	DagEngine	执行规划引擎
181	TGT	Ticket-Granting Ticket，票据授权票据
182	KDC	Key Distribution Center，密钥分发中心
183	ST	Service Ticket，服务票据
184	Identity	身份、特征
185	PublicKey	公钥
186	KRB_AS_REQ	Kerberos Authentication Request，Kerberos 认证请求
187	TGS	Ticket-Granting Server，票据授权服务器
188	oms	FusionInsight HD 中的管理用户，一般用于内部机机互联授信使用
189	Leader Election	主节点选举
190	EPHEMERAL_SEQUENTIAL	临时顺序节点
191	Digest	摘要
192	Permission	权限

参 考 文 献

[1]　林子雨. 大数据技术原理与应用[M]. 3 版. 北京：电子工业出版社，2021.

[2]　Tom White. Hadoop 权威指南：大数据的存储与分析[M]. 王海，华东，刘喻，吕粤海译. 北京：清华大学出版社，2017.

[3]　王珊，杜春雷，蒋莉. 大数据技术：基础与实践[M]. 北京：电子工业出版社，2015.

[4]　张翼，李宁，袁蔚明. 大数据技术与应用[M]. 北京：电子工业出版社，2017.

[5]　陈妍，罗宇，王俊杰. 大数据分析与处理[M]. 北京：机械工业出版社，2016.

[6]　杨洪升，陈启杰，张伟. 大数据时代的数据挖掘与分析[M]. 北京：人民邮电出版社，2018.

[7]　胡振江，杨玉奎. 大数据与云计算[M]. 北京：清华大学出版社，2017.

[8]　张卫东，刘铁生，黄岩. 大数据存储与管理[M]. 北京：清华大学出版社，2016.

[9]　周洋，沈宏. 大数据采集与分析[M]. 北京：清华大学出版社，2017.

[10]　吴晓军. 大数据：互联网大规模数据挖掘与分析[M]. 北京：电子工业出版社，2016.

[11]　李康，崔青松. 基于 Hadoop 的分布式文件系统及其性能优化[J]. 计算机应用与软件，2012，29(10)：298-300.

[12]　陈煜，贺东颢，陈可锐. Spark 与 Hadoop 的比较分析[J]. 计算机工程与设计，2017，38(9)：2244-2250.

[13]　DEAN J，GHEMAWAT S. MapReduce: Simplified data processing on large clusters [J]. Communications of the ACM，2008，51(1)：107-113.

[14]　ZAHARIA M，CHOWDHURY M，FRANKLIN M J，SHENKER S. Spark: Cluster computing with working sets[J]. HotCloud，2010，10(10-10)：95.